机械制造基础

（第 4 版）

主编　赵建中　冯　清

北京理工大学出版社
BEIJING INSTITUTE OF TECHNOLOGY PRESS

内 容 简 介

本教材是按照高等职业院校机械类学科专业规范、人才培养方案和课程标准的要求,组织具有多年教学经验和实践经验的教学一线骨干教师编写而成的。主要内容有:项目一 工程材料选用、项目二 学习毛坯成型、项目三 学习公差与测量、项目四 学习金属切削加工基础、项目五 外圆表面加工、项目六 内圆表面加工、项目七 平面加工、项目八 圆柱齿轮加工、项目九 机械加工工艺规程的制定、项目十 学习机械装配工艺、项目十一 简要了解现代加工制造技术。课程总学时建议为80学时。

本书采用项目化的形式进行编写,将理论教学与实践操作进行融合,实现理论与实践相结合。书中采用的各项目案例来源于生产一线。本书在注重学生获得知识的同时提高其分析工程实际问题和解决问题的能力,特别注重学生创新思维能力的培养。

本书中采用了大量的二维码,通过这种方法链接相关知识,知识的形式有文件、动画、图片、ppt等。学生通过扫描二维码,可以进一步学习相关知识,扩大知识范围,加深对所对知识的理解和掌握。每个项目最后都设置一个项目实施环节,这是一个实训环节,供有条件的学校进行相对的实作训练。本书提供完整的PPT课件供下载。

本书可作为高等职业院校、普通高等工科院校的机械类、近机类各专业的教材和参考书,也可供机械制造工程技术人员学习参考。

版权专有　侵权必究

图书在版编目(CIP)数据

机械制造基础 / 赵建中,冯清主编. — 4版. — 北京:北京理工大学出版社,2021.8(2024.1重印)
ISBN 978-7-5763-0157-1

Ⅰ.①机… Ⅱ.①赵… ②冯… Ⅲ.①机械制造 - 高等职业教育 - 教材 Ⅳ.①TH

中国版本图书馆 CIP 数据核字(2021)第 161111 号

责任编辑: 多海鹏	**文案编辑:** 多海鹏
责任校对: 周瑞红	**责任印制:** 李志强

出版发行 / 北京理工大学出版社有限责任公司
社　　址 / 北京市丰台区四合庄路6号
邮　　编 / 100070
电　　话 / (010)68914026(教材售后服务热线)
　　　　　　(010)68944437(课件资源服务热线)
网　　址 / http://www.bitpress.com.cn
版 印 次 / 2024年1月第4版第5次印刷
印　　刷 / 涿州市新华印刷有限公司
开　　本 / 787 mm×1092 mm 1/16
印　　张 / 19.25
字　　数 / 460千字
定　　价 / 55.80元

图书出现印装质量问题,请拨打售后服务热线,负责调换

前 言

本书是按照高等职业院校机械学科专业规范、培养方案和课程教学大纲的要求,由长期在教学第一线从事教学工作、富有教学和实践经验的教师编写而成的,课程总学时为80学时。

"机械制造基础"课程是高等职业院校对产品进行机械制造工艺教学的一门重要的技术基础课程,着重阐述常用工程材料及其主要加工方法的基本原理和工艺特点,全面讲述了机械零件常用材料的选用、毛坯的选择、机械零件的加工方法和工艺路线的拟订、机械装配、机械制造的新技术和新工艺。该课程具有基础性、实用性、知识性、实践性与创新性,是培养现代复合型人才的重要基础课程之一。

为贯彻落实党的二十大精神,培养学生树立正确的社会主义核心价值观,做有理想、敢担当、能吃苦、肯奋斗的新时代好青年,强化绿色、低碳、环保意识,树立正确的审美观和劳动观,培养学生崇尚科学、创新争先的精神及民族自豪感,教材充分融入机械制造产业的最新发展成果的同时,更加注重学生思想素质的培养和提高,在项目教学目标中列出了素质教育目标,提出了明确的要求,并在项目实施及评价过程中进行重点体现。

教材在充分溶入机械制造产业的最新发展成果的同时更加注重学生思想素质的培养和提高,在项目教学目标中列出了素质教育目标,提出了明确的要求。通过素质教育目标在教学中的贯彻实施可以培养学生树立正确的社会主义核心价值观,做有理想、敢担当、能吃苦、肯奋斗的新时代好青年。树立绿色、低碳、环保意识并应用于生产过程中。树立正确的审美观,精益求精的工匠精神。培养学生崇尚科学、创新争先的精神。培养学生的民族自豪感。

本书注重培养学生获取知识、分析与解决工程技术问题的能力,并且注重学生工程素质与创新思维能力的培养。在内容的选择和编写上,本书有以下特点:

(1)本书的编写力求适应机械类及近机类专业的应用实际,力求处理好常规工艺与现代新技术的关系。

(2)本书的编写采用了项目化的模式,每个教学内容均以项目化的方式进行展开,项目内容均来自生产实际,同时又兼顾学校教学和实验条件,学生可以在学校现有的条件下理论联系实际,根据所给任务单在实训车间进行实操训练。

(3)书中大量使用二维码,学生通过扫描二维码进入相关的知识链接,有利于提高学生学习的积极性,扩大知识面。二维码包含的内容形式有:讲课录像、PPT、动画、文字资料、加工视频等。

(4)在内容的选择和安排上既系统丰富又重点突出,每个项目既相互联系又相对独立,以便供不同专业、不同学习背景、不同学时、不同层次的学生选用。

(5)介绍现代机械制造技术的概念,反映了机械制造的新工艺和新成就,开阔学生视野,培养学生的创新素质和能力。

(6)在内容的选择和安排上考虑到了机械类各专业的不同需要,具有一定的通用性,增加了现代制造技术的新知识,以适应生产发展的需要。

（7）为了加深学生对课程内容的理解，掌握和巩固所学的基本知识，培养学生分析和独立解决问题的能力，在每个项目后附有习题，供学生学完有关内容后及时进行消化和复习。

（8）本书大量采用来自生产一线的实例，使教学内容更加贴合生产实际，注重学生实际动手能力的培养。

（9）本书对现代先进制造技术方面的知识作了详细的介绍，通过这部分内容的学习，学生可以了解到现代最先进的设计制造技术。

本书在以前的使用过程中，老师们在肯定书中内容的同时，也指出了存在的不足，这次修订，作者充分采纳老师们的建议，并结合当前对高职教育教材编写的新要求，突出项目化教学及对学生动手能力的培养，增加了项目引入、培养目标和实操任务单等内容，对部分理论性太强的内容进行了删减，并对书中所存在的错误进行了更正。本书新增了机械装配项目，使本书更具有实用性和前瞻性。

本次修订不仅是对本书内容的修订，还制作了完整的电子教案并优化了 PPT，PPT 与教材完全配套，内容全面，可以完全满足教师上课教学的需要，另外还增加了考查试题，并编写了本课程的课程标准，希望这些材料可以减轻老师们的教学负担。由于作者水平有限，书中难免有不足之处，敬请各位读者批评指正。

编　者

目 录

项目一 工程材料选用 ... 1

任务一 金属材料的力学性能 ... 2
任务二 铁碳合金相图分析 ... 9
任务三 钢的热处理 ... 12
任务四 了解常用金属材料 ... 20
任务五 其他材料简介 ... 26

项目二 学习毛坯成型 ... 34

任务一 学习铸造成型 ... 35
任务二 学习锻造加工成型 ... 45
任务三 学习毛坯焊接加工成型 ... 60
任务四 学习毛坯的分类及选择原则 ... 70

项目三 学习公差与测量 ... 74

任务一 了解互换性与公差的概念 ... 75
任务二 学习公差与配合基础 ... 77
任务三 熟悉公差与配合的标准 ... 84
任务四 学习形位公差 ... 101
任务五 选用形位公差 ... 117
任务六 学习表面粗糙度 ... 119

项目四 学习金属切削加工基础 ... 130

任务一 认识切削运动 ... 130
任务二 了解金属切削刀具的几何角度 ... 133
任务三 认识刀具材料 ... 138
任务四 了解切削过程和刀削力 ... 142
任务五 了解切削热和切削温度 ... 148
任务六 了解刀具磨损和刀具寿命 ... 150
任务七 熟悉加工质量 ... 154
任务八 了解材料的切削加工性 ... 157
任务九 合理选择刀具几何参数和切削用量 ... 159

项目五　外圆表面加工　167

任务一　了解金属切削机床基础　168
任务二　外圆表面车削加工　181
任务三　外圆表面的磨削加工　186

项目六　内圆表面加工　195

任务一　孔的加工方法　196

项目七　平面加工　207

任务一　平板类零件加工　208

项目八　圆柱齿轮加工　222

任务一　圆柱齿轮加工方法　223

项目九　机械加工工艺规程的制定　233

任务一　了解机械加工工艺过程与工艺规程　234
任务二　机械加工工艺过程的拟订　238
任务三　机械加工工艺规程的拟订　242
任务四　减速器传动轴机械加工工艺过程的编制　253
任务五　典型箱体零件加工工艺分析　260

项目十　学习机械装配工艺　269

任务一　机械装配概述　270
任务二　学习装配尺寸链　274

项目十一　简要了解现代制造技术　284

任务一　了解特种加工技术基础知识　284
任务二　了解常用的几种特种加工方法　287
任务三　了解3D打印技术　296

参考文献　300

项目一
工程材料选用

【项目概述】

图1-1所示为某减速器中的传动轴,工作条件为中等载荷,生产类型为小批量生产,试完成该传动轴的材料选择、热处理方案确定和硬度检测任务。

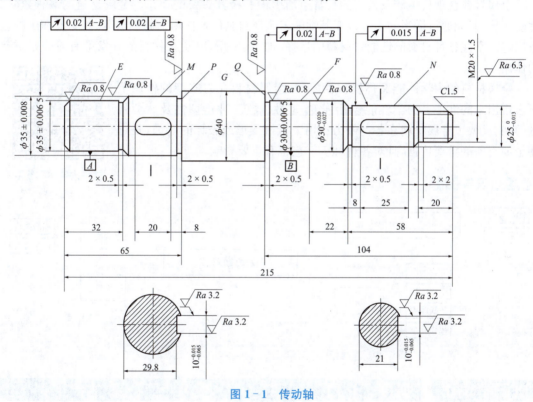

图1-1 传动轴

【项目目标】

1. 能力目标:通过本项目的学习,学生可以掌握工程材料选用的基本原则和方法,能够针对不同条件下的各种零件正确地选用合适的材料,确定热处理方案,并能熟练使用硬度仪对加工好的零件进行硬度检测。

2. 知识目标:了解工程材料的分类、常用工程材料的种类及用途。掌握金属材料的力学性能、强度、塑性、硬度、冲击韧性与疲劳强度的概念,以及强度的检测方法。掌握铁碳合金相图的分析方法、常用热处理方法及适用条件。

【知识准备】

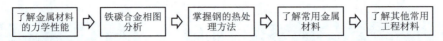

任务一 金属材料的力学性能

金属材料在现代生产及人们的日常生活中占有极其重要的地位。金属材料的品种繁多、性能各异,并能通过适当的工艺改变其性能。金属材料的性能由材料的成分、组织及加工工艺来确定。掌握各种材料的性能对材料的选择、加工、使用,以及新材料的开发都有着非常重要的作用。

金属材料的力学性能又称机械性能,是金属材料在力或能的作用下所表现出来的性能。力学性能包括强度、塑性、硬度、冲击韧性及疲劳强度等,它反映了金属材料在各种外力作用下抵抗变形或破坏的能力,是选用金属材料的重要依据,且对各种加工工艺也有重要影响。

材料力学试验资料

【知识导图】

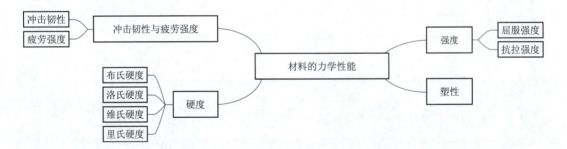

知识模块 1　强度

强度是金属材料在力的作用下,抵抗塑性变形和断裂的能力。强度有多种判据,工程上以屈服强度和抗拉强度最为常用。屈服强度和抗拉强度可用拉伸试验测定。图 1-2(a)所示为标准的拉伸试样,把它装夹在拉伸试验机的两个夹头上,缓慢加载,试样逐渐伸长,直至拉断为止,如图 1-2(b)所示。在拉伸过程中,试验机能自动绘出以拉力 F 为纵坐标,以试样伸长量 Δl 为横坐标的拉伸曲线。低碳钢的拉伸曲线如图 1-3 所示。当材料受力作用时,其内部也会产生抵抗力,材料单位横截面积上的抵抗力称为应力。

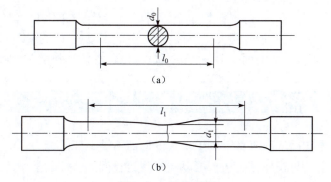

图 1-2 拉伸试样

(a) 拉伸前；(b) 拉断后

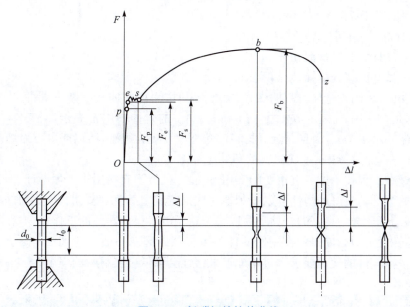

图 1-3 低碳钢的拉伸曲线

1. 屈服强度

屈服强度是指拉伸试样产生屈服现象时的应力,以 σ_s 表示,可按下式计算：

$$\sigma_s = F_s / S_0 \quad (1-1)$$

式中　F_s——试样发生屈服时所承受的最大载荷(N)；

　　　S_0——试样原始截面积(mm^2)。

对于许多没有明显屈服现象的金属材料,工程上规定以试样产生 0.2% 塑性变形时的应力作为该材料的屈服点,此时的屈服强度用 $\sigma_{r0.2}$ 表示。

2. 抗拉强度

抗拉强度是指金属材料在拉断前所能承受的最大应力,以 σ_b 表示,可按下式计算：

$$\sigma_b = F_b / S_0 \quad (1-2)$$

式中　F_b——试样在拉断前所承受的最大载荷(N)；

S_0——试样原始截面积(mm^2)。

屈服强度 σ_s 和抗拉强度 σ_b 在选择、评定金属材料及设计机械零件时具有重要意义。由于机器零件或构件工作时,通常不允许发生塑性变形,因此多以 σ_s 作为强度设计的依据。对于脆性材料,因断裂前基本不发生塑性变形,故无屈服点可言,在计算强度时,则以 σ_b 为依据。

知识模块 2　塑性

塑性是指在外力作用下金属材料产生永久变形而不被破坏的能力。塑性指标也是由拉伸试验测得的,在测定金属材料的强度时,可以同时测定它们的塑性。常用的塑性指标是延伸率 δ 和断面收缩率 ϕ,即

$$\delta = (l_1 - l_0)/l_0 \times 100\%$$
$$\phi = (S_0 - S_1)/S_0 \times 100\% \tag{1-3}$$

式中　l_0——试样原标距长度(mm);

l_1——试样拉断后标距长度(mm);

S_0——试样原始横截面积(mm^2);

S_1——试样断裂处的横截面积(mm^2)。

需要说明的是,同一金属材料的试样长短不同时,测得的伸长率是不同的。长试样($l_0 = 10d_0$)测得的延伸率用 δ_{10} 表示,短试样($l_0 = 5d_0$)测得的延伸率用 δ_5 表示,对于同一材料,$\delta_5 > \delta_{10}$。ϕ 与试样的尺寸无关,而且对金属材料的塑性改变更为敏感,所以能更可靠地反映金属材料的塑性。δ、ϕ 值越大,表示金属材料的塑性越好。

塑性指标在工程技术中具有重要的实用意义,它虽然不直接用于工程设计,但很多零件要求具有一定的塑性。良好的塑性可以顺利地完成某些成型工艺,如翼肋、火焰筒的冷冲压及涡轮盘、涡轮轴的锻造等。良好的塑性还可以在一定程度上保证零件的工作安全,在零件使用时万一超载,塑性变形引起的强化作用使零件不致突然断裂。一般 δ 达到 5%、ϕ 达到 10%,即能满足绝大多数零件的使用要求。过高地追求塑性会降低金属材料的强度。

知识模块 3　硬度

硬度是衡量金属材料软硬程度的一种性能。金属材料的硬度是通过硬度试验来测定的,目前测定金属材料硬度的方法有很多种,基本上可分为压入法和刻划法两大类。在压入法中,根据加载速率不同又可分为静载压入法和动载压入法。通常所采用的布氏硬度、洛氏硬度、维氏硬度和显微硬度均属于静载试验法,里氏硬度则属于动载试验法。测定方法不同,所测量的硬度值也具有不同的物理意义。例如,刻划法硬度值主要表征金属材料对切断方式破坏的抗力;里氏硬度值表征金属材料弹性变形功的大小;压入法硬度值则表示金属材料抵抗变形的能力。因此,硬度值实际上不是一个单纯的物理量,它是表征金属材料的弹性、塑性、形变强化、强度和韧性等一系列不同物理量组合的一种综合性能指标。在生产上压入法应用最广。

1. 布氏硬度

1) 布氏硬度的测定原理

使用一定直径为 D(mm)的淬火钢球或硬质合金球为压头,施以一定的载荷 F(kg),将其

压入试样表面(图 1-4),经规定保持时间 $t(s)$ 后卸除载荷,然后测量试样表面压痕直径 $d(mm)$,用压痕表面积 S 除载荷 F 所得的值即为布氏硬度值。其符号用 HBS 或 HBW 表示,即

$$HBS(HBW) = \frac{F}{S} = 0.102 \frac{2F}{\pi D(D - \sqrt{D^2 - d^2})} \quad (1-4)$$

式中　HBS(HBW)——用钢球(或硬质合金球)试验时的布氏硬度值;

　　　F——试验力(N);
　　　S——球面压痕表面积(mm^2);
　　　D——球体直径(mm);
　　　d——压痕平均直径(mm)。

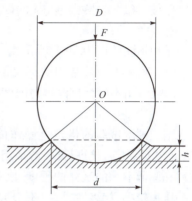

图 1-4　布氏硬度试验原理图

布氏硬度值一般不标出单位。在实际应用中,布氏硬度一般不用计算,而是用专用的刻度放大镜量出压痕直径 d,根据压痕直径的大小再从专门的硬度表中查出相应的布氏硬度值。布氏硬度值越高,表示金属材料越硬。

当压头为淬火钢球时,布氏硬度值符号为 HBS,一般适用于测量软灰铁、有色金属等布氏硬度值在 450 HBS 以下的材料;当压头为硬质合金球时,布氏硬度值符号为 HBW,适用于布氏硬度值为 450～650 HBW 的材料。

2) 应用及优缺点

布氏硬度试验时一般采用直径较大的压头,因而所得压痕面积较大。压痕面积大的一个优点是其硬度值能反映金属材料在较大范围内各组成相的平均性能,而不受个别组成相及微小不均匀性的影响。因此,布氏硬度试验特别适用于测定灰铸铁、轴承合金等具有粗大晶粒或组成相的金属材料的硬度。压痕较大的另一个优点是试验数据稳定,重复性好。布氏硬度试验的缺点是对不同金属材料需要更换不同直径的压头和改变载荷,压痕直径的测量也较麻烦,因而用于自动检测时受到限制。当压痕较大时不宜在成品上进行试验。

2. 洛氏硬度

洛氏硬度试验是目前应用最广的试验方法,和布氏硬度一样,也是一种压入硬度试验,但它不是测量压痕的面积,而是测量压痕的深度,以深度的大小表示金属材料的硬度值。

1) 洛氏硬度试验原理

洛氏硬度试验是以顶角为 120°的金刚石圆锥体为压头,在规定的载荷下,垂直地压入被测金属材料表面,卸载后依据压入深度 h,由刻度盘上的指针直接指示出硬度值,如图 1-5 所示。

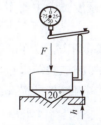

图 1-5　洛氏硬度测量示意图

金属材料越硬,压痕深度越小;金属材料越软,压痕深度越大。若直接以深度 h 作为硬度值,则会出现硬的材料 h 值小、软的材料 h 值反而大的现象。为了适应人们习惯上数值越大硬度越高的概念,人为规定用一常数 k 减去压痕深度 h 作为硬度值,并规定每 0.002 mm 为一个洛氏硬度单位,由此获得洛氏硬度值,用符号 HR 表示,即

$$HR = (k-h)/0.002 \quad (1-5)$$

当使用金刚石圆锥压头时,$k = 0.2$ mm;使用钢球压头时,$k = 0.26$ mm。

实际测定洛氏硬度时,由于硬度计上方测量压痕深度的百分表表盘上的

刻度已按式(1-5)换算为相应的硬度值,因此可直接从表盘指针的指示值读出硬度值。

2) 常用洛氏硬度标尺

采用不同的压头和载荷,可组合成几种不同的洛氏硬度标尺,每一种标尺用一个字母在 HR 后注明。我国最常用的标尺有 A,B,C 3 种,其硬度值的符号分别用 HRA,HRB 及 HRC 表示,用不同标尺测得的硬度值彼此没有联系,不能直接进行比较。

3) 优缺点

洛氏硬度试验的优点是操作简便迅速、硬度值可直接读出、压痕较小、可在工件上直接进行试验,采用不同标尺可测定各种软硬不同的金属材料和厚薄不一的试样的硬度,因而广泛用于热处理质量的检验。其缺点是压痕较小、代表性差,由于金属材料中有偏析及组织不均匀等缺陷,致使所测硬度值重复性差、分散度大。

洛氏硬度计操作规范

3. 维氏硬度及显微硬度

1) 维氏硬度试验原理

维氏硬度的试验原理与布氏硬度的相同,也是根据压痕单位面积所承受的载荷来计算硬度值。所不同的是,维氏硬度试验的压头不是球体,而是两相对面夹角为 136°的正四棱锥体金刚石,其试验原理如图 1-6 所示。压头在载荷 F(kg)的作用下保持一定时间后卸除载荷,将在试样表面压出一个正四棱锥形的压痕,测量出试样表面压痕对角线长度 d(mm)用以计算硬度值。维氏硬度和压痕表面积除以载荷的商成比例,用符号 HV 表示,即

$$HV = 0.1891 \frac{F}{d^2} \quad (1-6)$$

图 1-6 维氏硬度试验原理示意图

与布氏硬度值一样,维氏硬度值也不标注单位,而且在实际工作中,维氏硬度也同样不用计算,可根据压痕对角线长度从表中直接查出。

2) 维氏硬度试验的优缺点

维氏硬度试验的优点是不存在布氏硬度试验时要求载荷与压头直径之间所规定条件的约束,也不存在洛氏硬度试验时不同标尺的硬度值无法统一的弊端。维氏硬度试验时不仅载荷可任意选取,而且压痕测量的精度较高,硬度值较为精确。唯一的缺点是硬度值需要通过测量压痕对角线长度后才能进行计算或查表,因此工作效率比洛氏硬度试验低得多。

3) 显微硬度

显微硬度试验实质上就是小载荷的维氏硬度试验,其原理和维氏硬度试验一样,所不同的是载荷以克计量,压痕对角线以 μm 计量,显微硬度符号用 HM 表示。显微硬度试验主要用来测定各种组成相的硬度和表面硬化层的硬度分布。

显微硬度值的表示方法与维氏硬度相同,由于压痕微小,试样必须制成金相试样,在磨制与抛光试样时应注意,不能产生较厚的金属扰乱层和表面形变强化层,以免影响试验结果。在可能范围内,选用较大的载荷,可减少因磨制试样时所产生的表面硬化层的影响,并可提高测量精确度。

4. 里氏硬度

里氏硬度是一种动载荷试验方法。其基本原理是用规定质量的冲击体(碳化钨球冲头)在

弹力作用下以一定速度冲击试样表面,用冲头在距试样表面 1 mm 处的回弹速度 v_R 与冲击速度 v_A 的比值计算硬度值。

里氏硬度试验法有其独特的优点,它是一种便携式硬度计,主要用于大型金属产品及部件的硬度检验,特别适用于其他硬度计难以胜任的、不易移动的大型工件和不易拆卸的大型部件及构件的硬度检验。其缺点是试验结果的准确性受人为因素影响较大,硬度测量精度较低。

硬度测量

知识模块 4　冲击韧性与疲劳强度

1. 冲击韧性

许多机械零件在工作中往往要受到冲击载荷的作用,如活塞销、锤杆、冲模和锻模等。制造这类零件所用的金属材料,其性能指标不能单纯用静载荷作用下的指标(如强度、塑性等)来衡量,而必须考虑金属材料抵抗冲击载荷的能力。金属材料抵抗冲击载荷作用而不被破坏的能力称为冲击韧性。

1) 冲击试验的原理

冲击韧性通常采用摆锤式冲击试验机测定。测定时,一般是将带缺口的标准冲击试样放在试验机上,然后用摆锤将其一次冲断,并以试样缺口处单位截面积上所吸收的冲击功表示其冲击韧性(见图 1-7),即

$$\alpha_K = \frac{A_K}{S_0} \tag{1-7}$$

式中　α_K——冲击韧度(J/cm^2);

　　　A_K——冲击吸收功(J);

　　　S_0——试样缺口处截面积(cm^2)。

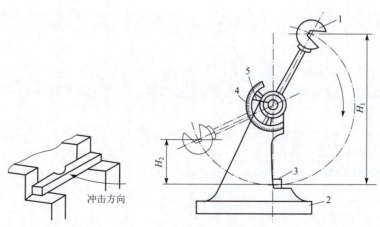

图 1-7　冲击试验示意图
1—摆锤;2—支座;3—试样;4—刻度盘;5—指针

冲击韧度是冲击试样缺口处单位横截面积上的冲击吸收功,冲击韧度越大,表示金属材料的冲击韧性越好。而对于脆性金属材料(如铸铁、淬火钢等)的冲击试验,试样一般不开缺口,

因为开缺口的试样冲击值过低,难以比较不同金属材料冲击性能的差异。

冲击值的大小与很多因素有关,其不仅受试样形状、表面粗糙度、内部组织影响,还与试验时的环境温度有关。因此,冲击值一般作为选择金属材料的参考,不直接用于强度计算。但是,冲击值对组织缺陷很敏感,它能反映出金属材料的品质、宏观缺陷和显微组织等方面的变化,因此,冲击试验又是生产上用来检验冶炼、热加工、热处理等工艺质量的有效方法。

2) 小能量多次冲击试验

机器零件在实际工作中承受冲击载荷时,很少是在大能量下一次冲击而被破坏的,大多是受到小能量多次重复冲击而被破坏,如冲模的冲头、连杆、齿轮等。因此,通常在大能量、一次冲断条件下来测定冲击韧度,虽然方法简便,但对大多数在工作中承受小能量、重复冲击的机器零件来说就不一定适合。

实践表明,一次冲击韧度高的金属材料,在小能量多次冲击试验条件下其抗力却不一定高,反过来也一样。如大功率柴油机曲轴是用孕育铸铁制成的,它的冲击韧度接近于零,而在长期使用中未发生断裂现象。因此,需要采用小能量多次冲击试验来检验这类金属材料的抗冲击性能。在小能量多次冲击试验中,试样在冲头多次冲击下损坏时,经受的冲击次数代表金属的抗冲击能力。

试验研究表明,金属材料受大能量的冲击载荷作用时,其冲击抗力主要取决于冲击韧度 a_K 的大小,而在冲击载荷不太大的情况下,金属材料承受多次重复冲击的能力主要取决于金属材料的强度,而不要求过高的冲击韧度。例如,用球墨铸铁制造的曲轴,只要强度足够,其冲击韧度达到 $8\sim15 J/cm^2$ 时就能获得令人满意的使用性能。

2. 疲劳强度

1) 疲劳的概念

机械上的许多零件,如曲轴、齿轮、连杆、弹簧等是在周期性或非周期性动载荷(称为疲劳载荷)的作用下工作的。在疲劳载荷的作用下,虽然零件所承受的应力低于金属材料的屈服点,但经过较长时间的工作后产生裂纹或突然发生完全断裂的现象称为金属材料的疲劳。

2) 疲劳破坏的特征

尽管交变载荷有各种不同的类型,但疲劳破坏仍有以下共同的特征:

(1) 疲劳断裂时并没有明显的宏观塑性变形,断裂前没有征兆,而是突然破坏;

(2) 引起疲劳断裂的应力很低,低于金属材料的屈服点;

(3) 疲劳破坏的宏观断口由两部分组成,即疲劳裂纹的产生及扩展区(光滑部分)和最后断裂区(粗糙部分)。

机械零件产生疲劳断裂的原因是金属材料表面或内部有缺陷(夹杂、划痕、显微裂纹等),这些部位在交变应力的反复作用下产生了微裂纹,致使其局部应力大于屈服点,从而产生局部塑性变形而导致开裂,并随着应力循环次数的增加,裂纹不断扩展,使零件实际承受载荷的面积不断减少,直至减少到不能承受外加载荷的作用时而产生突然断裂。

3) 疲劳曲线和疲劳极限

金属材料的疲劳极限通常都是在旋转弯曲疲劳试验机上测定的,在交变载荷作用下,材料承受的交变应力值 σ 与断裂前的应力循环次数 N 之间的关系称为疲劳曲线,如图 1-8 所示。在应力下降到某值之后,疲劳曲线成为水平线,这表示该材料可经受无数次应力循环而不发生疲劳断裂,这个应力值称为疲劳极限或疲劳强度,亦即金属材料在无数次循环载荷作用下不致引起断裂的最大应力。显然疲劳极限的数值越大,材料抵抗疲劳破坏的能力越强,当应力按正弦曲线对称循环时,如图 1-9 所示。疲劳极限用 σ_{-1} 表示。

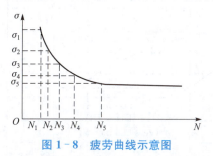

图 1-8 疲劳曲线示意图

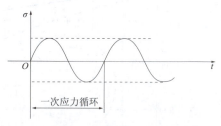

图 1-9 对称循环应力图

实际上,测定金属材料时不可能做无数次交变载荷试验,所以在一般试验时规定,对于黑色金属应力循环取 10^7 周次,而有色金属、不锈钢等取 10^8 周次交变载荷时,不断裂的最大应力称为该金属材料的疲劳极限。

金属材料的疲劳极限受到很多因素的影响,如内部质量、工作条件、表面状态、材料成分、组织及残余应力等。为了提高零件的疲劳强度,除应改善其结构形状、减少应力集中外,还可采取表面强化的方法,如提高零件的表面质量、喷丸处理、表面热处理等。同时,应控制材料的内部质量,避免气孔、夹杂等缺陷。

任务二 铁碳合金相图分析

钢和铸铁是现代工业上使用最广泛的金属材料,它们都是主要由铁与碳两种元素所组成的合金。钢铁的成分不同,其组织和性能也不同。下面将依据铁碳合金相图及对典型铁碳合金结晶过程的分析,研究铁碳合金的成分、组织、性能之间的关系。

铁碳合金相图是研究钢和铸铁的基础,对于钢铁材料的应用以及制定热加工和热处理工艺也具有重要的指导意义。

铁和碳的结合方式有两种:其一是碳溶于铁中形成间隙固溶体,如碳可以分别溶于 δ-Fe、γ-Fe、α-Fe 中,形成相应的固溶体;其二是铁和碳发生化学作用形成一系列化合物,如 Fe_3C、Fe_2C、FeC 等。因此,整个铁碳合金相图包括 Fe-Fe_3C、Fe_3C-Fe_2C、Fe_2C-FeC、FeC-C 等几个部分,如图 1-10 所示。

Fe_3C 的碳质量分数为 6.69%。工业上使用的铁碳合金碳质量分数不超过 5%,所以铁碳相图中只有 Fe-Fe_3C 部分有实用意义(图 1-10 中的影线部分),通常称为 Fe-Fe_3C 相图,如图 1-11 所示。

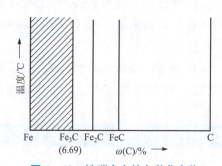

图 1-10 铁碳合金的各种化合物

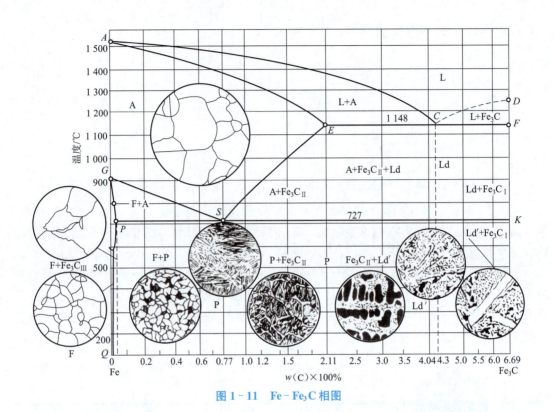

图 1-11 Fe-Fe₃C 相图

知识模块 1　　Fe－Fe₃C 相图中的相

Fe-Fe₃C 相图中存在 5 种相。

(1) 液相,铁和碳的液溶体,用符号 L 表示。

(2) 高温铁素体(δ 铁素体)是碳在 δ-Fe 中的间隙固溶体,呈体心立方晶格结构,在 1 394 ℃ 以上存在。

(3) 铁素体是碳在 α-Fe 中的间隙固溶体,呈体心立方晶格结构。铁素体中碳的溶解度很小,室温时碳的质量分数约为 0.000 8%;在 727 ℃ 时溶碳量最大,碳的质量分数为 0.021 8%。其性能特点是强度低、硬度低、塑性好。铁素体用符号 F 表示。

(4) 奥氏体是碳在 γ-Fe 中的间隙固溶体,呈面心立方晶格。奥氏体中碳的溶解度较大,在 1 148 ℃ 时溶碳量最大,碳的质量分数达 2.11%。其性能特点是强度较低、硬度不高、塑性良好。奥氏体用符号 A 表示。

(5) 渗碳体是铁与碳的一种具有复杂晶格的间隙化合物,化学式为 Fe₃C。其性能特点是硬度很高、塑性极差、脆性大。渗碳体用 Fe₃C 表示。

知识模块 2　　Fe－Fe₃C 相图中的特性点和特性线

Fe-Fe₃C 相图中部分特性点的温度、碳质量分数及含义如表 1-1 所示。

表1-1 Fe-Fe₃C相图中的主要特性点

符号	温度/℃	碳质量分数/%	含 义
A	1 538	0	纯铁的熔点
C	1 148	4.30	共晶点
D	1 227	6.69	Fe₃C的熔点
E	1 148	2.11	碳在γ-Fe中最大溶解度
F	1 148	6.69	共晶渗碳体的成分点
G	912	0	纯铁的同素异构转变点(A_3)
P	727	0.021 8	碳在α-Fe中的最大溶解度
S	727	0.77	共析点
Q	室温	0.000 8	碳在铁素体中的溶解度

在Fe-Fe₃C相图上,有若干合金状态的分界线,它们是不同成分合金具有相同含义的临界点的连线。几条主要特性线的物理含义如表1-2所示。

表1-2 Fe-Fe₃C相图中的特性线

特性线	名 称	含 义
ACD线	液相线	此线以上区域全部为液相,用L来表示。金属液冷却到此线开始结晶,在AC线以下从液相中结晶出奥氏体,在CD线以下结晶出渗碳体
AECF线	固相线	金属液冷却到此线全部结晶为固态,此线以下为固态区。液相线与固相线之间为金属液的结晶区域,这个区域内金属液与固相并存,AEC区域内为金属液与奥氏体,CDF区域内为金属液与渗碳体
GS线	A_3线	冷却时从奥氏体中析出铁素体的开始线(或加热时铁素体转变成奥氏体的终止线)
ES线	A_{cm}线	是碳在奥氏体中的溶解度线,在1 148 ℃时,碳在奥氏体中的溶解度为2.11%(即E点含碳量),在727 ℃时降到0.77%(相当于S点)。从1 148 ℃缓慢冷却到727 ℃的过程中,由于碳在奥氏体中的溶解度减小,多余的碳将以渗碳体的形式从奥氏体中析出。为了与自金属液中直接结晶出的渗碳体(称为一次渗碳体)相区别,将奥氏体中析出的渗碳体称为二次渗碳体(FeC_{II})
ECF线	共晶线	当金属液冷却到此线时(1 148 ℃),将发生共晶转变,从金属液中同时结晶出奥氏体和渗碳体的混合物,即莱氏体
PSK线	共析线(A_1线)	当合金冷却到此线时(727 ℃),将发生共析转变,从奥氏体中同时析出铁素体和渗碳体的混合物,即珠光体(一定成分的固溶体,在某一恒温下同时析出两种固相的转变称为共析转变)

任务三 钢的热处理

钢的热处理(Heat Treatment),是将钢在固态下进行加热、保温和冷却,改变其内部组织,从而获得所需要性能的一种金属加工工艺。

通过热处理,能有效地改善钢的内部组织,提高其力学性能并延长其使用寿命,是钢材料重要的强化手段。机械工业中的钢铁制品,几乎都要进行不同的热处理才能保证其力学性能和使用要求。所有的量具、模具、刃具和轴承,70%~80%的汽车零件和拖拉机零件,60%~70%的机床零件都必须进行各种专门的热处理,才能合理地进行加工和使用。

钢的热处理可分为整体热处理和表面热处理两大类。整体热处理包括退火、正火、淬火和回火;表面热处理包括表面淬火和化学热处理。

热处理设备

热处理作用

【知识导图】

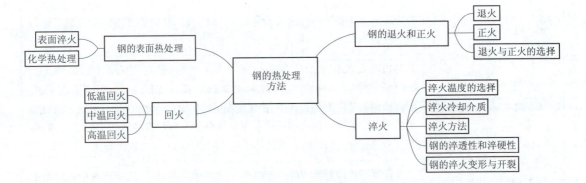

知识模块1　钢的退火和正火

退火和正火主要用于各种铸件、锻件、热轧型材及焊接构件,由于处理时冷却速度较慢,故对钢的强化作用较小,在许多情况下不能满足使用要求,除少数性能要求不高的零件外,一般不作为获得最终使用性能的热处理,而主要用于改善其工艺性能,故称为预备热处理。退火和正火的目的有以下几点：
(1) 消除残余内应力,防止工件变形、开裂；
(2) 改善组织,细化晶粒；
(3) 调整硬度,改善切削性能；
(4) 为最终热处理(淬火、回火)做好组织上的准备。

1. 退火

退火是将钢加热至适当温度,保温一定时间,然后缓慢冷却的热处理工艺。根据目的和要求的不同,工业上常用的退火工艺有完全退火、球化退火、去应力退火和扩散退火。各种退火的工艺规范如图1-12所示。

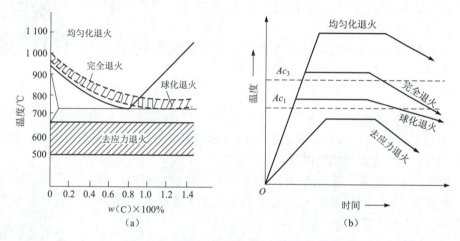

图1-12 碳钢各种退火的工艺规范示意图
(a) 加热温度范围；(b) 工艺曲线

1) 完全退火

完全退火是将钢完全奥氏体化后缓慢冷却,获得接近平衡组织的退火工艺。通常是将工件加热至 Ac_3 以上20 ℃～30 ℃,保温一定时间后,缓慢冷却(炉冷或埋入砂中、石灰中冷却)至500 ℃以下出炉空冷至室温。完全退火时,由于加热时钢的组织完全奥氏体化,在以后的缓冷过程中奥氏体全部转变为细小而均匀的平衡组织,所得室温组织为铁素体+珠光体,从而降低钢的硬度,细化晶粒,充分消除内应力,以便于随后的加工。

完全退火主要用于亚共析钢和合金钢的铸件、锻件、焊件及热轧型材。对于过共析钢件,在加热到 Ac_{cm} 以上完全奥氏体化后,在随后的缓冷过程中二次渗碳体会以网状式沿奥氏体晶界析出,使钢件的强度和韧性显著下降,并给以后的切削加工、淬火加热等带来不利影响。因此,过共析钢不宜采用完全退火。

2) 球化退火

球化退火是使钢中碳化物(渗碳体)球状化而进行的退火工艺。通常将共析钢或过共析钢加热到 Ac_1 以上20 ℃～30 ℃,保温一定时间后,随炉缓慢冷却至600 ℃以下,再出炉空冷,或快冷到略低于 Ar_1 温度,保温后炉冷到600 ℃,再出炉空冷,钢经球化退火后,钢中的片层状渗碳体和网状二次渗碳体发生球化,得到硬度更低、韧性更好的球状珠光体组织。球化退火的目的是降低钢件的硬度、改善切削加工性,并为以后的淬火做准备；减小工件冷却时的变形和开裂。

球化退火主要用于共析钢和过共析钢及合金。若球化退火前的钢中有较严重的粗网状渗碳体存在，则应先进行正火消除，再进行球化退火。

3）去应力退火

去应力退火是将工件加热至 Ac_1 以下 100 ℃～200 ℃，保温后随炉缓冷的热处理工艺。其目的主要是消除工件（铸件、锻件、焊接件、热轧件、冷拉件）中的残余内应力，稳定尺寸，减小变形。

4）扩散退火

为减少钢锭、铸件或锻坯化学成分的偏折和组织的不均匀性，将工件加热到 Ac_3 以上 150 ℃～200 ℃，长时间（10～15 h）保温后缓冷的热处理工艺，称为扩散退火或均匀化退火。

其目的是使化学成分和组织均匀化，均匀化退火后钢的晶粒粗大，因此一般还要进行完全退火或正火。

退火

2. 正火

正火是将工件加热至以 Ac_3 或 Ac_{cm} 上 30 ℃～50 ℃，保温后出炉空冷的热处理工艺。

正火与退火的主要区别是：正火的冷却速度稍快，过冷度较大，所得组织比退火细，硬度和强度有所提高。正火主要应用于以下几个方面：

（1）对于力学性能要求不高的零件，正火可作为最终热处理；

（2）低碳钢退火后硬度偏低，切削加工后表面粗糙度高，正火后可获得合适的硬度，改善切削性能；

（3）过共析钢球化退火前进行一次正火，可消除网状二次渗碳体，以保证球化退火时渗碳体全部球粒化。

钢的正火

3. 退火与正火的选择

退火与正火同属钢的预备热处理，在操作过程中如装炉、加热速度、保温时间都基本相同，只是冷却方式不同，在生产实际中有时两者可以互相代替。究竟如何选择退火与正火，一般可以从以下几点考虑：

1）从切削加工性考虑

钢件适宜的切削加工硬度为 170～230 HBS。因此，低碳钢、低碳合金钢应选正火作为预备热处理，中碳钢也可选用正火；而 $w(C)>0.5\%$ 的非合金钢、中碳以上的合金钢应选用退火作为预备热处理。

2）从零件形状考虑

对于形状复杂的零件或大型铸件，正火有可能因内应力太大而引起开裂，故应选用退火。

3）从经济性考虑

因正火比退火的操作简便、生产周期短、成本低，在能满足使用要求的情况下应尽量选用正火，以降低生产成本。

知识模块 2　淬火

淬火是将钢件加热至 Ac_3 或 Ac_1 以上某一温度,保温后以适当速度冷却,获得马氏体和(或)下贝氏体组织的热处理工艺。其目的是提高钢的硬度和耐磨性。淬火是强化钢件最重要的热处理方法。

1. 淬火温度的选择

碳钢的淬火温度可利用 $Fe-Fe_3C$ 相图来选择,如图 1-13 所示。为防止奥氏体晶粒粗化,一般淬火温度不宜太高,只允许超出临界点 30 ℃~50 ℃。

对于亚共析碳钢,适宜的淬火温度一般为 Ac_3+30 ℃~50 ℃,这样可以获得均匀细小的马氏体组织。如果淬火温度过高,则将获得极大的马氏体组织,同时引起钢件较严重的变形;如果淬火温度过低,则在淬火组织中将出现铁素体,导致钢件的硬度不足、强度不高。

对于过共析碳钢,适宜的淬火温度一般为 Ac_1+30 ℃~50 ℃,这样可以获得均匀细小的马氏体和粒状渗碳体的混合组织。如果淬火温度过高,则将获得粗片状马氏体组织,同时引起较严重的变形,淬火开裂倾向增大;由于渗碳体溶解过多,淬火后钢中残余奥氏体量增多,故会降低钢的硬度和耐磨性。如果淬火温度过低,则可能得到非马氏体组织,钢件的硬度达不到要求。

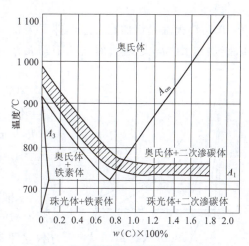

图 1-13　碳钢的淬火加热温度范围

对于合金钢,因为大多数合金元素会阻碍奥氏体晶粒长大(Mn、P 除外),所以淬火温度允许比碳钢稍微高一些,这样可使合金元素充分溶解和均匀化,以便取得较好的淬火效果。

2. 淬火冷却介质

淬火时为了得到马氏体组织,冷却速度必须大于淬火临界冷却速度 V_k。但快冷又不可避免地会造成很大的内应力,引起工件变形与开裂。因此,钢在淬火时理想的冷却曲线应如图 1-14 所示,即只在 C 曲线鼻部附近快速冷却,而在淬火温度到 650 ℃ 以及 M_s 点以下以较慢的速度冷却。

淬火冷却介质是指工件进行淬火冷却时所使用的介质。在实际生产中还没有找到一种淬火介质能符合上述的理想淬火冷却速度,最常用的淬火冷却介质是水、水溶液、油、硝盐浴、碱浴和空气等。

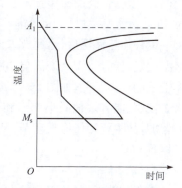

图 1-14　理想淬火冷却速度

水的冷却能力很强,若加入 5%~10%NaCl 的盐水,其冷却能力更强,尤其是在 650 ℃~550 ℃ 的范围内的冷却速度非常快,大于 600 ℃/s。在 300 ℃~200 ℃ 的温度范围,水的冷却能力仍很强,但将导致工件变形,甚至开裂。因而主要用于淬透性较小的碳钢零件。

淬火油几乎都是矿物油,其优点是在 300 ℃～200 ℃的范围内冷却能力低,有利于减小变形和开裂,缺点是其在 650 ℃～550 ℃的范围内的冷却能力远低于水,所以不宜用于碳钢,通常只用作合金钢的淬火介质。

硝盐浴和碱浴的冷却能力介于水与油之间,为减少工模具淬火时的变形,工业上常用硝盐浴或碱浴作为冷却介质来进行分级淬火或等温淬火。

淬火冷却介质

3. 淬火方法

为保证淬火时既能得到马氏体组织,又能减小变形,避免开裂,一方面可选用合适的淬火介质,另一方面可通过采用不同的淬火方法加以解决。工业上常用的淬火方法有以下几种。

1) 单液淬火法

单液淬火法是将加热好的工件直接放入一种淬火介质中连续冷却至室温的操作方法。例如,碳钢在水中淬火、合金钢在油中淬火等均属单液淬火法,如图 1-15 中曲线 1 所示。这种方法操作简单,容易实现机械化和自动化。但在连续冷却至室温的过程中,水淬容易产生变形和裂纹,油淬容易产生硬度不足或硬度不均匀等现象,主要适用于截面尺寸无突变、形状简单的工件。一般非合金钢采用水作为淬火介质,合金钢采用油作为淬火介质。

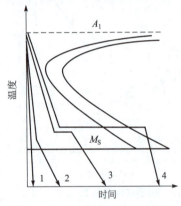

图 1-15 不同淬火方法示意图
1—单液淬火;2—双液淬火;
3—马氏体分级淬火;4—贝氏体等温淬火

2) 双液淬火法

双液淬火法是将钢奥氏体化后,先浸入一种冷却能力强的介质中冷却,在钢还未达到该淬火介质温度之前即取出,立即转入另一种冷却能力较弱的介质中冷却的方法,如图 1-15 中曲线 2 所示。常用的有先水后油、先油后空气等,生产中常称为水淬油冷、油淬空冷。双液淬火利用了两种介质的优点,既能保证钢件淬硬到高硬度,又能减小变形和开裂倾向。但钢件在第一种介质中的停留时间很难正确把握,要求有较高的操作技术。其主要用于形状不太复杂的高碳钢和较大尺寸的合金钢工件。

3) 分级淬火法

钢件加热保温后,迅速放入温度稍高于 M_s 点的恒温盐浴或碱浴中,保温一定时间,待钢件表面与心部温度均匀一致后取出空冷,以获得马氏体组织的淬火工艺,如图 1-15 中曲线 3 所示。这种淬火方法比双液淬火易于控制,能有效地减小变形和开裂倾向。但由于盐浴或碱浴的冷却能力较弱,故主要用于形状复杂、尺寸要求精确的小型非合金钢件和合金钢工模具。

盐浴

4) 等温淬火法

钢件加热保温后,迅速放入温度稍高于 M_s 点的盐浴或碱浴中,保温足够时间,待奥氏体转变成下贝氏体后取出空冷,如图 1-15 中曲线 4 所示。等温淬火可大大降低钢件的内应力,下贝氏体又具有较高的强度、硬度、塑性和韧性,综合性能优于马氏体,适用于尺寸较小、形状复杂、要求变形小,且强、韧性都较高的工件,如弹簧、工模具等。等温淬火后一般不必回火。

5）局部淬火法

有些工件按其工作条件如果只是局部要求高硬度,则可采用局部加热淬火的方法,以避免工件其他部分产生变形和裂纹。

6）冷处理

冷处理是将工件淬火冷却到室温后,继续在 0 ℃以下(一般为-80 ℃~-70 ℃)的介质(如干冰+酒精)中冷却,使室温下尚未转变的残余奥氏体继续转变为马氏体的热处理工艺。冷处理可提高钢的硬度和耐磨性,并稳定钢件的尺寸,常用于某些精密零件及特殊性能的高合金钢。

4. 钢的淬透性和淬硬性

1）淬透性

钢的淬透性是指在规定条件下,决定钢材淬硬层深度和硬度分布的特性。一般规定,淬火表面至内部马氏体组织占50%处的垂直距离称为淬硬层深度。淬硬层越深,淬透性就越好。如果淬硬层深度达到心部,则表明该工件全部淬透。

钢的淬透性主要取决于钢的临界冷却速度 V_k。临界冷却速度越小,钢的淬透性也就越好。

合金元素是影响淬透性的主要因素。除 Co 和大于 2.5% 的 Al 以外,大多数合金元素溶入奥氏体都会使 C 曲线右移,降低临界冷却速度,从而使钢的淬透性显著提高。

此外,适当提高奥氏体化温度或延长保温时间,会使奥氏体晶粒粗化,成分更均匀,增加过冷奥氏体的稳定性,使钢的临界冷却速度减小,改善钢的淬透性。

在实际生产中,钢的淬透性是选材和制定热处理工艺规程时的主要依据。对于大多数大截面和在动负荷下工作的重要结构件,如螺栓、锤杆、锻模、大电机轴、发动机的连杆等,常要求表面和心部力学性能一致,应选用淬透性较好的钢;对于承受弯曲、扭转应力、冲击载荷和局部磨损的轴类零件,工作时表面受力大,心部硬度要求不高,可选用淬透性较低的钢;对于形状复杂或对变形要求严格的零件,应选用淬透性较好的钢材。

2）淬硬性

钢在理想条件下进行淬火硬化后所能达到的最高硬度的能力称为淬硬性。它主要取决于马氏体中的含碳量,合金元素对淬硬性影响不大。

淬硬性与淬透性是两个意义不同的概念,淬硬性好的钢,其淬透性不一定好。

5. 钢的淬火变形与开裂

1）热应力与相变应力(组织应力)

工件淬火后出现变形与开裂是由内应力引起的。内应力分为热应力与相变应力。

工件在加热或冷却时,由于不同部位存在着温度差而导致热胀或冷缩不一致所引起的应力称为热应力。同时,在奥氏体向马氏体转变时,因比容增大会伴随工件体积的胀大,工件各部位先后相变,造成体积胀大不一致所引起的应力,称为相变应力(组织应力)。

淬火冷却时,工件中的内应力超过材料的屈服点,就可能产生塑性变形,如内应力大于材料的抗拉强度,则工件将发生开裂。

2）减小淬火变形和开裂的措施

对于形状复杂的工件,应选用淬透性好的合金钢,以便能在缓和的淬火介质中冷却;工件的几何形状应尽量做到厚薄均匀、截面对称,使工件淬火时各部分能均匀冷却;高合金钢锻造时应尽可能地改善碳化物分布,高碳及高碳合金钢采用球化退火有利于减小淬火变形;适当降低淬火温度、采用分级淬火或等温淬火都能有效地减小淬火变形。

知识模块 3　回火

将淬火钢重新加热到某一温度范围内,保温后冷却的热处理工艺称为回火。

回火的主要目的是消除淬火内应力,以降低钢的脆性,防止产生裂纹,同时使钢获得所需的力学性能。

淬火所形成的马氏体是在快速冷却条件下被强制形成的不稳定组织,因而具有重新转变成稳定组织的自发趋势。回火时,由于被重新加热,原子活动能力加强,所以随着温度的升高,马氏体中过饱和的原子将以碳化物的形式析出。总的趋势是回火温度越高,析出的碳化物越多,钢的强度、硬度下降,而塑性、韧性升高。

根据回火温度的不同,可将钢的回火分为以下 3 种。

回火

1. 低温回火

回火温度为 150 ℃～250 ℃,回火后的组织为回火马氏体。其目的是降低淬火钢的内应力和脆性,但基本保持淬火所获得的高硬度(56～64 HRC)和高耐磨性。淬火后低温回火用途最广,主要用于工具钢的热处理,如各种刃具、模具、滚动轴承和耐磨件等。

2. 中温回火

回火温度为 250 ℃～500 ℃,回火后的组织为回火托氏体。其目的是使钢获得高弹性,保持较高的硬度(35～45 HRC)和一定的韧性。中温回火主要用于各种弹簧、发条、锻模等。

3. 高温回火

回火温度为 500 ℃～650 ℃,回火后的组织为回火索氏体。在热处理生产中通常将淬火加高温回火的复合热处理工艺称为调质处理,简称调质。调质处理广泛用于承受疲劳载荷的中碳钢重要件,如连杆、曲轴、主轴、齿轮、重要螺钉等。其硬度为 20～35 HRC。由于调质处理后其渗碳体呈细粒状(细球状),与正火后的片状渗碳体组织相比,在载荷下不易产生应力集中,使钢的韧性显著提高,因此,调质处理的钢可获得强度及韧性都较好的综合力学性能。

知识模块 4　钢的表面热处理

1. 表面淬火

表面淬火是将钢件的表面层淬透到一定的深度,而心部仍保持未淬火状态的一种局部淬火方法。表面淬火时,通过快速加热使钢件表面层很快达到淬火温度,在热量来不及传到工件心部时就立即冷却,实现局部淬火。

表面淬火可使工件表层获得马氏体组织，具有高硬度和高耐磨性，内部仍保持淬火前的组织，具有足够的强度和韧性，常用于机床主轴、齿轮及发动机的曲轴等。

表面淬火所采用的快速加热方法有多种，如电感应、火焰、电接触、激光等，目前应用最广的是电感应加热法，如图1-16所示。

电感应加热

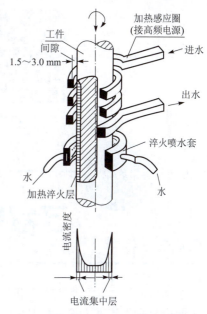

图1-16 电感应加热表面淬火示意图

电感应加热表面淬火法就是在一个感应线圈中通一定频率的交流电（有高频、中频、工频3种），使感应圈周围产生频率相同的交变磁场，置于磁场中的工件就会产生与感应线圈频率相同、方向相反的感应电流，这个电流称为涡流。由于集肤效应，涡流主要集中在工件表层，由涡流所产生的电阻热使工件表层被迅速加热到淬火温度，随即向工件喷水，将工件表层淬硬。

感应电流的频率越高，集肤效应越强烈，故高频感应加热应用最广。高频感应加热常用频率为200～300 Hz，其加热速度极快，通常只有几秒，淬硬层深度一般为0.5～2 mm，主要用于要求淬硬层较薄的中、小型零件，如齿轮、轴等。

感应加热表面淬火零件宜选用中碳钢和中碳低合金结构钢。目前应用最广泛的是汽车、拖拉机、机床、工程机械中的齿轮、轴类等，也可用于高碳钢、低合金钢制造的工具、量具、铸铁冷轧辊等。经感应加热表面淬火的工件，具有表面不易氧化、脱碳，耐磨性好，工件变形小，淬火层深度易控制，生产效率高，适用于批量生产，以及表面硬度比普通淬火高等特点。

2. 化学热处理

化学热处理是将工件置于一定温度的活性介质中保温，使一种或几种元素渗入工件的表层，以改变其化学成分、组织和性能的热处理工艺。如通过化学热处理可提高工件表面的硬度、耐磨性、疲劳强度，增强耐高温、耐腐蚀性能等。

化学热处理的种类很多，依照渗入元素的不同，有渗碳、渗氮、碳氮共渗、渗硼、渗铝、多元共渗等，以适用于不同的场合，其中以渗碳应用最广。

渗碳是向钢的表层渗入碳原子。渗碳时，通常是将钢件放入密闭的渗碳炉中，通入气体渗碳剂（如煤油等），加热到900 ℃～950 ℃，经较长时间的保温后，使工件表层增碳。渗碳件都是低碳钢或低碳合金钢。渗碳后工件表层的含碳量增加到1%左右，经淬火和低温回火后，表层硬度达56～64 HRC，因而耐磨；而心部因仍然是低碳钢，故保持其良好的塑性和韧性。可以看出，渗碳工艺可使工件具有外硬内韧的性能。

渗碳主要用于既受强烈摩擦又承受冲击或疲劳载荷的工件，如汽车变速箱齿轮、活塞销、凸轮、自行车和缝纫机的零件等。

激光淬火

渗碳处理

任务四 了解常用金属材料

金属材料分为黑色金属材料和有色金属材料两大类。黑色金属材料即钢铁材料,是以铁碳为主要成分的合金;有色金属材料是指除钢铁材料以外的金属材料,如铝及铝合金,铜及铜合金等。

【知识导图】

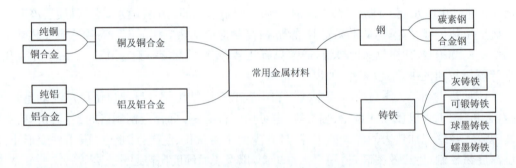

知识模块 1　钢

根据钢的成分不同,钢可分为碳素钢和合金钢。

1. 碳素钢

碳素钢是化学成分以铁和碳为主(碳质量分数大于 0.03%,小于 2.11%),并含有少量的硅、锰、硫、磷等杂质元素的铁碳合金,简称碳钢。其中硅、锰是有益元素,对钢有一定的强化作用;硫、磷是有害元素,分别增加钢的热脆性和冷脆性。

1) 碳钢的分类

(1) 按碳钢中碳的质量分数分为 3 类。

低碳钢:$w(C) \leqslant 0.25\%$,如 10、15、Q235-A。

中碳钢:$w(C) = 0.25\% \sim 0.6\%$,如 35、45、Q275。

高碳钢:$w(C) > 0.6\%$,如 70、75、T8、T10A。

(2) 按碳钢的质量即碳钢中有害杂质 S、P 的质量分数分为 3 类。

普通碳素钢：$w(S) \leq 0.050\%$，$w(P) \leq 0.045\%$，如 Q195、Q235-A。

优质碳素钢：$w(S) \leq 0.025\%$，$w(P) \leq 0.035\%$，如 15、45、T8。

高级优质碳素钢：$w(S) \leq 0.020\%$，$w(P) \leq 0.030\%$，如 T10A。

(3) 按碳钢的用途分为两类。

碳素结构钢：用于制造机械零件和各种工程构件的碳钢，这类碳钢属于低碳钢和中碳钢，质量上有普通碳素钢和优质碳素钢。

碳素工具钢：主要用于制造各种刀具、模具、量具的碳钢，这类钢属于高碳钢，质量上有优质碳素钢和高级优质碳素钢。

2) 常用碳素钢的种类、牌号和用途

由于碳素钢冶炼容易、价格低廉、工艺性能良好，因此是工业上应用最广泛的金属材料。常用碳素钢的种类、牌号和用途如表 1-3 所示。

表 1-3　碳素钢的种类、牌号和用途

种类	普通碳素结构钢	优质碳素结构钢	碳素工具钢	铸造碳钢
牌号	Q195、Q215-A、Q235-C、Q225-B、Q235A-F	08F、15、20、35、45、60、45Mn、65Mn	T7、T8、T10、T10A、T12、T13	ZG200-400、ZG270-500、ZG340-640
牌号意义	"Q"表示屈服点；数值表示最小屈服值；"A"表示质量等级，分 A、B、C、D 四级，依次提高；"F"表示沸腾钢	两位数字表示钢中碳的平均质量分数的万分之几；锰的质量分数在 0.7%～1.2% 时加 Mn 表示	"T"表示碳素工具钢；其后的数字表示碳的质量分数的千分之几；"A"表示高级优质	"ZG"表示铸钢；前 3 位数字表示最小屈服强度值，后 3 位数字表示最小抗拉强度值；强度越高，碳的质量分数越高（一般为 0.2%～0.6%）
用途举例	建筑结构件、螺栓、小轴、销子、键、连杆、法兰盘、锻件坯料等	冲压件、焊接件、轴、齿轮、活塞销、套筒、蜗杆、弹簧等	冲头、锉刀、板牙、丝锥、钻头、镗刀、量规、圆锯片等	机座、箱体、连杆、齿轮等

2. 合金钢

为了改善和提高碳钢的性能，在碳钢的基础上有目的地加入一定量的其他合金元素的钢称为合金钢。常用的合金元素有硅、锰、镍、铬、铜、钒、钛、稀土元素等，把它们加入钢中可提高钢的力学性能，改善钢的热处理性能，或者使钢具有耐腐蚀、耐热、耐磨、高磁性等特殊性能。

1) 合金钢的分类

(1) 按合金元素质量分数的多少可分为：

低合金钢：含合金元素总量 $\leq 5\%$。

中合金钢：含合金元素总量为 $5\%\sim10\%$。

高合金钢：含合金元素总量 $\geq 10\%$。

(2) 按合金钢质量即合金钢中含有害杂质 S、P 的质量分数可分为：

普通低合金结构钢：$w(S) \leq 0.050\%$，$w(P) \leq 0.045\%$，如低合金高强度结构钢。

优质合金钢：$w(S) \leq 0.035\%$，$w(P) \leq 0.035\%$，如低、中合金结构钢。

高级优质合金钢:$w(S)\leq 0.030\%$,$w(P)\leq 0.030\%$,如滚动轴承钢、高合金钢、合金工具钢。

(3) 按合金钢的用途可分为:

合金结构钢:含低合金高强度结构钢和低、中合金结构钢,如渗碳钢、调质钢、弹簧钢、滚动轴承钢。

合金工具钢:含刃具钢、量具钢、模具钢。

特殊性能钢:含不锈钢、耐热钢、耐酸钢、耐磨钢等。

2) 合金钢的种类、牌号和用途

合金钢的合金成分及质量分数不同,其具有的强度、塑性等机械性能也不同。一般情况下,合金钢的合金含量越高,其机械性能也越好。但随着合金含量的增高,合金钢的成本也增高。因此设计零件及选择材料时,在满足机械性能和工艺性能要求的前提下,应尽量选择成本低廉的材料。常用合金钢的种类、牌号和用途如表1-4所示。

表1-4 合金钢的种类、牌号和用途

种类名称	低合金高强度结构钢	合金结构钢				合金工具钢				特殊用途钢				铸造合金钢		
		渗碳钢	调质钢	弹簧钢	滚动轴承钢	量具刃具钢	冷作模具钢	热作模具钢	高速钢	不锈钢	耐热钢	耐酸钢	高温合金钢	耐磨铸钢	耐热铸钢	耐酸铸钢
牌号	Q295 Q345 Q390-A Q420	20Cr,20CrMnTi 40Cr,25Cr2MoVA 65Mn,60Si2Mn GCr9,GCr15SiMn				9SiCr,CrWMn Cr12,Cr12MoV 5CrNiMo,5CrMnMo W18Cr4v, W9Mo3Cr4V				1Cr18Ni9Ti 4Cr10Si2Mo 2Cr13 GH33				ZGMn13-2 ZG4Cr22Ni4N ZG1Cr18Ni9Ti		
牌号意义	"Q"表示屈服点;数值表示最小屈服值;"A"表示质量等级,分A、B、C、D、E五级,依次提高	前面的数字表示钢中碳的质量分数的万分之几,元素符号及其后数字表示该元素平均质量分数的百分之几,当小于1.5%~2.49%、2.5%~3.49%、…时,相应地标以2%、3%、…;"A"表示高级优质;滚动轴承钢前加"G",铬含量用千分之几				首位数字表示钢中碳的平均质量分数的千分之几,≥1%时不标出;元素符号及其后数字表示方法与合金结构钢相同;高速钢碳质量分数不标出,其他与合金结构钢相同;合金工具钢都是高级优质钢,故不标"A"				前面的数字表示碳的质量分数的千分之几,$w(C)\leq 0.03\%$时,用"00"表示,$w(C)\leq 0.08\%$时,用"0"表示;元素符号及其后数字表示方法与合金结构钢相同;专用钢牌号的表示方法与钢种相关,有特殊的命名方法,详见国家标准				"ZG"表示铸钢,ZG后面的数字表示铸钢的名义及万分碳质量分数;元素符号及其后数字表示方法与合金结构钢相同		
用途举例	车辆、桥梁、锅炉、高压容器等	齿轮、曲轴、连杆、高强度螺栓、各种弹簧、轴承滚珠及套圈等				各种量具、丝锥、板牙、冷作模具、热作模具、高速切削刀具等				医疗器械、汽轮机零件、化工设备、航空发动机等				石油、化工设备中的泵体、阀体及零件等		

22

知识模块 2 铸铁

铸铁是碳质量分数大于 2.11%、小于 6.69%（通常为 2.8%～3.5%）的铁碳合金,此外还含有硅、锰等合金元素及硫、磷等杂质。铸铁的抗拉强度低,塑性和韧性差,但铸铁具有优良的耐磨性、减震性、铸造性能和切削加工性,而且生产方法简单,成本低廉,因此大量用于机器设备制造中,通常占机械设备总质量的 30%～80%。

铸铁中的碳以化合物渗碳体（Fe_3C）和石墨（C）两种形式存在。根据碳在铸铁中存在形式的不同,铸铁可分为白口铸铁（多数碳以 Fe_3C 形式存在）、灰口铸铁（多数碳以石墨形式存在）、麻口铸铁（碳以 Fe_3C 和石墨形式同时存在）。工业上普遍使用的铸铁是灰口铸铁。灰口铸铁中的碳是以石墨的形式存在的,断口呈灰色,故称灰口铸铁。灰口铸铁按石墨的形态分为灰铸铁、可锻铸铁、球墨铸铁和蠕墨铸铁。

（1）灰铸铁。灰铸铁中的石墨呈片状,其铸造性能和切削加工性能很好,是工业上应用最广泛的铸铁;常用来制造各种承受压力和要求消振性好的床身、箱体及经受摩擦的导轨、缸体等;牌号由"HT"和一组数字（抗拉强度最低值）组成。

（2）可锻铸铁。可锻铸铁又称玛铁、玛钢,是将白口铸铁经高温石墨化退火处理后得到的铸铁,其石墨呈团聚状,与灰铸铁相比,强度较高,并有一定的塑性和韧性,但不能锻造;主要适用于制造形状复杂,工作中承受冲击、振动、扭转载荷的薄壁零件,如汽车、拖拉机后桥壳、转向器壳和管子接头等;牌号由"KTH""KTZ""KTB"和两组数字（抗拉强度最低值和伸长率最低值）组成。

（3）球墨铸铁。球墨铸铁中的石墨呈球状,强度比灰铸铁高得多,并且具有一定的塑性和韧性（优于可锻铸铁）,某些性能与中碳钢相近;主要用于制造受力复杂、承受载荷较大的零件,如曲轴、连杆、凸轮轴、齿轮等;牌号由"QT"和两组数字（抗拉强度最低值和伸长率最低值）组成。

（4）蠕墨铸铁。蠕墨铸铁中的石墨呈蠕虫状,其力学性能介于灰铸铁与球墨铸铁之间;可用于制造经受热循环、组织致密、强度较高、形状复杂的零件,如气缸套、进排气管、钢锭模等;牌号由"RuT"和一组数字（抗拉强度最低值）组成。

铸铁种类较多,除上面几种外,还有耐热铸铁、耐蚀铸铁、耐磨铸铁、孕育铸铁、冷硬铸铁等。常用铸铁的种类、牌号和用途见表 1-5。

表 1-5 常用铸铁的种类、牌号和用途

种类	灰铸铁	可锻铸铁	蠕墨铸铁	球墨铸铁	耐热铸铁
常用牌号	HT150 HT200 HT350	KTH330-08 KTB350-04 KTZ650-02	RuT300 RuT340 RuT380	QT400-18 QT600-3 QT900-2	RTCr16 RTSi5

续表

种类	灰铸铁	可锻铸铁	蠕墨铸铁	球墨铸铁	耐热铸铁
牌号意义	"HT"表示灰铸铁,数字表示最小抗拉强度值	"KTH"表示黑心可锻铸铁,"KTB"表示白心可锻铸铁,"KTZ"表示珠光体可锻铸铁,数字意义同球墨铸铁	"RuT"表示蠕墨铸铁,数字表示最小抗拉强度值	"QT"表示球墨铸铁,前面数字表示最小抗拉强度值,后面数字表示最小延伸率	"RT"表示耐热铸铁,化学符号表示合金元素,数字表示合金元素质量分数的百分之几
用途举例	底座、床身、泵体、气缸体、阀体、凸轮等	扳手、犁刀、船用电机壳、传动链条、阀门、管接头等	齿轮箱、气缸盖、活塞环、排气管等	扳手、犁刀、曲轴、连杆、机床主轴等	化工机械零件、炉底、坩埚、换热器等

知识模块3　铝及铝合金

铝和铝合金由于其密度小、比强度(强度/密度)高、导电导热性好等特点,因此在航空、电力及日常用品中得到了广泛应用。

1. 纯铝

纯铝的熔点为660 ℃,密度为2.72 g/cm³(是铜的1/3);导电、导热性好,仅次于银和钢;纯铝在大气中有良好的耐蚀性,其塑性好、强度低;工业纯铝的牌号有 L_1,L_2,…,L_6 等,"L"是铝的汉语拼音字首,后面的数字表示纯度,数字越大,纯度越低。

2. 铝合金

铝合金按加工方法可分为变形铝合金和铸造铝合金。变形铝合金塑性好,适于压力加工,并可通过热处理来强化(其中防锈铝合金除外)。

1) 变形铝合金

变形铝合金按性能可分为防锈铝合金、硬铝合金、超硬铝合金及锻造铝合金。

(1) 防锈铝合金,其性能特点是塑性好,焊接性能好,有较高的耐蚀性;常用来制作油箱、铆钉等;牌号如LF21,其中"LF"为"铝防"的汉语拼音字首,数字为顺序号。

(2) 硬铝合金,属于 Al-Cr-Mg 合金,强度高;常用来制造飞机骨架零件、铆钉等;牌号如LY12,其中"LY"为"铝硬"的汉语拼音字首,数字为顺序号。

(3) 超硬铝合金,属于 Al-Zn-Mg-Cu 合金,是目前强度最高的铝合金;常用来制造飞机大梁、起落架等;牌号如LC4,其中"LC"为"铝超"的汉语拼音字首,数字为顺序号。

(4) 锻造铝合金,属于 Al-Mg-Si-Cu 合金,锻造性能好;常用来制造飞机上的锻件;牌号如LD5,其中"LD"为"铝锻"的汉语拼音字首,数字为顺序号。

2) 铸造铝合金

铸造铝合金主要有4个系列,即 Al-Si 系、Al-Cu 系、Al-Mg 系、Al-Zn 系,它们在性能上各有特点，例如 Al-Si 系铝合金，铸造性能最好，应用最广泛，常用来制造发动机气缸体、活塞、手电钻外壳等。铸造铝合金可以用牌号表示，也可以用代号表示，例如牌号 ZAlSi12，表示硅质量分数为 12％的 Al-Si 系铸造铝合金，它也可用代号 ZL102 来表示，其中"ZL"是"铸铝"的汉语拼音字首，"1"为 Al-Si 系（Al-Cu 系用 2、Al-Mg 系用 3、Al-Zn 系用 4），"02"为系中的顺序号。

知识模块 4　铜及铜合金

1. 纯铜

纯铜又称紫铜，密度为 8.0 g/cm³，熔点为 1 083 ℃，具有良好的导电性、导热性、耐蚀性、塑性，容易进行冷、热加工，但其强度低、价格高。常用的工业纯铜牌号有 T_1、T_2、T_3，"T"为"铜"的汉语拼音字首，后面数字为顺序号，数字越大，纯度超低。

2. 铜合金

铜合金按加工方法可分为加工铜合金和铸造铜合金，其中黄铜和青铜应用最广泛。

1）黄铜

黄铜是以锌为主要合金元素的铜基合金。普通黄铜是铜锌二元合金，具有良好的耐蚀性和切削加工性，如加工黄铜 H62，"H"为"黄铜"的汉语拼音字首，数字为铜质量分数的百分数；铸造黄铜 ZcuZn38，"Z"为"铸造"的汉语拼音字首，字母和数字为元素符号及质量分数的百分数。特殊黄铜是在普通黄铜的基础上加入 Sn、Pb、Al、Si、Mn 等元素而形成的铜基合金，如加工铅黄铜 HPb59-1，铸造铅黄铜 ZcuZn33Pb2 等，这些元素的加入或提高其强度，或提高其耐磨性，或提高其切削性能等。

2）青铜

铜与锡的合金称为青铜，其表面呈青灰色。习惯上把除锌以外的其他元素为主的铜基合金称为青铜，按主加元素的不同，分别称为锡青铜、铝青铜、铅青铜、硅青铜、铍青铜等。锡青铜的耐磨性和耐蚀性高于黄铜，铝青铜的应用最广泛，铍青铜综合性能好，其牌号如加工锡青铜 QSn4-3，加工铝青铜 Qbe2，铸造锡青铜 ZCuSn10Pb5，其中，"Q"为"青铜"的汉语拼音字首。

3）白铜

白铜是以镍为主要合金元素的铜基合金。普通白铜是 Cu-Ni 二元合金，如 B19，"B"为"白铜"的汉语拼音字首，数字为镍质量分数的百分数；特殊白铜是在普通白铜的基础上加入少量的 Fe、Mn、Zn 等元素而得到的铜基合金，如锰白铜 BMn3-12。普通白铜主要用于制造精密机械、化工设备的零件等；锰白铜是主要的电工材料，用于制造变阻器、热电偶等。

任务五 其他材料简介

【知识导图】

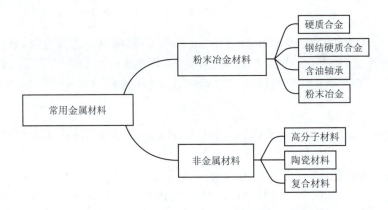

知识模块1 粉末冶金材料

粉末冶金是指利用金属粉末或金属与非金属粉末作原料,经过配料、均匀压制成形、烧结等工艺而获得材料或零件的冶金方法。因此,粉末冶金能生产多种熔炼法无法生产的具有特殊性能的材料和制品,如含油轴承、硬质合金、摩擦材料、高温合金等。由于粉末冶金法在技术和经济上的优越性,故得到了广泛应用。但因设备和模具的限制,粉末冶金只能生产尺寸有限、形状不很复杂的制品,且烧结零件的韧性差、生产率低、成本高。

1. 硬质合金

硬质合金是将难熔金属的碳化物(如 WC、TiC、TaC 等)粉末和黏结剂(如钴、镍等)粉末混合,经压制成形、烧结而成的一种粉末冶金材料。由于硬质合金是以高硬度、高耐磨性、极稳定的碳化物为基体,所以硬质合金具有硬度高、热硬性高、耐磨性好的特点。同时,硬质合金的抗压强度高,具有良好的耐腐蚀性和抗氧化性,线膨胀系数小,导热性差。

目前,硬质合金的种类主要有钨钴类硬质合金、钨钛类硬质合金、钨钛钽(铌)类硬质合金。

钨钴类硬质合金由碳化钨和钴组成,牌号由"硬""钴"两字的拼音字首"YG"及钴的平均含量的百分数组成。如 YG15,表示 $w(Co)=15\%$,其余为 $w(C)$。数字越大,$w(Co)$ 越高,合金的韧性越好,硬度越低。

钨钛钴类硬质合金是由碳化钨、碳化钛和钴组成的,牌号由"硬""钛"两字的拼音字首"YT"和 TiC 平均质量分数($w(TiC) \times 100$)组成。如 YT30,表示 $w(TiC)=30\%$,其余为 $w(C)$ 和 Co 的平均含量。数字越大,$w(TiC)$ 越高,硬度越高。

钨钛钽(铌)类硬质合金又称通用硬质合金或万能硬质合金,是以碳化钽或碳化铌取代 YT 类硬质合金中的一部分 TiC 而成,即由碳化钽、碳化铌、碳化钛和钴组成,牌号用"硬""万"两字的拼音字首"YW"加顺序号表示,如 YW1。在硬度不变的条件下,碳化钽或碳化铌的数量越多,硬质合金的抗弯强度越高。

硬质合金主要用于制造切削刀具、冷作模具、量具和耐磨零件。钨钴类硬质合金刀具主要用来切削加工产生断续切屑的脆性材料,如铸铁、有色金属、胶木及其他非金属材料;钨钛钴类硬质合金主要用来切削加工韧性材料,如各种钢;通用硬质合金既可切削脆性材料,又可切削韧性材料,特别是对于不锈钢、耐热钢、高锰钢等难加工的钢材,切削加工效果更好。模具用硬质合金多用于冷拔模、冷冲模、冷挤压模及冷墩模等。量具及耐磨零件硬质合金主要用于制造千分尺、块规、塞规等各种专用量具,在其易磨损工作面镶嵌硬质合金,使量具的使用寿命和可靠性都得到提高,许多耐磨性零件,如机床顶尖、无心磨导杠和导板等,也都应用硬质合金制造。

2. 钢结硬质合金

钢结硬质合金是一种新型的硬质合金,它是以一种或多种碳化物为硬化相,以合金钢为黏结剂经配料、压型、烧结而成。这类硬质合金可进行锻造、热处理和焊接。经锻造退火后,硬度约为 40 HRC,可进行一般切削加工。因此适于制造各种形状复杂的刀具、模具和耐磨零件。加工成工具后,经淬火、低温回火,硬度可达 70 HRC 左右,具有高的耐磨性,用其作刃具,使用寿命与钨钴类硬质合金差不多,大大超过合金工具钢。

3. 含油轴承

含油轴承是一种多孔的粉末冶金材料。混合料中含有石墨,经压制烧结成形后再浸入润滑油中,因毛细现象,孔隙中可吸附大量的润滑油,故称含油轴承。含油轴承有自动润滑作用,在轴承工作时,由于摩擦生热,轴承基体膨胀,孔隙容积缩小,润滑油膨胀,油从轴承孔隙中被挤压到工作表面,起到润滑的作用;同时轴旋转时,带动轴颈和轴承间隙中的空气外溢,使间隙中的气体静压降低,促使轴承孔隙内、外形成一定的压力差,孔内油液被吸到工作表面起到润滑的作用。当轴承停止工作时,轴承冷却,表面层润滑油大部分又渗入孔隙中,少部分留在表面,使轴承再运转时避免发生干摩擦。

常用的有铁基和铜基含油轴承材料,一般作为中速、轻载的轴承,特别适宜不能经常加油的轴承,如纺织机械、食品机械、家用电器等所用的轴承,在汽车、拖拉机、机床中也有应用。

4. 粉末冶金

采用粉末冶金方法制造机械零件,充分发挥了粉末冶金工艺无切削或少切削的优越性,无须或少需切削加工即为成品零件,零件的尺寸精度提高,表面粗糙度降低。粉末冶金结构零件还可通过热处理强化来提高强度和耐磨性。

粉末冶金机械零件已广泛用于飞机、汽车、拖拉机、机床及仪器、仪表等工业中,如制造油泵齿轮、电钻齿轮、凸轮、衬套等及各类仪表零件。此外,粉末冶金还用于制造特殊电磁性能材料以及组元在液态下互不熔解或各组元的密度相差悬殊的材料。

知识模块 2　非金属材料

非金属材料指除金属材料以外的其他一切材料。这类材料发展迅速,种类繁多,已在工业领域中得到广泛应用。非金属材料主要包括有机高分子材料(如塑料、合成橡胶、合成纤维、胶黏剂、涂料及液晶等)和陶瓷材料(如陶瓷、玻璃、水泥、耐火材料及各类新型陶瓷材料等),其中工程塑料和工程陶瓷的应用在工程结构中占有重要的地位。

随着科学技术的迅速发展,在传统金属材料与非金属材料仍大量应用的同时,各种适应高科技发展的新型材料不断涌现,为新技术取得突破创造了条件。所谓新型材料,是指那些新发展或正在发展中的、采用高新技术制取的、具有优异性能和特殊性能的材料。新型材料是相对于传统材料而言的,二者之间并没有截然的分界。新型材料的发展往往以传统材料为基础,传统材料进一步发展也可以成为新型材料。材料,尤其是新型材料,是 21 世纪知识经济时代的重要基础和支柱之一,它将对经济、科技、国防等领域的发展起到至关重要的推动作用,对机械制造业更是如此。

1. 高分子材料

根据其性质及用途,有机高分子材料主要有工程塑料、橡胶及胶黏剂等。

1) 塑料

塑料是应用最广泛的有机高分子材料,也是最主要的工程结构材料之一。

(1) 塑料的组成与特性。塑料的主要成分是合成树脂,此外还包括填料或增强材料、增塑剂、固化剂、润滑剂、稳定剂、着色剂、阻燃剂等,它是将各种单体通过聚合反应合成的高聚物。树脂在一定的温度、压力下可软化并塑造成型,它决定了塑料的基本属性,并起到黏结剂的作用。其他添料是为了弥补或改进塑料的某些性能。例如填料木粉、碎布、纤维等主要起增强和改善性能的作用,其用量可达 20%~50%。

塑料的优点:密度小,质轻;比强度高;耐腐蚀性好;优异的电绝缘性能;耐磨和减磨性好;良好的成型性。

塑料的不足之处是强度、硬度较低,耐热性差,易老化,易蠕变等。

(2) 塑料的分类。按树脂的热性能塑料可分为以下几类。

① 热塑性塑料。这类塑料为线型结构分子链,加热时会软化、熔融,冷却时会凝固、变硬,此过程可以反复进行。典型的品种有聚乙烯、聚氯乙烯、聚丙烯、聚苯乙烯、聚酰胺(尼龙)、ABS、聚甲醛、聚碳酸酯、聚砜、聚四氟乙烯、聚苯醚、聚氯醚、有机玻璃(聚甲基丙烯酸甲酯)等。这类塑料机械强度较高,成型工艺性能良好,可反复成型和再生使用,但耐热性与刚性较差。

② 热固性塑料。这类塑料为密网型结构分子链,其形成是固化反应的结果。具有线性结构的合成树脂,初加热时软化、熔融,进一步加热、加压或加入固化剂,通过共价交联而固化。固化后再加热,则不再软化、熔融。其品种有由酚醛塑料、氨基塑料、环氧树脂、不饱和聚酯树脂、有机硅树脂等构成的塑料。这类塑料具有较高的耐热性与刚性,但脆性大,不能反复成型与再生使用。

按应用范围的不同,塑料可分为以下几类。

① 通用塑料。主要指产量大、用途广、价格低廉的聚乙烯、聚氯乙烯、聚苯乙烯、聚丙烯、酚醛等几大品种,它们约占塑料总产量的 75%以上,广泛用于工业、农业和日常生活各个方面,但其强度较低。

② 工程塑料。主要指用于制作工程结构、机器零件、工业容器和设备的塑料。最重要的有聚甲醛、聚酰胺(尼龙)、聚碳酸酯、ABS 4 种,还有聚砜、聚氯醚、聚苯醚等。这类塑料具有较高的强度(60~100 MPa)、弹性模量、韧性、耐磨性,耐蚀和耐热性也较好。目前,工程塑料发

展十分迅速。

③ 其他塑料。例如耐热塑料,一般塑料的工作温度不超过 100 ℃,耐热塑料可在 100℃～200 ℃,甚至更高的温度下工作,如聚四氟乙烯(F-4)、聚三氟乙烯、有机硅树脂、环氧树脂等。目前耐热塑料的产量较少,价格较贵,仅用于特殊用途,但有发展前途。

随着塑料性能的改善和提高,新塑料品种不断出现,通用塑料、工程塑料和耐热塑料之间已经没有明显的界限了。

2) 橡胶

(1) 橡胶的特性和应用。橡胶是在室温下处于高弹态的高分子材料,最大的特性是高弹性,其弹性模量很低,只有 1～10 MPa,弹性变形量很大,可达 100%～10 000%;具有优良的伸缩性和积储能量的能力。此外,还有良好的耐磨性、隔声性、阻尼性和绝缘性。

橡胶在工业上应用相当广泛,可用于制作轮胎、动静态密封件(如旋转轴、管道接口密封件)、减振防振件(如机座减振垫片、汽车底盘橡胶弹簧)、传动件(如 V 带、传动滚子)、运输胶带、管道、电线、电缆、电工绝缘材料和制动件等。

(2) 橡胶的组成。橡胶制品是以生胶为基础加入适量的配合剂制成的。

① 生胶:未加配合剂的天然或合成的橡胶统称生胶。天然橡胶综合性能好,但产量不能满足日益增长的需要及某些特殊性能要求,因此合成橡胶获得了迅速发展。

② 配合剂:为了提高和改善橡胶制品的各种性能而加入的物质称为配合剂。配合剂种类很多,其中主要是硫化剂,其作用类似于热固性塑料中的固化剂,它使橡胶分子链间形成横链适当交联,成为网状结构,从而提高橡胶的力学性能和物理性能。常用的硫化剂是硫黄和硫化物。

为了提高橡胶的力学性能,如强度、硬度、耐磨性和刚性等,还需加入填料。使用最普遍的是炭黑,以及作为骨架材料的织品、纤维,甚至是金属丝或金属编织物。填料的加入还可减少胶用量,降低成本。其他配合剂还有为加速硫化过程、提高硫化效果而加入的硫化促进剂,用以增加橡胶塑性、改善成形工艺性能的增塑剂,以及防止橡胶老化而加入的防老化剂(抗氧化剂)等。

(3) 常用橡胶。橡胶按原料来源分为天然橡胶与合成橡胶,按用途可分为通用橡胶和特种橡胶。

天然橡胶属通用橡胶,广泛用于制造轮胎、胶带、胶管等。合成橡胶在化学结构上与天然橡胶有着共同点,故性能颇为相似,也广泛用于制造轮胎、胶带、胶管等。其中,产量最大的是丁苯橡胶,占橡胶总产量的 60%～70%,发展最快的是顺丁橡胶。特种橡胶的价格较高,主要用于要求耐热、耐寒、耐蚀的特殊环境。

2. 陶瓷材料

陶瓷是由金属和非金属元素组成的无机化合物材料,其性能硬而脆,比金属材料和工程塑料更能抵抗高温环境的作用,已成为现代工程材料的三大支柱之一。陶瓷是经原料粉碎、压制成形、高温烧结而成。

1) 陶瓷的分类

陶瓷按性能分为普通陶瓷和特种陶瓷。

(1) 普通陶瓷又称传统陶瓷,其原料是天然的硅酸盐矿物,如黏土、长石、石英等。这类陶瓷又称硅酸盐陶瓷,例如日用陶瓷、建筑陶瓷、绝缘陶瓷、化工陶瓷等。

(2) 特种陶瓷又称近代陶瓷,其原料是人工提炼的,即纯度较高的金属氧化物、碳化物、氮化物等。特种陶瓷具有一些独特的性能,可满足工程结构的特殊需要。

2) 陶瓷材料的性能特点

(1) 力学性能:和金属材料相比,大多数陶瓷的硬度高,弹性模量大,脆性大,几乎没有塑性,抗拉强度低,抗压强度高。

(2) 热性能:陶瓷材料熔点高,抗蠕变能力强,热硬性可达 1 000 ℃。但陶瓷热膨胀系数和导热系数小,承受温度快速变化的能力差,在温度剧变时会开裂。

(3) 化学性能:陶瓷的化学性能最突出的特点是化学稳定性很高,有良好的抗氧化能力,在强腐蚀介质、高温共同作用下有良好的抗蚀性能。

(4) 其他物理性能:大多数陶瓷是电绝缘体,功能陶瓷材料具有光、电、磁、声等特殊作用。

3) 常用工程陶瓷的种类、性能和用途

(1) 普通陶瓷。普通陶瓷按用途可分为日用陶瓷、建筑用瓷、电瓷、卫生瓷、化学瓷与化工瓷等。这类陶瓷质地坚硬、不氧化、耐腐蚀、不导电、成本低,但含有相当数量的玻璃相,强度较低,使用温度不能过高。普通陶瓷产量大、种类多,广泛应用于电气、化工、建筑等行业。

(2) 氧化铝陶瓷。其主要特点是耐高温性能好,可在 1 600 ℃ 高温下长期使用,耐蚀性很强,硬度很高,耐磨性好,因此可用于制造熔化金属的坩埚、高温热电耦套管、刀具与模具等。氧化铝有很好的电绝缘性能,在高频下的电绝缘性能尤为突出。其缺点是脆性大,不能承受冲击载荷,也不适于温度急剧变化的场合。

(3) 氮化硅陶瓷。氮化硅陶瓷是新型工程陶瓷材料,其室温强度不高,但高温强度较高,高温蠕变小,特别是加入适量 SiC 之后,抗高温性能显著提高。氮化硅陶瓷具有较高硬度,仅次于金刚石、立方氮化硼、碳化硼等,耐磨,具有自润滑性,可作为机械密封材料,但脆性较大。氮化硅陶瓷抗热展性良好,化学性质特别稳定,1 200 ℃ 以下不被氧化,1 200 ℃～1 600 ℃ 生成保护膜防止进一步氧化。它的原料丰富,加工性能优良,用途广泛,可以用较低的成本生产各种尺寸精确的部件,尤其是形状复杂的部件,其成品率高于其他陶瓷材料。

(4) 碳化硅陶瓷。碳化硅陶瓷的最大特点是高温强度高,在 1 400 ℃ 时抗弯强度仍保持在 500～600 MPa 的较高水平。碳化硅陶瓷有很好的耐磨损、耐腐蚀、抗蠕变性能,热传导能力很强,可用于制作火箭尾喷管的喷嘴、炉管、高温轴承与高温热交换器等。

(5) 氮化硼陶瓷。氮化硼有两种晶型:六方晶型和立方晶型。六方氮化硼陶瓷有"白石墨"之称,它有良好的耐热性、热稳定性、导热性和高温介电强度,是理想的散热材料、高温绝缘材料,如制作冶金用高温容器、半导体散热绝缘材料、高温轴承、热电耦套管等。六方氮化硼陶瓷的硬度不高,是目前唯一易于机械加工的陶瓷。立方氮化硼陶瓷结构牢固,硬度接近金刚石,是极好的耐磨材料,作为超硬工模具材料,现已用于高速切削刀具的拔丝模具等。

此外,其他应用较多的特种陶瓷还有氧化物陶瓷,如氧化锆陶瓷、氧化镁陶瓷等。近几年来,在氧化锆陶瓷的增韧研究方面已取得了突破性进展,即在氧化锆中加入某种稳定剂,形成部分稳定氧化锆陶瓷,其断裂韧性远高于其他结构陶瓷,有"陶瓷钢"之称。

3. 复合材料

由两种或两种以上物理、化学性质不同的物质,经人工合成的材料称为复合材料。它不仅具有各组成材料的优点,而且还可获得单一材料无法具备的优越的综合性能。

日常所见的人工复合材料很多,如钢筋混凝土就是用钢筋与石子、沙子、水泥等制成的复

合材料,轮胎是由人造纤维与橡胶复合而成的材料。

复合材料具有比强度和比模量高、疲劳强度较高、减振性好、较高的耐热性和断裂安全性、良好的自润滑和耐磨性等特性。但它也有缺点,如断裂伸长率较小、抗冲击性较差、横向强度较低、成本较高等。

常用复合材料有纤维增强复合材料、层叠复合材料、颗粒复合材料等。

1) 纤维增强复合材料

(1) 玻璃纤维增强复合材料。玻璃纤维增强复合材料是以玻璃纤维及制品为增强剂,以树脂为黏结剂而制成的,又称玻璃钢。按黏结剂不同,分为热塑性玻璃钢和热固性玻璃钢。

以尼龙、聚烯烃类、聚苯乙烯类等热塑性树脂为黏结剂制成的热塑性玻璃钢,具有较高的力学、介电、耐热和抗老化性能,工艺性能也好。与基体材料相比,其强度和疲劳性能可提高 2~3 倍,冲击韧度提高 1~4 倍,蠕变抗力提高 2~5 倍,达到或超过了某些金属的强度,可用来制造轴承、齿轮、仪表盘、壳体、叶片等零件。

以环氧树脂、酚醛树脂、有机硅树脂、聚酯树脂等热固性树脂为黏结剂制成的热固性玻璃钢,具有密度小、强度高、耐蚀性及成型工艺性好的优点,可制造车身、船体、直升机旋翼等。

(2) 碳纤维增强复合材料。这种复合材料与玻璃钢相比,其抗拉强度高,弹性模量是玻璃钢的 4~6 倍,高温强度好。它还具有较高的冲击韧度和疲劳强度,优良的减磨性、耐磨性、导热性、耐蚀性和耐热性。碳纤维增强复合材料广泛用于制造要求比强度、比模量高的飞行器结构件,如导弹头锥、火箭喷嘴、喷气发动机叶片等;还可制造重型机械的抽风、齿轮、高级轴承、活塞、密封环、化工设备的耐蚀件等。

2) 层叠复合材料

层叠复合材料是由两层以上不同材料复合而成,它们相互紧密地结合在一起,可使强度、刚度、耐磨、耐蚀、绝热、减轻自重等性能分别得到改善。常见的有双层金属复合材料、塑料—金属多层复合材料和夹层结构复合材料。

双层复合材料是最简单的复合材料。三层复合材料常用作无油润滑油轴承,还可制作机床导轨、衬套、垫片等。夹层复合材料的密度小,刚性和抗压稳定性高,抗弯强度好,常用于航空、船舶、化工等工业,如飞机机翼、船舶的隔板等。

3) 颗粒复合材料

颗粒复合材料是由一种或多种材料的颗粒均匀分散在基体材料内所组成的。颗粒起增强作用,一般粒子直径为 0.01~0.1 nm,否则无法获得最佳增强效果。

常见的颗粒复合材料有两类:一类是颗粒与树脂复合,如塑料中加颗粒状填料、橡胶用炭黑增强等;另一类是陶瓷新与金属复合,典型的有金属基陶瓷颗粒复合材料等。

【项目实施】

1. 材料选择

本项目中的传动轴用于减速器中,工况条件较好,承受的交变力和转矩较大,要求材料必须具有较高的强度和抗疲劳能力,综合考虑各方面因素,选用中碳钢可以满足要求,故选用 45 钢。本项目中的传动轴属于中、小传动轴,并且各外圆直径尺寸相差不大,故选择 $\phi 50$mm 的热轧圆钢作毛坯。

2. 热处理方案确定

轴的热处理要根据其材料和使用要求确定。对于传动轴,正火、调质和表面淬火用得较多。根据零件的使用条件,需要进行调质处理、调质处理,安排在粗车各外圆之后、半精车各外圆之前进行。传动轴的工艺路线如下:

下料→车两端面、钻中心孔→粗车各外圆→调质→修研中心孔→半精车各外圆、车槽、倒角→车螺纹→划键槽加工线→铣键槽→修研中心孔→磨削→检验。

3. 硬度检测方法

选用 HR-150A 型洛氏硬度计对金属材料进行硬度测试的相关操作,如图 1-17 所示。操作步骤如下:

图 1-17　HR-150A 型洛氏硬度计

(1)硬度检测前准备工作。

① 确认测试设备部件齐全。

② 确认测试现场和被测试样条件符合测试要求。

(2)操作方法。

① 选择试验力:总试验力有三级,分别是试验 A 标尺的 588.4 N (60kgf[①]),试验 B 标尺的 980.7 N (100kgf),试验 C 标尺的 1.47 kN(150kgf),见表 1-6。

表 1-6　试验参数

标尺	硬度符号	压头类型	初始压力	主压力	总试验压力	洛氏硬度范围
A	HRA	金刚石圆锥	98.07 N	490.3 N	588.4 N	22~88HRA
B	HRB	钢球	98.07 N	882.6 N	980.7 N	20~100HRB
C	HRC	金刚石圆锥	98.07 N	1.373 kN	1.471 kN	20~70HRC

试验时应根据标尺选择试验力,转动机身右侧上部手轮便可获得不同的试验力。在试验

---

① 1 kgf=9.8 N。

力变换时应将机身右侧下部的大手柄置于卸荷位置。

② 调整主试验力的加荷速度：主试验力的施加速度视材料硬度的不同可在 2~8 s 内调整。调整时将欲试的试样置于试台上，转动升降手轮至小指针位于红色标记（3 mm），大指针位于零位±5HR。拉动机身右侧下部的小手柄施加主试验力，观察大指针从开始转动到停止的时间，此时间为加荷速度。如不符合要求，可转动锁紧阀进行调整，直至达到要求为止。

③ 校验硬度：试验前应使用与试样硬度相近的标准洛氏硬度块对硬度计进行校验。校验后硬度计示值误差符合《JJG112－2003 金属洛氏硬度计（ABCDEFGHKNT 标尺）检定规程》后方可进行硬度试验。

④ 硬度试验。

a. 将试样放在试台上，选择试验部位。

b. 转动升降手轮，上升试台使压头与试件接触，继续转动升降手轮至指示表小指针位于红色标记、大指针位于零点位置附近（允许误差±5HR）。转动指示表外壳，使表盘零点与大指针重合。拉动机身右侧下部的小手柄施加主试验力，保持规定试验时间后，推动机身右侧下部的大手柄在 2 s 内平稳卸除主试验力，然后迅速从相应的标尺上读出硬度值。

⑤ 试验结果：试验结束后，旋转升降手轮取下试样。试验后试样的背面不得有肉眼可见的变形痕迹。

【能力检测】

思维导图

1. 金属材料的主要力学性能有哪些？
2. 何谓强度？衡量强度的常用指标有哪些？
3. 何谓塑性？衡量塑性的常用指标有哪些？
4. 何谓硬度？常用的硬度试验法有哪几种？
5. 何谓冲击韧性？冲击抗力与哪些因素有关？
6. 何谓金属的疲劳现象和疲劳极限？疲劳断裂的特征有哪些？
7. 试绘制简化后的 Fe－Fe_3C 相图，说明各主要特性点和特性线的含义。
8. 什么是钢的热处理？主要的热处理方法有哪几种？它们的主要目的是什么？
9. 按不同的分类方式可将碳素钢和合金钢分为几种？
10. 碳素钢和灰铸铁在化学成分和性能上有何区别？

项目二
学习毛坯成型

【项目概述】

图 2-1 所示为某卧式柴油机箱体零件和传动曲轴,生产类型为大批量生产,柴油机箱体材料为镁铝合金,传动曲轴材料为 QT700-2 球墨铸铁,请为此柴油机箱体和传动曲轴零件选择合适的毛坯种类。

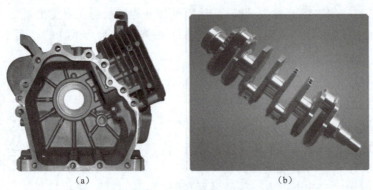

图 2-1 某卧式柴油机箱体零件和传动曲轴
(a)柴油机箱体;(b)传动曲轴

【教学目标】

1. 能力目标:通过本项目的学习,学生可以掌握机械零件毛坯选用的基本原则和方法,能够针对不同条件下的各种零件选用合适的毛坯形式和生产方法。

2. 知识目标:了解机械零件常用毛坯的种类及成型方式;掌握不同种类毛坯的机械性及适用对象;掌握毛坯选用的基本原则和方法;理解铸造、锻造、焊接成型基本原理和工艺过程。

【知识准备】

任务一 学习铸造成型

铸造是指熔炼金属,制造铸型,并将熔融金属浇入型腔,凝固后获得一定形状和性能铸件的方法。铸件是指用铸造方法生产的金属件。铸造生产具有以下特点:

(1) 适用范围较广,能制造各种尺寸和形状复杂的铸件。工业上常用的金属材料都可用来铸造,有些材料(如铸铁)只能用铸造方法来制取零件,铸件质量可以从几克到数百吨以上。

(2) 原材料来源广泛,还可直接利用报废的机件或切屑,工艺设备费用少,成本较低。

(3) 铸件的形状与零件的尺寸接近,可节省金属材料的消耗,减少切削加工工作量。

(4) 铸造工序繁多,工艺过程难以控制,质量不稳定,铸态组织晶粒粗大,力学性能较差。因此,对于承受动载荷的重要零件一般不采用铸件作为毛坯。

铸造可分为砂型铸造和特种铸造两大类。特种铸造方法有金属型铸造、连续铸造、压力铸造、离心铸造、熔模铸造、壳型铸造和陶瓷型铸造等。

铸造加工动画

【知识导图】

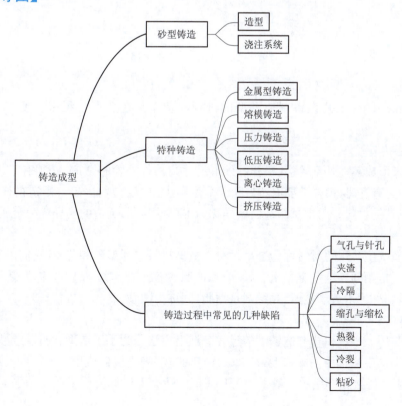

知识模块 1　砂型铸造

砂型铸造就是将熔化的金属浇注到砂型型腔中，经冷却、凝固后，获得铸件的方法。当从砂型中取出铸件时，砂型便被破坏，故又称一次性铸造，也称翻砂。砂型铸造是最基本的铸造方法，目前大部分铸件都是用这种方法生产的，它的生产过程如图 2-2 所示，可以归纳为以下几点。

（1）根据零件图制造模型和型芯盒。
（2）制备型砂及芯砂。
（3）利用模样及芯盒进行造型和造芯。
（4）烘干型芯(或铸型)。
（5）合箱浇注。
（6）出砂和清理铸件。

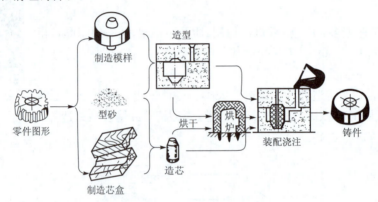

图 2-2　砂型铸造生产过程

1. 造型

用型砂和模样等工艺设备制造砂型的过程叫造型。在造型过程中主要涉及以下几个方面。

1) 模样、铸件

模样用来形成铸件外部轮廓，模样的外形尺寸与铸件外形相适应；必须有拔模斜度、铸造圆角；当铸件上有孔时，模样上要有型芯头，以便于型芯的定位与固定。制造模样的材料可用木材、金属或其他材料。用木材制造的模样称为木模，用金属制造的模样成为金属模。

2) 造型材料

制造铸型或型芯用的材料称为造型材料。造型材料包括型砂和芯砂，它们由砂、黏结剂和水混合而成。常用的黏结剂有黏土、水玻璃和油脂。若黏结剂是黏土，则称为黏土砂；若黏结剂是水玻璃，则称为水玻璃砂；若黏结剂是油脂，则称为油砂。

3) 造型方法

造型就是用型砂和模样制造铸型的过程。造型方法分为手工造型和机器造型两大类。一般单件和小批量生产都用手工造型，在大量生产时主要采用机器造型。

（1）手工造型。全部用手工或手动工具完成的造型工序称为手工造型。手工造型操作灵

活,不受生产条件、铸件大小、结构复杂程度的限制,应用范围广。常用的造型方法有以下几种:

① 整模造型。整模造型是用整体模样造型,模样只在一个砂箱内(下箱),分模面是平面。整模造型操作方便,铸件不会由于上下砂型错位而产生错位缺陷,用于制造形状比较简单的铸件。图 2-3 所示为整模造型过程。

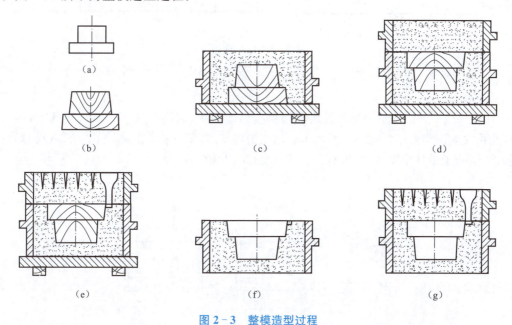

图 2-3 整模造型过程
(a) 零件;(b) 模样;(c) 造下型;(d) 造上型;(e) 开浇道,扎通气孔;(f) 起模;(g) 合箱

② 分模造型。分模造型是将木模沿最大截面处分成两部分,并用销钉定位,该模样称为分模。模样上分开的平面常常作为造型时的分型面。分模造型将模样分别放置在上、下砂型中,分模造型在生产上应用最广。图 2-4 所示为分模造型过程。

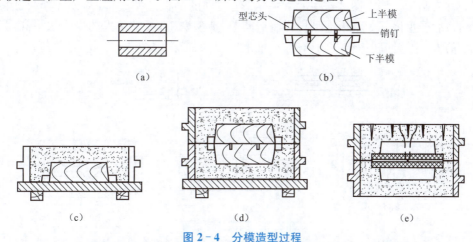

图 2-4 分模造型过程
(a) 零件;(b) 模样;(c) 造下型;(d) 造上型;(e) 起模,合箱,开浇道,扎通气孔

③ 挖砂造型。挖砂造型的模样是整体的,但分型面是曲面,为了能起出模,造型时用手工将阻碍起模的型砂挖去,如图 2-5 所示。挖砂造型费工,只适用于单件小批量生产、分型面不

是平面的铸件。

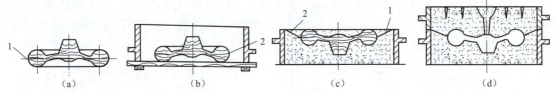

图 2-5 挖砂造型
(a) 手轮坯模样,分型面为曲面;(b) 放置模样,造下型;(c) 翻转,挖出分型面;(d) 造上型,起模,合型
1—分型面;2—最大截面

④ 活块造型。活块造型是将妨碍起模部分做成活块,起模时先将主体模样起出,再从侧面取出活块的造型方法,如图 2-6 所示。活块造型费工,要求操作技术高,活块移位会影响铸件精度,适合于单件小批生产、带有凸起部分又难以起模的铸件。

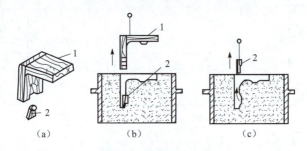

图 2-6 活块造型
(a) 模样;(b) 取出模样主体;(c) 取出活块
1—模样主体;2—活块

⑤ 刮板造型。造型时不用模样而用一个与铸件截面形状相应的刮板代替,来刮出所需铸型的型腔称为刮板造型。图 2-7 所示为一带轮铸件的刮板造型过程,刮板绕轴线旋转造出上、下型,最后合型浇注。刮板造型模样制造简单,造型费工,要求工人的操作水平高,只适用于等截面的大、中型回转体铸件的单件、小批量生产,如带轮、大齿轮、飞轮、弯管等。

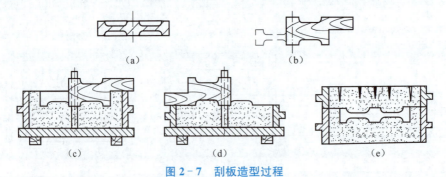

图 2-7 刮板造型过程
(a) 零件;(b) 刮板;(c) 刮制下型;(d) 刮制上型;(e) 合箱,开浇道,扎通气孔

⑥ 假箱造型。利用预先制备好的半个铸型简化造型操作的方法,此半型称为假箱。其上承托模样可供造另半型,但不用来组成铸型,如图 2-8 所示。其特点是比挖砂造型操作简便,且分型面整齐,生产率大大提高,适用于小批或成批生产需要挖砂的铸件。

⑦ 三箱造型。当模样的外形两端截面大而中间截面小,只用一个分型面取不出模样时,需要从小截面处分开模样,并用 2 个分型面、3 个砂箱进行造型,这种方法称为三箱造型,如图 2-9 所示。三箱造型中对砂箱的高度有一定的要求,操作复杂,难以进行机器造型,适用于单件小批量生产、中间截面小的铸件。

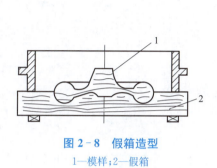

图 2-8 假箱造型
1—模样;2—假箱

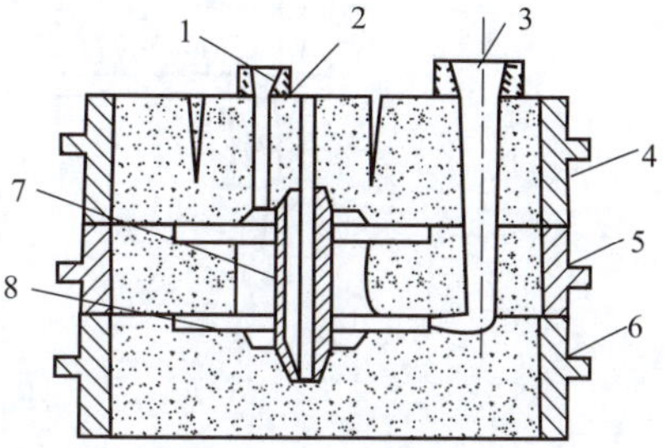

图 2-9 三箱造型
1—出气口;2—排气口;3—浇口杯;4—上型;
5—中型;6—下型;7—型芯;8—型腔图

(2) 机器造型。机器造型指在造型中的两道基本工序(紧砂和起模)实现了机械化。机器造型改善了劳动条件,提高了生产率,而且铸件尺寸精确,表面光洁,加工余量少,适用于大批量生产。随着铸造生产向着集中化和专业化方向发展,机器造型的比重将日益增加。

机器造型的两个主要工序是紧砂和起模。

① 紧砂方法。常用的紧砂方法有压实、振实、振压、抛砂和射砂等几种形式,其中振压方法应用最广,图 2-10 所示为气动振压紧砂机构原理图。

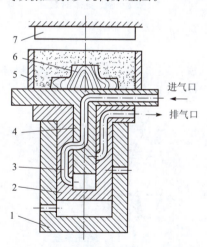

图 2-10 气动振压紧砂机构原理图
1—压实气缸;2—压实活塞;3—气路;4—振实活塞;5—砂箱;6—模样;7—压头

② 起模方法。常用的起模方法有顶箱、漏模和翻转 3 种,如图 2-11 所示。随着生产的发展,新的造型设备将会不断出现,使整个造型和造型过程逐步实现自动化。

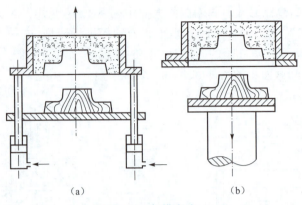

图 2-11 起模方法

(a) 顶箱起模；(b) 落模起模

4）造芯

制造型芯的过程称为造芯，型芯用来形成铸件内部轮廓，制造工艺与造型相似。图 2-12 所示为芯盒造芯。

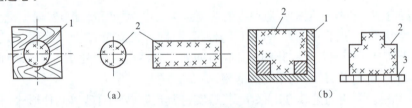

图 2-12 芯盒造芯

1—芯盒；2—砂芯；3—烘芯板

2. 浇注系统

将液态金属浇入铸型的过程称为浇注，为填充型腔而开设于铸型中的一系列通道称为浇注系统。通常浇注系统由浇口杯、直浇道、横浇道和内浇道组成，如图 2-13 所示。

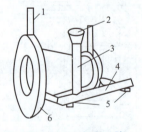

图 2-13 浇注系统

1—冒口；2—浇口杯；3—直浇道；4—横浇道；5—内浇道；6—铸件

知识模块 2　特种铸造

1. 金属型铸造

金属型铸造是将液态金属注入金属铸型中，借液态金属的重力使其充型而获得铸件的成型方法。金属型常用灰口铸铁或铸钢制成,型芯可用砂芯或金属芯,砂芯常用于高熔点合金铸件,金属芯常用于有色金属铸件。根据分型面位置不同,金属型分为整体式、垂直分型式、水平分型式和复合分型式。垂直分型式(见图2-14)便于开设内浇道和取出铸件,易于实现机械化,应用较多。

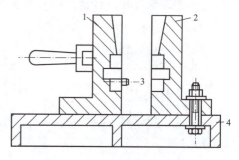

图 2-14 垂直分型式金属型
1—动型;2—定型;3—定位销;4—底座

与砂型铸造相比,金属型铸造有以下特点:

(1) 金属型可以多次使用,并且由于一型多铸,充分利用造型面积,使单位面积铸件的产量提高、成本降低。

(2) 金属传热快,铸件冷速大,铸件晶粒细,机械性能高。同时,金属型的加工精确,型腔壁光洁,型腔变形小,因而铸件的形状准确,尺寸精度及表面质量较高,可达 IT12~IT10,$Ra6.3 \sim 12.5~\mu m$。

(3) 金属型的设计、制造和使用维修要求高。

2. 熔模铸造

熔模铸造是用易熔材料(如石蜡)制成模样,然后在表面涂覆多层耐火材料,待硬化干燥后将蜡模熔去,而获得具有与蜡模形状相对应空腔的型壳,再经焙烧后进行浇铸而获得铸件的一种方法。熔模铸造的工艺过程如图 2-15 所示。

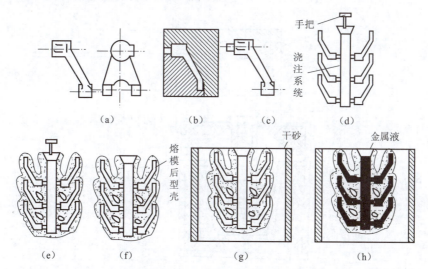

图 2-15 熔模铸造工艺过程示意图
(a) 零件;(b) 压型;(c) 蜡模;(d) 焊成蜡模组;(e) 结壳;(f) 熔模;(g) 造型,焙烧;(h) 浇注

3. 压力铸造

压力铸造简称压铸,是将液态或半固态金属浇入压铸机的压室中,液态金属在运动的压射冲头的作用下,以极快的速度充填型腔,并在压力的作用下结晶凝固而获得铸件的一种铸造方法。

图 2-16 所示为卧式压铸机工作原理示意图,其工艺过程为:合型后液态金属浇入压室

中,在压射冲头作用下经浇道压入型腔内,凝固后打开铸型并顶出铸件。

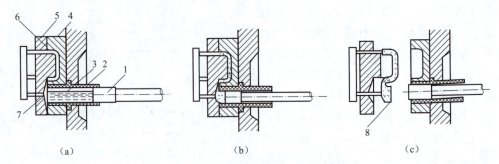

图 2-16 卧式压铸机压铸过程示意图
(a) 合型;(b) 压铸;(c) 开型
1—压射冲头;2—压室;3—液体金属;4—定型;5—动型;6—型腔;7—浇道;8—余料

4. 低压铸造

低压铸造是介于重力铸造与压力铸造之间的一种铸造方法,如图 2-17 所示。铸型可用金属型或砂型。液态金属装在密封的坩埚中,由管道通入的压缩空气,使金属液在 20～70 kPa 压力作用下沿升液管自下而上平稳地压入铸型,并在压力下铸件凝固,然后解除压力,升液管中未凝固的金属回落流入坩埚,开型取出铸件。

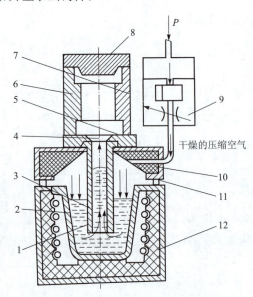

图 2-17 低压铸造工艺原理图
1—升液管;2—坩埚;3—液态合金;4—浇道;5—底型;6,7—左右两半型;8—上半型;
9—气压控制装置;10—炉盖;11—密封圈;12—保温气体

低压铸造铸件的组织致密,机械性能高,可以铸出靠重力充型难以成型的、薄壁的、耐压的铸件,如铝合金气缸盖等。低压铸造无冒口,节约金属材料,充型平稳,缺陷少。但是低压铸造生产率不高,故只适于中小批量生产。

5. 离心铸造

将液体合金浇入高速旋转着的铸型，使金属在离心力作用下结晶而获得铸件的方法称为离心铸造。离心铸造的铸型有绕垂直轴旋转和绕水平轴旋转两种，即立式离心铸造和卧式离心铸造，工作原理如图2-18所示。

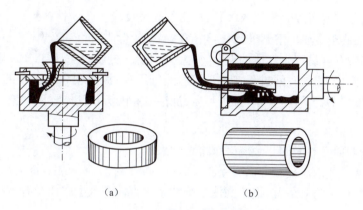

图 2-18 离心铸造示意图
(a) 立式离心铸造；(b) 卧式离心铸造

6. 挤压铸造

挤压铸造是对定量浇入铸型中的液态金属施加较大的机械压力，使其成型、结晶凝固而获得铸件的一种铸造方法。这种铸造方法也称为"液态金属模锻""液态金属冲压""液态金属锻造"等，其工艺过程如图2-19所示。

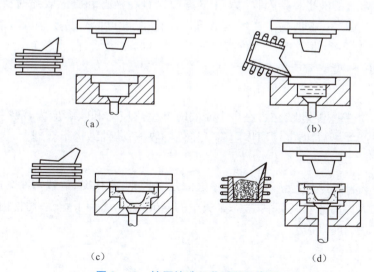

图 2-19 挤压铸造工艺过程示意图
(a) 铸型准备；(b) 浇注；(c) 合型加压；(d) 开型，顶出铸件

知识模块 3　铸造过程中常见的几种缺陷

1. 气孔与针孔

气孔可根据形成的机理分为侵入气孔、析出气孔及反应气孔 3 种。

产生原因：在液态金属中溶解的气体，当浇注温度较低时，析出的气体来不及逸出；炉料潮湿、锈蚀、油污和带有容易产生气体的夹杂物；型砂中的水分超过了所要求的范围，透气性差；型芯未烘干或未固化，存放时间过长，吸湿返潮，通气不良；涂料中含有过多的发气材料；浇冒口设计不合理，位置不合适，压头小，排气不良；浇注时有断流和气体卷入现象。

2. 夹渣

铸件内部或表面有外来的非金属夹杂物称为夹渣。

产生原因：浇注前液态金属上面有浮渣，浇注时挡渣不好，浮渣随着液态金属进入铸型；浇注系统设计不合理，挡渣效果差，进入浇注系统的杂质直接进入型腔而没有被排出。

3. 冷隔

铸件上有未完全融合的缝隙，其交接边缘是圆滑的缝隙，即冷隔。

产生原因：液态金属浇注温度低，流动性差；浇注系统设计不合理，内浇道数量少，断面面积小，液态金属在型腔中的流动受到阻碍，浇注速度过慢，浇注时间过长；型腔内的气体未完全排出。

4. 缩孔与缩松

产生原因：合金的液态和凝固收缩大于固态收缩且在液态和凝固收缩时得不到足够的液态金属补充；浇注温度过高时易于产生集中缩孔，浇注温度过低时易产生分散缩松；浇注系统和冒口与铸件连接不合理，产生较大的接触热节；铸型的刚度低，在液态金属压力和析出石墨时膨胀力的作用下，型壁易扩张变形。

5. 热裂

产生原因：铸件壁厚变化突然，在合金凝固时产生热应力和收缩应力，液态金属中含硫量高，使金属材料产生热脆性；浇注温度阻碍了铸件的收缩；铸件结构不合理。

6. 冷裂

产生原因：铸件壁厚相差悬殊，薄、厚壁之间没有过渡，变化突然，致使冷却速度差别大，收缩不一致，造成铸件局部应力集中；液态金属中的含磷量高，增加了脆性；铸件内部的残留应力大，受到机械作用力时开裂。

7. 粘砂

粘砂根据形成机理可分为机械粘砂和化学粘砂。

产生原因：铸件表面金属氧化，氧化物与造型材料作用生成低熔点化合物，浇注时液态金属压力过大渗入砂粒间隙；当液态金属温度过高并在砂型中保持液态时间较长时，液态金属渗入砂型的能力强，并容易与造型材料发生化学反应，造成粘砂；造型材料的耐火度低。

任务二 学习锻造加工成型

在外力作用下金属材料通过塑性变形,获得具有一定形状、尺寸和力学性能的零件或毛坯的加工方法称为金属塑性成型。金属塑性成型在工业生产中称为压力加工,通常分为自由锻、模锻、板料冲压、挤压、拉拔、轧制等。它们的成型方式如图 2-20 所示。

锻造工艺

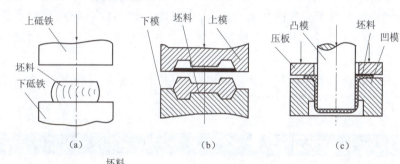

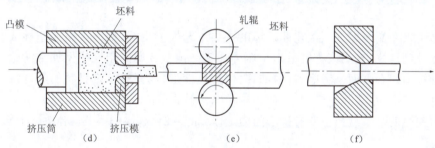

图 2-20 常用的压力加工方法
(a)自由锻;(b)模锻;(c)板料冲压;(d)挤压;(e)轧制;(f)拉拔

【知识导图】

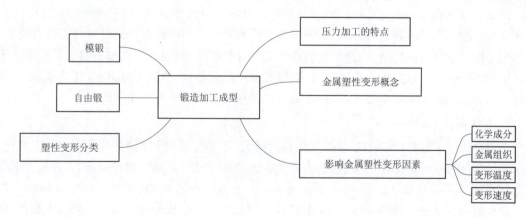

知识模块 1　压力加工的特点

（1）改善金属的组织、提高力学性能。金属材料经过压力加工后，其组织、性能都得到改善和提高，塑性加工能够消除金属铸锭内部的气孔、缩孔和树枝状晶体等缺陷，并由于金属的塑性变形和再结晶，可使粗大晶粒细化，得到致密的金属组织，从而提高金属的力学性能。在零件设计时，若正确选用零件的受力方向与纤维组织方向，则可以提高零件的抗冲击性能。

（2）材料的利用率高。金属塑性成型主要是靠金属的体积重新分配，而不需要切除金属，因而材料利用率高。

（3）较高的生产率。塑性成型加工一般是利用压力机和模具进行成型加工的方法，生产效率高。例如，利用多工位冷镦工艺加工内六角螺钉，比用棒料切削加工工效提高约 400 倍以上。

（4）毛坯或零件的精度较高。应用先进的技术和设备，可实现无屑加工。例如，精密锻造的伞齿轮齿形部分可不经切削加工直接使用，复杂曲面形状的叶片经精密锻造后只需磨削便可达到所需精度。

（5）不能加工脆性材料（如铸铁）和形状特别复杂（特别是内腔形状复杂）或体积特别大的零件或毛坯。

知识模块 2　金属塑性变形概念

塑性成型性能是用来衡量压力加工工艺性好坏的主要工艺性能指标，称为金属的塑性成型性能。金属的塑性成型性好，表明该金属适用于压力加工。衡量金属的塑性成型性常从金属材料的塑性和变形抗力两个方面来考虑，材料的塑性越好，变形抗力越小，则材料的塑性成型性越好，越适合压力加工。在实际生产中，往往优先考虑材料的塑性。

金属塑性变形时遵循的基本规律主要有最小阻力定律、加工硬化和体积不变规律等。

1. 最小阻力定律

在塑性变形过程中，如果金属质点有向几个方向移动的可能，则金属各质点将向阻力最小的方向移动。最小阻力定律符合力学的一般原则，它是塑性成型加工中最基本的规律之一。

通过调整某个方向的流动阻力来改变某些方向上金属的流动量，以便合理成型，消除缺陷。例如，在模锻中增大金属流向分型面的阻力，或减小流向型腔某一部分的阻力，可以保证锻件充满型腔。在模锻制坯时，可以采用闭式滚挤和闭式拔长模膛来提高滚挤和拔长的效率。利用最小阻力定律可以推断，任何形状的物体只要有足够的塑性，都可以在平锤头下镦粗使坯料逐渐接近于圆形。这是因为在镦粗时，金属流动距离越短，摩擦阻力也越小。由于相同面积的任何形状总是圆形周边最短，因而最小阻力定律在镦粗中也称为最小周边法则。

2. 加工硬化规律

金属在常温下随着变形量的增加，变形抗力增大，且塑性和韧度下降的现象称为加工硬化。表示变形抗力随变形程度增大的曲线称为硬化曲线，如图 2-21 所示。由图可知，在弹性变形范围内卸载，没有残留的永久变形，应力、应变按照同一直线回到原点，如图 2-21 所示 OA 段。当变形超过屈服点 A 进入塑形变形范围，达到 B 点时的应力与应变分别为 σ_B、ε_B，再减小载荷，应力—应变的关系将按另一直线 BC 回到 C 点，不再重复加载曲线经过的路线。加载时的总变形量 ε_B 可以分为两部分，一部分 ε_t 因弹性恢复而消失，另一部分 ε_s 保留下来成为塑性变形。

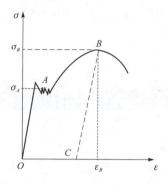

图 2-21　硬化曲线

3）塑性变形时的体积不变规律

金属材料在塑性变形前、后体积保持不变。

知识模块 3　影响金属塑性变形因素

1. 化学成分

纯金属的塑性成型性较合金的好。通常合金元素含量越高，钢的塑性成型性能越差。杂质元素磷会使钢出现冷脆性，硫会使钢出现热脆性，从而降低钢的塑性成型性能。

2. 金属组织

纯金属和单相固熔体的合金塑性成型性能较好；钢中有碳化物和多相组织时，塑性成型性能变差；具有均匀细小等轴晶粒的金属，其塑性成型性能比晶粒粗大的柱状晶粒好；网状二次渗碳体钢的塑性将大大下降。

3. 变形温度

温度升高，则塑性提高，即塑性成型性能得到改善。变形温度升高到再结晶温度以上时，加工硬化不断被再结晶软化消除，金属的塑性成型性能进一步提高。但若加热温度过高，则会使晶粒急剧长大，导致金属塑性减小、塑性成型性能下降，这种现象称为"过热"。如果加热温度接近熔点，会使晶界氧化甚至熔化，导致金属的塑性变形能力完全消失，这种现象称为"过烧"，坯料如果过烧将报废。

4. 变形速度

变形速度是指单位时间内变形程度的大小。变形速度的增大，金属在冷变形时的冷变形强化趋于严重；当变形速度很大时，热能来不及散发，会使变形金属的温度升高，这种现象称为"热效应"，它有利于金属的塑性提高，且变形抗力下降，塑性变形能力变好。

知识模块 4　塑性变形分类

通常将塑性变形分为冷变形和热变形。冷变形是指再结晶温度以下的塑性变形。冷变形有加工硬化现象产生,但工件表面质量好。热变形是指再结晶温度以上的塑性变形。热变形时加工硬化与再结晶过程同时存在,而加工硬化又几乎同时被再结晶消除。由于热变形是在高温下进行的,故金属在加热过程中表面易产生氧化皮,使精度和表面质量较低。自由锻、热模锻、热轧、热挤压等工艺都属于热变形加工。

知识模块 5　自由锻

1. 自由锻的定义、分类及特点

1) 自由锻的定义

自由锻是利用冲击力或压力,使金属在上、下砧铁之间产生塑性变形而获得所需形状、尺寸以及内部质量锻件的一种加工方法。自由锻造时,除与上、下砧铁接触的金属部分受到约束外,金属坯料朝其他各个方向均能自由变形流动,不受外部的限制,故无法精确控制变形的发展。

2) 自由锻的分类

自由锻分为手工锻造和机器锻造两种。手工锻造只能生产小型锻件,生产率也较低;机器锻造是自由锻的主要方法。

3) 自由锻的特点

自由锻具有采用工具简单、通用性强、生产准备周期短等特点。自由锻件的质量为 1 kg~300 t,对于大型锻件,自由锻是唯一的加工方法,这使得自由锻在重型机械制造中具有特别重要的作用,例如水轮机主轴、多拐曲轴、大型连杆、重要的齿轮等零件在工作时都会承受很大的载荷,要求具有较高的力学性能,常采用自由锻方法生产毛坯。由于自由锻件的形状与尺寸主要靠人工操作来控制,所以锻件的精度较低、加工余量大、劳动强度大、生产率低。自由锻主要应用于单件、小批量生产,修配以及大型锻件的生产和新产品的试制等。

手工自由锻造

2. 自由锻工序

1) 基本工序

基本工序是指使金属坯料产生一定程度的塑性变形,以得到所需形状、尺寸或改善材质性能的工艺过程。它是锻件成形过程中必需的变形工序,如镦粗、拔长、弯曲、冲孔、切割、扭转和错移等,如表 2-1 所示。实际生产中最常用的是镦粗、拔长和冲孔 3 个工序。

(1) 镦粗。

镦粗是沿工件轴向进行锻打,使其长度减小、横截面积增大的操作过程,常用来锻造齿轮坯、凸缘、圆盘等零件,也可用来作为锻造环、套筒等空心锻件冲孔前的预备工序。

镦粗可分为全镦粗和局部镦粗两种形式,如图 2-22 所示。镦粗时,坯料不能过长,高度与直径之比应小于 2.5,以免镦弯,或出现细腰、夹层等现象。坯料镦粗的部位必须均匀加热,以防止出现变形不均匀。

(2) 拔长。

拔长是沿垂直于工件的轴向进行锻打,以使其截面积减小,而长度增加的操作过程,如图 2-23 所示。常用于锻造轴类和杆类等零件。

表 2-1 自由锻基本工序

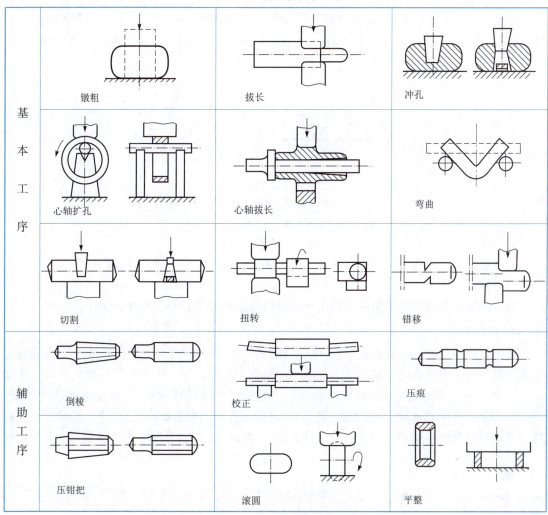

对于圆形坯料，一般先锻打成方形后再进行拔长，最后锻造成所需形状，或使用 V 形砧铁进行拔长，如图 2-24 所示，在锻造过程中要将坯料绕轴线不断翻转。

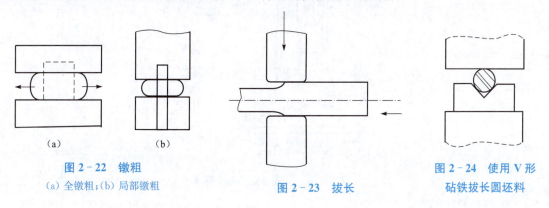

图 2-22 镦粗
(a) 全镦粗；(b) 局部镦粗

图 2-23 拔长

图 2-24 使用 V 形砧铁拔长圆坯料

(3) 冲孔。

冲孔利用冲头在工件上冲出通孔或盲孔的操作过程,常用于锻造齿轮、套筒和圆环等空心锻件,对于直径小于25 mm的孔一般不锻出,而是采用钻削的方法进行加工,如图2-25所示。

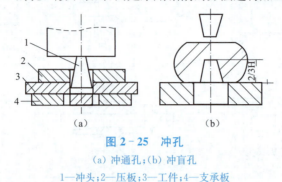

图 2-25 冲孔
(a) 冲通孔;(b) 冲盲孔
1—冲头;2—压板;3—工件;4—支承板

2) 辅助工序

为使基本工序操作方便而进行的预变形工序(压钳口、切肩等)称为辅助工序。

3) 修整工序

用以减少锻件表面缺陷而进行的工序(如校正、滚圆、平整等)称为修整工序。

3. 锻造设备

根据作用在坯料上力的性质,自由锻设备分为锻锤和液压机两大类。锻锤产生冲击力使金属坯料变形。锻锤的吨位是以落下部分的质量来表示的。生产中常使用的锻锤是空气锤和蒸汽-空气锤。空气锤利用电动机带动活塞产生压缩空气,使锤头上下往复运动进行锤击。它的特点是结构简单、操作方便、维护容易,但吨位较小,只能用来锻造100 kg以下的小型锻件。蒸汽-空气锤采用蒸汽和压缩空气作为动力,其吨位稍大,可用来生产质量小于1 500 kg的锻件,如图2-26所示。

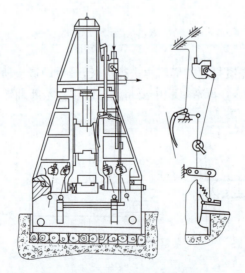

图 2-26 蒸汽-空气锤示意图

4. 自由锻件的结构工艺性

自由锻件的设计原则是:在满足使用性能的前提下,锻件的形状应尽量简单,易于锻造。

1) 尽量避免锥体或斜面结构

锻造具有锥体或斜面结构的锻件,需要制造专用工具,锻件成型也比较困难,从而使工艺过程复杂,不便于操作,影响设备使用效率,故应尽量避免,如图 2-27 所示。

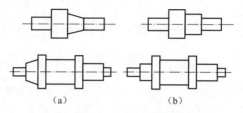

图 2-27 轴类锻件结构

(a) 工艺性差的结构;(b) 工艺性好的结构

2. 避免几何体的交接处形成空间曲线

如图 2-28(a)所示的圆柱面与圆柱面相交,锻件成型十分困难,若改成如图 2-28(b)所示的平面相交,则消除了空间曲线,使锻造成型容易。

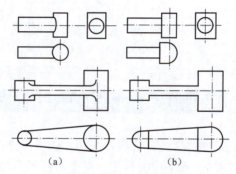

图 2-28 杆类锻件结构

(a) 工艺性差的结构;(b) 工艺性好的结构

3. 避免加强肋、凸台,工字形、椭圆形或其他非规则截面及外形

如图 2-29(a)所示的锻件结构,难以用自由锻方法获得,若采用特殊工具或特殊工艺来生产,会降低生产率,增加产品成本。改进后的结构如图 2-29(b)所示。

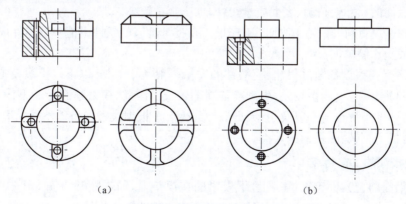

图 2-29 盘类锻件结构工艺性

(a) 工艺性差的结构;(b) 工艺性好的结构

4) 采用组合结构

锻件的横截面积有急剧变化或形状较复杂时,可设计成由数个简单件构成的组合体,如图 2-30 所示。每个简单件锻造成型后,再用焊接或机械连接方式构成整体零件。

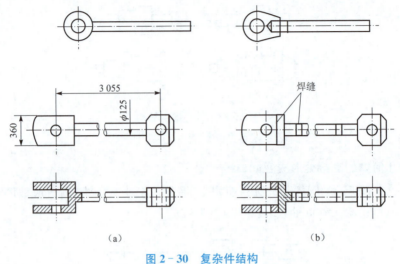

图 2-30 复杂件结构
(a) 工艺性差的结构;(b) 工艺性好的结构

知识模块 6　模锻

在模锻设备上,利用高强度锻模,使金属坯料在模膛内受压产生塑性变形,而获得所需形状、尺寸以及内部质量锻件的加工方法称为模锻。在变形过程中由于模膛对金属坯料流动的限制,因而锻造终了时可获得与模膛形状相符的模锻件。

1. 模锻的特点

与自由锻相比模锻具有以下优点:

(1) 生产效率较高。模锻时,金属的变形在模膛内进行,故能较快获得所需形状。

(2) 能锻造形状复杂的锻件,并可使金属流线分布更为合理,提高零件的使用寿命。

(3) 模锻件的尺寸较精确,表面质量较好,加工余量较小。

(4) 节省金属材料,减少切削加工工作量。在批量足够的条件下能降低零件成本。

(5) 模锻操作简单,劳动强度低。

模锻生产受模锻设备吨位限制,模锻件的质量一般在 150 kg 以下。模锻设备投资较大,模具费用较昂贵,工艺灵活性较差,生产准备周期较长。因此,模锻适合于小型锻件的大批量生产,不适合单件小批量生产以及中、大型锻件的生产。根据模锻设备的不同模锻可以分为锤上模锻、压力机上模锻、胎模锻三大类。

2. 锤上模锻的工艺特点

锤上模锻是将上模固定在锤头上,下模紧固在模垫上,通过随锤头做上下往复运动的上模,对置于下模中的金属坯料施以直接锻击,来获取锻件的锻造方法。

1) 锤上模锻的工艺特点
(1) 金属在模膛中是在一定速度下经过多次连续锤击而逐步成型的。
(2) 锤头的行程、打击速度均可调节，能实现轻重缓急不同的打击，因而可进行制坯工作。
(3) 由于惯性作用，故金属在上模模膛中具有更好的充填效果。
(4) 锤上模锻的适应性广，可生产多种类型的锻件，可以单膛模锻，也可以多膛模锻。

2) 锤上模锻的锻模结构
锻模结构，如图 2-31 所示，锤上模锻用的锻模由带燕尾的上模 2 和下模 4 两部分组成，上、下模通过燕尾和楔铁分别紧固在锤头和模垫上，上、下模合在一起在内部形成完整的模膛。

图 2-31 锤上锻模
1—锤头；2—上模；3—分型面；4—下模；5—模垫；
6—镶条；7—楔铁；8—锻件；9—楔铁

3) 模锻模膛的分类
(1) 制坯模膛。
对于形状复杂的模锻件，为了使坯料基本接近模锻件的形状，以便模锻时金属能合理分布，并很好地充满模膛，必须预先在制坯模膛内制坯。制坯模膛有以下几种：

①拔长模膛。减小坯料某部分的横截面积，以增加其长度。如图 2-32 所示。

②滚挤模膛。减小坯料某部分的横截面积，以增大另一部分的横截面积，主要是使金属坯料能够按模锻件的形状来分布。滚挤模膛也可分为开式和闭式两种，如图 2-33 所示。

③弯曲模膛。使坯料弯曲，如图 2-34 所示。

④切断模膛。在上模与下模的角部组成一对刃口，用来切断金属，如图 2-35 所示，可用于从坯料上切下锻件或从锻件上切钳口，也可用于多件锻造后分离成单个锻件。

此外，还有成型模膛、镦粗台及击扁面等制坯模膛。

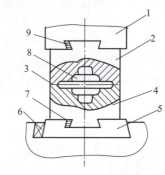

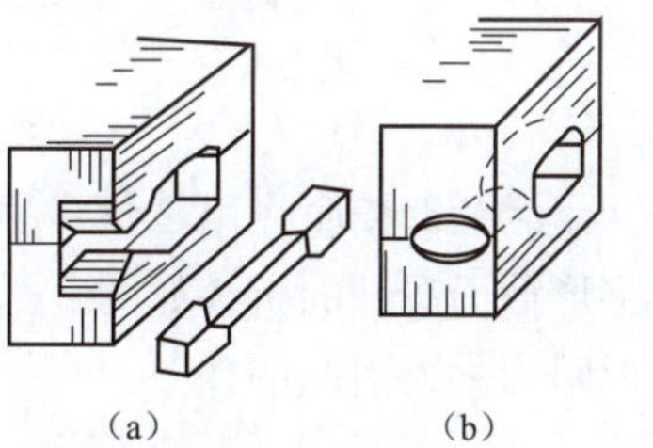

图 2-32 拔长模膛
(a) 开式；(b) 闭式

(2) 模锻模膛。
模锻模膛包括预锻模膛和终锻模膛。所有模锻件都要使用终锻模膛，预锻模膛则要根据实际情况决定是否采用。

①终锻模膛。终锻模膛使金属坯料最终变形到所要求的形状与尺寸。由于模锻需要加热后进行，锻件冷却后尺寸会有所缩减，所以终锻模膛的尺寸应比实际锻件尺寸放大一个收缩量，对于钢锻件收缩量可取 1.5%。

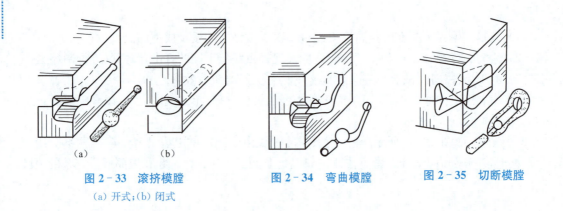

图 2-33 滚挤模膛
(a) 开式；(b) 闭式

图 2-34 弯曲模膛

图 2-35 切断模膛

如图 2-36 所示，飞边槽用以增加金属从模膛中流出的阻力，促使金属充满整个模膛，同时容纳多余的金属，此外还可以起到缓冲作用，减弱对上下模的打击，防止锻模开裂。

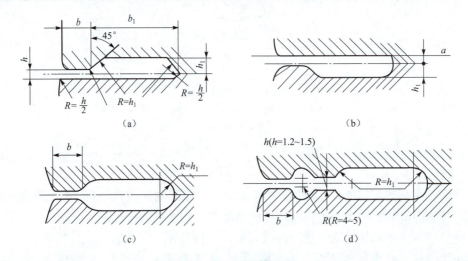

图 2-36 飞边槽形式
(a) 常用飞边槽；(b) 不对称锻件用飞边槽；(c) 复条锻件用飞边槽；(d) 带阻力沟的飞边槽

②预锻模膛。用于预锻的模膛称为预锻模膛。终锻时常见的缺陷有折叠和充不满等，工字形截面锻件的折叠如图 2-37 所示。这些缺陷都是由于终锻时金属不合理的变形流动或变形阻力太大引起的。

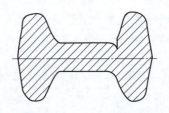

图 2-37 工字形截面锻件的折叠

根据模锻件的复杂程度不同，所需的模膛数量不等，可将锻模设计成单膛锻模或多膛锻模。弯曲连杆模锻件所用多膛锻模如图 2-38 所示。

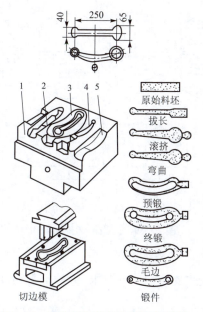

图 2‑38 弯曲连杆锻模(下模)与模锻工序
1—拔长模膛；2—滚挤模膛；3—终锻模膛；4—预锻模膛；5—弯曲模膛

3. 锤上模锻工艺规程的制定

锤上模锻工艺规程的制定主要包括绘制模锻件图、计算坯料尺寸、确定模锻工步、选择锻造设备和确定锻造温度范围等。

1) 绘制模锻件图

模锻件图是设计和制造锻模、计算坯料以及检验模锻件的依据。根据零件图绘制模锻件图时，应考虑以下几个问题。

(1) 分型面的确定。

分型面是上下锻型的分界面。分型面的选择应按以下原则进行。

① 要保证模锻件能从模膛中顺利取出，并使锻件形状尽可能与零件形状相同，一般分型面应选在模锻件最大水平投影尺寸的截面上。如图 2‑39 所示，若选 a—a 面为分型面，则无法从模膛中取出锻件。

② 按选定的分型面制成锻模后，应使上下模沿分型面的模膛轮廓一致，以便在安装锻模和生产中容易发现错模现象。如图 2‑39 所示，若选 c—c 面为分型面，则不符合此原则。

③ 最好使分型面为一个平面，并使上、下锻模的模膛深度基本一致，差别不宜过大，以便于均匀充型。

④ 分型面应使零件上所加的敷料最少。如图 2‑39 所示，若将 b—b 面选作分型面，零件中间的孔不能锻出，其敷料最多，既浪费金属，降低了材料的利用率，又增加了切削加工工作量，所以该面不宜选作分型面。

⑤ 最好把分型面选取在能使模膛深度最浅处，这样可使金属很容易充满模膛，便于取出锻件，如图 2‑39 所示的 b—b 面就不适合做分型面。

按上述原则综合分析，选用如图 2‑39 所示的 d—d 面为分型面最合理。

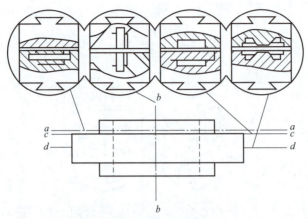

图 2-39 分型面选择比较

(2) 加工余量和锻件公差。

为了达到零件尺寸精度及表面粗糙度的要求,锻件上需切削加工而去除的金属层称为锻件的加工余量。

模锻件水平方向尺寸公差见表 2-2,模锻件内、外表面的加工余量见表 2-3。

表 2-2 锤上模锻水平方向尺寸公差　　　　　　　　　　　　　　mm

模锻件长(宽)度	<50	50~120	120~260	260~500	500~800	800~1 200
公　差	+1.0	+1.5	+2.0	+2.5	+3.0	+3.5
	-0.5	-0.7	-1.0	-1.5	-2.0	-2.5

表 2-3 内、外表面的加工余量 Z_1(单面)　　　　　　　　mm

加工表面最大宽度或直径		加工表面的最大长度或最大高度					
		≤63	63~160	160~250	250~400	400~1 000	1 000~2 500
大于	至	加工余量 Z_1					
—	25(以下)	1.5	1.5	1.5	1.5	2.0	2.5
25	40	1.5	1.5	1.5	1.5	2.0	2.5
40	63	1.5	1.5	1.5	2.0	2.5	3.0
63	100	1.5	1.5	2.0	2.5	3.0	3.5

(3) 模锻斜度。

为便于从模腔中取出锻件,模锻件上平行于锤击方向的表面必须具有斜度,称为模锻斜度,一般为 5°~15°。模锻斜度与模腔的深度和宽度有关,通常模腔深度与宽度的比值(h/b)较大时,模锻斜度取较大值。此外,模锻斜度还分为外壁斜度 α 与内壁斜度 β,如图 2-40 所示。外壁指锻件冷却时锻件与模壁离开的表面;内壁指当锻件冷却时锻件

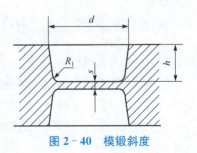

图 2-40 模锻斜度

与模壁夹紧的表面。内壁斜度值一般比外壁斜度大2°~5°。生产中常用金属材料的模锻斜度范围见表2-4。

表2-4 各种金属锻件常用的模锻斜度

锻件材料	外壁斜度α/(°)	内壁斜度β/(°)
铝、镁合金	3~5	5~7
钢、钛、耐热合金	5~7	7,10,12

(4) 模锻圆角半径。

模锻件上所有两平面转接处均需圆弧过渡,此过渡处称为锻件的圆角,如图2-41所示。圆弧过渡有利于金属的变形流动,锻造时使金属易于充满模膛,提高锻件质量,并且可以避免在锻模上的内角处产生裂纹,减缓锻模外角处的磨损,提高锻模的使用寿命。

钢的模锻件外圆角半径(r)一般取1.5~12 mm,内圆角半径(R)比外圆角半径大2~3倍。模膛深度越深,圆角半径值越大。为了便于制模和锻件检测,圆角半径尺寸已经形成系列,其标准是1、1.5、2、2.5、3、4、5、6、8、10、12、15、20、25和30等,单位为mm。

(5) 冲孔连皮。

由于锤上模锻不能靠上、下模的凸起部分把金属完全排挤掉,因此不能锻出通孔,终锻后孔内留有金属薄层称为冲孔连皮(见图2-42),锻后利用压力机上的切边模将其去除。常用的连皮形式是平底连皮,如图2-42所示,连皮的厚度t通常为4~8 mm。

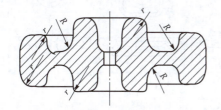

图2-41 模锻圆角半径

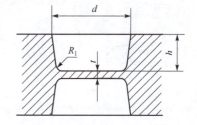

图2-42 模锻件常用冲孔连皮

连皮上的圆角半径R_1,可按下式确定:
$$R_1 = R + 0.1h + 2$$

孔径$d < 25$ mm或冲孔深度大于冲头直径的3倍时,只在冲孔处压出凹穴。

上述各参数确定后,便可绘制锻件图。图2-43所示为齿轮坯模锻件图,图中内孔中部的两条直线为冲孔连皮切掉后的痕迹。

2) 确定模锻工序

模锻工序主要根据锻件的形状与尺寸来确定。根据已确定的工序即可设计出制坯模膛、预锻模膛及终锻模膛。模锻件按形状可分为两类:长轴类零件与盘类零件,如图2-44所示。长轴类零件的长度与宽度之比较大,例如台阶轴、曲轴、连杆、弯曲摇臂等;盘类零件在分型面上的投影多为圆形或近于矩形,例如齿轮、法兰盘等。

(1) 长轴类模锻件基本工序。

长轴类模锻件常用的工序有拔长、滚挤、弯曲、预锻和终锻等。

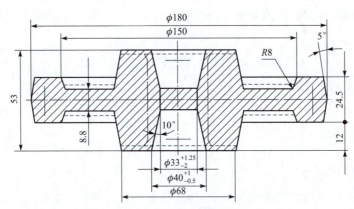

图 2-43 齿轮坯模锻件图

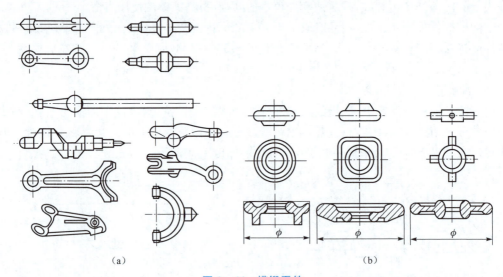

图 2-44 模锻零件
(a) 长轴类零件;(b) 盘类零件

(2) 盘类模锻件基本工序。

常选用镦粗、终锻等工序。对于形状简单的盘类零件,可只选用终锻工序成型。对于形状复杂、有深孔或有高肋的锻件,则应增加镦粗、预锻等工序。

(3) 修整工序。

坯料在锻模内制成模锻件后,还须经过一系列修整工序,以保证和提高锻件质量。修整工序包括以下内容。

① 切边与冲孔。模锻件一般都带有飞边及连皮,须在压力机上进行切除。切边模如图 2-45(a)所示,由活动凸模和固定凹模组成。凹模的通孔形状与锻件在分型面上的轮廓一致,凸模工作面的形状与锻件上部外形相符。冲孔模如图 2-45(b)所示,凹模作为锻件的支座,冲孔连皮从凹模孔中落下。

② 校正。在切边及其他工序中都可能引起锻件的变形,许多锻件,特别是形状复杂的锻件在切边冲孔后还应该进行校正。校正可在终锻模膛或专门的校正模内进行。

③ 热处理。目的是消除模锻件的过热组织或加工硬化组织,以达到所需的力学性能。常

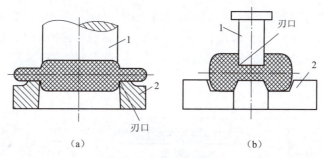

图 2-45 切边模及冲孔模
(a)切边模;(b)冲孔模
1—凸模;2—凹模

用的热处理方式为正火或退火。

④ 清理。为了提高模锻件的表面质量、改善模锻件的切削加工性能,模锻件需要进行表面清理,去除在生产中产生的氧化皮、所沾油污及其他表面缺陷等。

⑤ 精压。对于要求尺寸精度高和表面粗糙度小的模锻件,还应在压力机上进行精压。精压分为平面精压和体积精压两种。

平面精压如图 2-46(a)所示,用来获得模锻件某些平行平面间的精确尺寸。体积精压如图 2-46(b)所示,主要用来提高锻件所有尺寸的精度,减小模锻件的质量差别。精压模锻件的尺寸精度偏差可达 $\pm(0.1\sim0.25)$ mm,表面粗糙度 Ra 可达 $0.4\sim0.8~\mu m$。

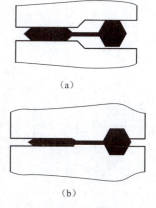

图 2-46 精压
(a)平面精压;(b)体积精压

3) 选择锻造设备

锤上模锻的设备:蒸汽—空气锤、无砧座锤、高速锤等。

4) 确定锻造温度范围

模锻件的生产也在一定温度范围内进行,与自由锻生产相似。

5) 锤上模锻件的结构工艺性

设计模锻零件时,应根据模锻特点和工艺要求,使其结构符合下列原则:

(1) 模锻零件应具有合理的分型面,以使金属易于充满模膛,模锻件易于从锻模中取出,且敷料最少,锻模容易制造。

(2) 模锻零件上,除与其他零件配合的表面外,均应设计为非加工表面。模锻件非加工表面之间形成的角应设计模锻圆角,与分型面垂直的非加工表面应设计出模锻斜度。

(3) 零件的外形应力求简单、平直、对称,避免零件截面间差别过大,或具有薄壁、高肋等不良结构。一般来说,零件的最小截面与最大截面之比不要小于 0.5。如图 2-47(a)所示零件的凸缘太薄、太高,中间下凹太深,金属不易充型。如图 2-47(b)所示零件过于扁薄,薄壁部分金属模锻时容易冷却,不易锻出,对保护设备和锻模也不利。如图 2-47(c)所示零件有一个高而薄的凸缘,使锻模的制造和锻件的取出都很困难。如图 2-47(d)所示形状则较易锻造成型。

(4) 在零件结构允许的条件下,应尽量避免有深孔或多孔结构。孔径小于 30 mm 或孔深大于直径两倍时,锻造困难。如图2-48所示齿轮零件,为保证纤维组织的连贯性以及更好的力学性能,常采用模锻方法生产,但齿轮上的4个φ20 mm的孔不方便锻造,只能采用机加工成型。

(5) 对复杂锻件,为减少敷料、简化模锻工艺,在可能条件下应采用锻造—焊接或锻造—机械连接组合工艺,如图2-49所示。

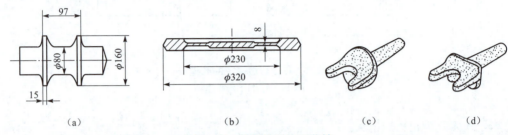

图2-47 模锻件结构工艺性

(a) 带凸缘的轴类锻件;(b) 扁薄盘类锻件;(c) 带高而薄凸缘的叉类锻件;(d) 适宜锻造的叉类锻件

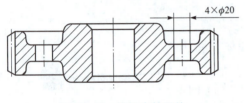

图2-48 模锻齿轮零件

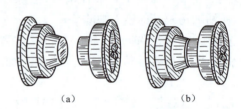

图2-49 锻焊结构模锻零件

(a) 模锻件;(b) 焊合件

任务三 学习毛坯焊接加工成型

焊接是使相互分离的金属材料借助于原子间的结合力连接起来的工艺方法,用于制造金属结构和零部件,也作为修复用。焊接方法很多,根据实现焊接的方式不同,可归纳为3大类。

(1) 熔化焊。将焊件待焊处加热至熔化状态,冷凝固后焊接的方法,如手工电弧焊、埋弧自动焊、氩弧焊、CO_2气体保护焊,以及氧乙炔气焊、电渣焊、激光焊和电子束焊等。

(2) 压力焊。对焊件待焊处加压或加压又加热,最后在压力下焊接的方法,如电阻焊、摩擦焊、冷压焊和超声波焊等。

以上两类焊接方法所连接的接头是不可拆卸的。

(3) 钎焊。将焊件及熔点低于焊件的钎焊料同时加热,至焊料熔化,并与相邻的焊件相互作用,冷凝后实现连接的方法。钎焊接头根据需要,可以将焊料重熔、拆开,所以是一种半永久性的连接。

焊接基础知识大全

【知识导图】

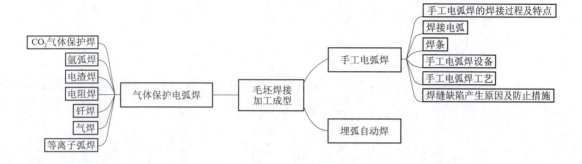

知识模块 1　手工电弧焊

手工电弧焊是指用手工操纵焊条进行焊接的电弧焊方法,在各种电弧焊方法中应用最为广泛。

1. 手工电弧焊的焊接过程及特点

1) 手工电弧焊的焊接过程

图 2-50 所示为手工电弧焊焊接过程示意图。焊接前,焊钳和焊件分别与电焊机输出端两极连接,并用焊钳夹持焊条。焊接过程是从电弧引燃时开始的。炽热的电弧将焊条端部和电弧下面的工件表面熔化,在焊件上形成具有一定几何形状的液体金属部分叫作熔池,熔化的焊条芯以滴状通过电弧过渡到熔池中,与熔化的工件互相熔合,冷却凝固后即形成焊缝。显然,熔池金属是由熔化了的焊件与焊芯共同组成的。焊接时焊条药皮分解,熔化后形成气体与熔渣,对焊接区起到保护作用,并使熔池金属脱氧、净化。随着电弧沿焊接方向前移,工件和焊芯不断熔化而形成新的熔池,原有熔池则因电弧远离而冷却,凝固后形成焊缝,从而将两个分开的焊件连接成一体。

2) 手工电弧焊的特点

与其他电弧焊方法相比,手弧焊具有以下特点:

(1) 操作灵活。手弧焊所用设备简单,便于移动且焊钳轻巧,不受操作场地条件限制。凡是焊条能够到达的任何位置接头,都可以用手弧焊焊接。

(2) 对接头的装配要求较低。由于手弧焊过程由手工操纵,故焊接时焊工可根据接缝处的变化适时调整电弧位置和运条手势,修正焊接工艺参数,以保证跟踪接缝和焊透。

(3) 可焊材料广。手弧焊不仅可以焊接低碳钢、低合金结构钢,还可用于高合金的不锈钢、耐热钢以及有色金属的焊接。此外,利用手弧焊堆焊技术,还可以制造出具有耐蚀或耐磨

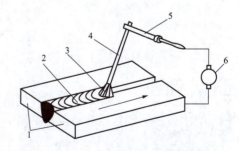

图 2-50　手工电弧焊焊接过程示意图
1—母材;2—焊缝;3—电弧;4—焊条;
5—焊钳;6—电焊机

等特殊性能的表面层。

(4) 生产率低、劳动强度大。低手弧焊由于受焊条长度、直径与焊接电流的限制,生产率比其他电弧熔化焊要低些,劳动强度也较大。

2. 焊接电弧

1) 焊接电弧的产生

焊接电弧是在电极与焊件之间气体介质中产生强烈而持久的放电现象。焊接电弧的产生过程如图2-51所示。

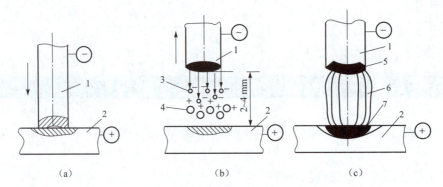

图2-51 焊接电弧产生过程示意图
(a)电极与工件接触；(b)拉开电极；(c)引燃电弧
1—电极；2—工件；3—自由电子；4—正离子；5—阴极斑点；6—弧柱；7—阳极斑点

2) 焊接电弧的组成

焊接电弧由阴极区、阳极区和弧柱区3部分组成,如图2-52所示。

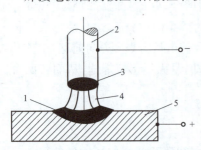

图2-52 焊接电弧的组成
1—阳极区；2—焊条；3—阴极区；
4—弧柱；5—焊件

阴极区是靠近阴极的一层很薄的区域。在阴极区中,除了存在阴极发射出的电子外,还有从弧柱区进入的正离子,产生的热量不多,只占电弧总热量的36%左右。阳极区是靠近阳极的一层很薄的区域,但它的厚度比阴极区大,从弧柱流过来的电子撞入阳极产生复合,因而产生较多的能量,占到电弧总热量的43%左右。弧柱区是阴极区与阳极区之间的区域,进行着气体电离、带电粒子向两极的运动及带电粒子之间的复合过程,弧柱中心温度最高,产生的热量约占电弧总热量的21%。阴极区、阳极区与弧柱区长度的总和就是电弧的长度。由于两极区很薄,所以一般把弧柱的长度近似看作弧长。

3) 焊接电弧的极性及应用

焊条和工件与焊接电源的连接方式称为焊接的极性。焊接电弧的不同区域其温度是不同的,阳极区的温度要高于阴极区,采用直流弧机焊接有正接与反接之分。当把焊件接正极、焊条接负极时,称为正接法,电弧热量大部分集中在焊件上使焊件熔化速度加快,保证了足够的熔深,故多用于焊接较厚的焊件。相反,如果焊件接负极、焊条接正极时,称反

电弧的形成

接法,适合于焊接较薄的焊件或不需要较多热量的焊件,如非铁金属、不锈钢、铸铁。使用交流电源进行焊接时,由于电源极性瞬时交替变化,故焊件与焊条得到的热量是相等的,不存在正接、反接的问题。

3. 焊条

1) 焊条的组成与作用

焊条是供手工电弧焊用的熔化电极,由焊芯和药皮两部分组成。

(1) 焊芯。焊条中被药皮包覆的金属芯称为焊芯,焊芯的作用是传导电流、维持电弧,其熔化后还可作为填充金属进入焊缝。

(2) 药皮。焊条药皮是压涂在焊芯表面的涂层,含有矿物质、有机物、铁合金和化工产品 4 类原料。它的主要作用是使电弧容易引燃并且稳定燃烧,保护熔池内金属不被氧化,保证焊缝金属脱氧、脱硫、脱磷、去氢等;添加合金元素,保证焊缝金属具有合乎要求的化学成分和力学性能。

2) 焊条的分类、型号及牌号

(1) 焊条的分类。手弧焊用的焊接材料是焊条,按其用途分为碳钢焊条、低合金钢焊条、不锈钢焊条、堆焊焊条、铸铁焊条、低温钢焊条、铜及铜合金焊条、铝及铝合金焊条、镍及镍合金焊条和特殊用途焊条 10 大类。按照焊条药皮中氧化物的性质可分为酸性焊条和碱性焊条两类。

(2) 焊条的型号与牌号。焊条型号及牌号的编制方法按国家统一标准,所有焊条的第 1 个字母以"E"表示,后面的数字或符号按种类不同进行编制。例如,E4303 表示焊缝金属的抗拉强度 $\geqslant 430$ N/mm^2,适用于全位置焊接,药皮类型是钛钙型,电流种类是交流或直流正、反接。

3) 焊条选用原则

(1) 等性能原则。焊接低碳钢或低合金钢时,一般都要求焊缝金属与母材等强度;焊接耐热钢、不锈钢等主要考虑熔敷金属的化学成分与母材相当。

(2) 工作条件。即根据焊件的工作条件来选用焊条,在动载或腐蚀、高温、低温等条件下工作的焊件,应优先选用"等性能"的碱性焊条。

(3) 结构特点。对于形状复杂或厚大的构件,应选用抗拉性好的低氢焊条;对于立焊、仰焊等焊缝较多的构件,应选用适于全位置施焊的焊条;对于坡口位置不便于清理的构件,应选用对水锈不敏感的酸性焊条。

(4) 其他。在满足上述原则的前提下,还应结合现场施工条件、生产批量以及经济性等因素,综合考虑后确定应选用焊条的具体型号。

4. 手工电弧焊设备

焊条电弧焊的主要设备是弧焊机。按焊接电流的种类不同,电焊机可以分为直流弧焊机和交流弧焊机两类。

1) 直流弧焊机

直流弧焊机所供给焊接电弧的电流是直流电。直流弧焊机分为两种:一种是焊接发电机,即由交流电动机带动直流发电机;另一种是焊接整流器,其特点是能够获得稳定的直流电,因此电弧燃烧稳定、焊接质量较好。与交流电焊机相比,直流弧焊机构造复杂、维修困难、噪声较大、成本高,适用于焊接较重要的焊件。

2) 交流弧焊机

交流弧焊机实际上是一种满足焊接要求的特殊降压变压器。焊接时,焊接电弧的电压基本不随焊接电流变化。这种电焊机结构简单,制造方便,使用可靠,成本较低,工作时噪声较小,维护、保养容易,是常用的手工电弧焊设备,但它的电弧稳定性较直流弧焊机差。

5. 手工电弧焊工艺

1) 焊接接头基本形式和坡口基本形式

由于焊件的结构形状、厚度及使用条件不同,其接头形式及坡口形式也有所不同。一般接头形式有对接接头、搭接接头、角接接头、T形接头等。在选择坡口形式时,主要考虑的因素有:保证焊缝焊透;坡口形状容易加工;尽可能提高生产率,节省焊条;焊后焊件变形应尽可能小些。基本的坡口形式有I形坡口、单边V形坡口、V形坡口、双边V形坡口、U形坡口和双U形坡口等,如图2-53所示。

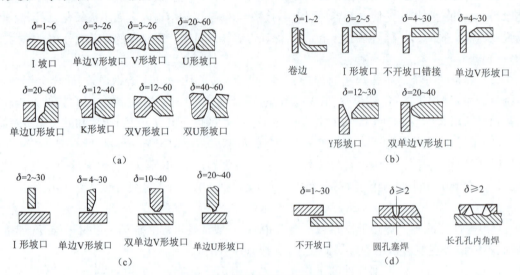

图2-53 焊接接头形式和坡口
(a) 对接接头;(b) 角接接头;(c) T形接头;(d) 搭接接头

2) 焊缝的分类

焊接时,按焊缝的空间位置的不同可分为平焊、横焊、立焊和仰焊4种,如图2-54所示。其中平焊操作容易、劳动条件好、生产率高、质量易于保证,一般都应把焊缝放在平焊位置施焊。横焊、立焊、仰焊时焊接较为困难,应尽量避免。按焊缝的结合方式不同可分为对接焊缝、角焊缝及塞焊缝3种形式。按焊缝断续情况可分为连续焊缝和间断焊缝两种形式,后者又分为交错式间断焊缝和链状式间断焊缝两种。

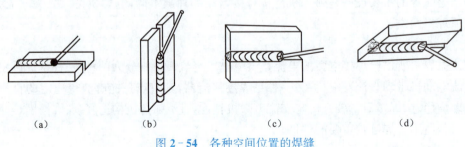

图2-54 各种空间位置的焊缝
(a) 平焊;(b) 立焊;(c) 横焊;(d) 仰焊

3) 焊接工艺参数的选择

焊接工艺参数又称焊接工艺规范,是焊接时为保证焊接质量而选定的有关参量的总称。焊接工艺参数主要包括焊条类型及焊条直径 d、焊接电流 I、电弧电压 U、焊接速度 v、电弧长度及焊接层数等。

6. 焊缝缺陷产生原因及防止措施

焊缝易产生的缺陷种类为气孔、夹渣、咬边、熔宽过大、未焊透、焊瘤、表面成型不良(如凸起太高、波纹粗)等。缺陷产生的原因和防止措施见表2-5。

表2-5 手工电弧焊焊缝缺陷原因及防止措施

缺陷类别	产生原因	防止措施
气孔	焊条未烘干或烘干温度、时间不足,焊口潮湿、有锈、油污等;弧长太大、电压过高	按焊条使用说明的要求烘干;用钢丝刷和布清理干净,必要时用火焰烤;减小弧长
夹渣	电流太小,熔池温度不够,渣不易浮出	加大电流
咬边	电流太大	减小电流
熔宽太大	电压过高	减小电压
未焊透	电流太小	加大电流
焊瘤	电流大	减小电流
焊缝表面凸起太大	电流太大、焊速太慢	加快焊速
表面波纹粗	焊速太快	减慢焊速

知识模块 2　埋弧自动焊

埋弧焊是电弧在焊剂层下燃烧以进行焊接的方法。利用机械装置自动控制送丝和移动电弧的一种埋弧焊方法称为埋弧自动焊。它的工作原理是电弧在颗粒状的焊剂下燃烧,焊丝由送丝机构自动送入焊接区,电弧沿焊接方向的移动靠手工操作或机械自动完成。埋弧自动焊焊缝的形成过程如图2-55所示。

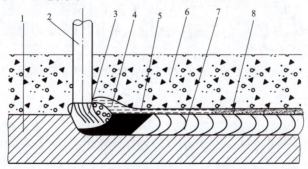

图2-55 埋弧自动焊焊缝的形成过程
1—焊件;2—焊丝;3—电弧;4—熔池;5—熔渣;6—焊剂;7—焊缝;8—焊渣

图 2-56 所示为埋弧自动焊机外形。埋弧自动焊有以下优点：

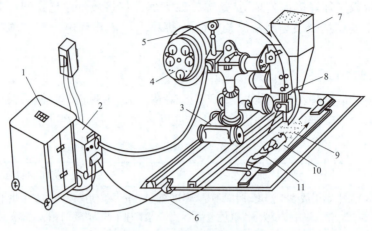

图 2-56 埋弧焊机外形
1—焊接电源；2—控制箱；3—车架；4—操作盘；5—焊丝盘；6—电缆；
7—焊剂漏斗；8—焊丝；9—焊剂；10—工件；11—焊缝

（1）生产率高。埋弧焊允许使用大的焊接电流,熔深大、焊速快。一般钢板厚 14 mm 的焊件可以不开坡口、一次焊透,同时还能节省许多辅助时间,故生产率高。

（2）接头质量高。埋弧焊的保护比手弧焊好,热影响区及过热区小,并且焊接工艺参数可控、稳定,力学性能较高,因而接头质量高。

（3）成本低。埋弧焊能量损失小,没有飞溅和焊条头损失,一般厚度的焊件不开坡口等,都节约了大量能源、材料和工时,因此成本低。

（4）劳动条件改善。埋弧焊过程实现了机械化、无弧光、少烟尘伤害。

埋弧焊主要用于成批生产中,焊接在水平位置上较厚的大型结构件的直线焊缝和大直径环形焊缝,在船舶、锅炉、桥梁等部门得到广泛应用。

埋弧自动焊

知识模块 3　气体保护电弧焊

气体保护电弧焊简称气体保护焊,它是指利用外加气体作为电弧介质并保护电弧和焊接区的电弧焊方法。气体保护焊利用从喷嘴中喷出的气流,在电弧周围形成气体保护层,将空气与焊接区隔开,以保证焊接过程的稳定,获得质量优良的焊缝。

根据保护气体的种类不同,目前常用的气体保护焊有 CO_2 气体保护焊和氩弧焊两种。

气体保护焊

1. CO_2 气体保护焊

CO_2 气体保护焊是利用 CO_2 作为保护气体的气体保护焊,如图 2-57 所示。

2. 氩弧焊

氩弧焊是使用氩气作为保护气体的气体保护焊,属于惰性气体保护焊。按所用的电极不同,氩弧焊分为熔化极氩弧焊和不熔化极氩弧焊两种,如图 2-58 所示。

氩弧焊

氩弧焊技术

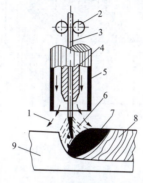

图 2-57 CO_2 气体保护焊示意图

1—CO_2 保护气体；2—送丝滚轮；3—焊丝；4—导电嘴；5—喷嘴；6—电弧；7—熔池；8—焊缝；9—工件

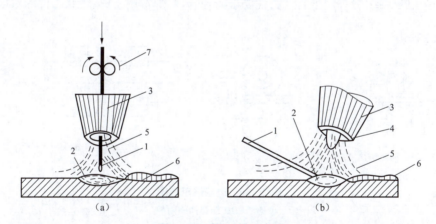

图 2-58 氩弧焊示意图

(a) 熔化极氩弧焊；(b) 不熔化极氩弧焊

1—焊丝；2—熔池；3—喷嘴；4—钨极；5—气流；6—焊缝；7—送丝滚轮

3. 电渣焊

电渣焊是利用电流通过熔融的熔渣时产生的电阻热，作为热源来熔化电极和焊件而形成焊缝的一种焊接方法，如图 2-59 所示。

4. 电阻焊

电阻焊是将焊件压紧于两电极之间，并通以大电流，利用电流通过接头的接触面及邻近区域产生的电阻热进行焊接的方法。电阻焊属于压力焊，不需要外加填充金属和焊剂，操作简单，易实现机械化和自动化；焊接时采用低电压、大电流，焊接时间短，生产效率较高。但对焊件厚度和截面形状有一定的限制，通常只适用于大批量生产。

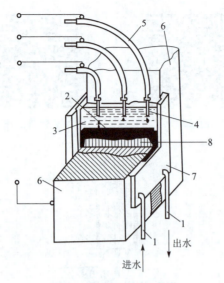

图2-59 电渣焊示意图
1—冷却水管；2—金属熔池；3—渣池；4—焊丝；5—导丝管；6—工件；7—滑块；8—焊缝

根据焊接接头的形式可分为对焊、点焊、缝焊3种，如图2-60所示。点焊和缝焊常用于薄板搭接接头的焊接，缝焊用于有气密性要求的场合，对焊常用于棒、管状工件的对接。

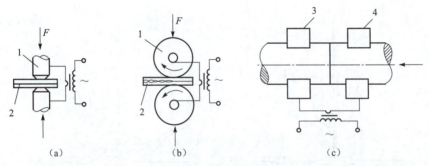

图2-60 电阻焊示意图
(a) 点焊；(b) 缝焊；(c) 对焊
1—电极；2—焊件；3—固定电极；4—移动电极

5. 钎焊

钎焊是利用比母材熔点低的金属材料作钎料，将焊件和焊料加热到高于焊料熔点、低于母材熔点的温度，利用液态焊料润湿母材，填充接头间隙并于母材相互扩散实现连接焊件的方法。根据钎料熔点的不同可分为硬钎焊和软钎焊两种。

(1) 硬钎焊。钎料熔点在450℃以上的钎焊，称为硬钎焊。其接头强度高，属于硬钎焊的钎料有铜基、铝基、银基、镍基等，常用的为铜基。硬钎焊的加热方式有氧—乙炔火焰加热、电阻加热、感应加热和炉内加热等，适合钎焊重要承载件或工作温度高的构件。

(2) 软钎焊。钎料熔点在450℃以下的钎焊，称为软钎焊。其接头强度低，工作温度在100℃以下。属于软钎焊的钎料有锡铅钎料、锡银钎料、铅基钎料、镉基钎料等，常用的为锡铅钎料，钎焊时可用烙铁、喷灯或炉子加热焊件。软钎焊常用于受力不大的仪表、导电元件等的焊接。

6. 气焊

气焊是利用气体火焰来熔化母材和填充金属的一种焊接方法。气焊的热源是乙炔和氧混合燃烧形成的氧乙炔焰。气焊时,根据焊具的运作方向,可分为左向焊法和右向焊法两种,如图 2-61 所示。

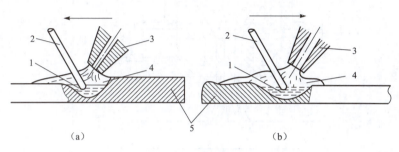

图 2-61　左、右向焊法
（a）左向焊法；（b）右向焊法
1—熔池；2—焊丝；3—喷嘴；4—火焰；5—焊件

气焊设备主要有氧气瓶、氧气减压器、乙炔气瓶、乙炔减压器、氧气管和焊具等,如图2-62所示。

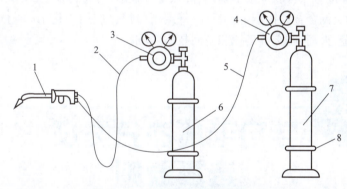

图 2-62　气焊设备及其连接方式
1—焊具；2—乙炔管；3—乙炔减压器；4—氧气减压器；5—氧气管；6—乙炔瓶；7—氧气瓶；8—防振圈

7. 等离子弧焊

等离子弧是一种特殊形式的电弧。它是借助于等离子焊枪的喷嘴等外部拘束条件使电弧受到机械压缩,周围的高速冷却气流使电弧产生热收缩,电弧在自身磁场的作用下产生电磁压缩,使弧柱的温度、能量密度得到提高,气体介质的电离更加充分,等离子流速也显著增大。这种将阴极和阳极之间的电弧压缩成高温、高电离度、高能量密度及高焰流速度的电弧即为等离子弧,如图 2-63 所示。利用等离子弧作为热源的焊接方法称为等离子弧焊。

等离子弧焊的特点是：等离子弧的能量密度大,弧柱温度高,熔透能力强,生产效率高；焊缝熔深比大,热影响区小,焊件变形小,焊缝质量高；

等离子焊

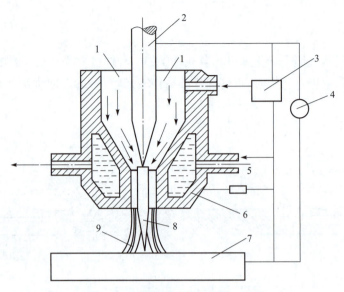

图 2-63 等离子弧发生装置示意图
1—气流；2—钨极；3—振荡器；4—直流电源；5—电阻；6—喷嘴；7—焊件；8—等离子弧；9—保护气体

焊接电流下限小到 0.1 A 时，电弧仍然能稳定燃烧，适合于焊接超薄件；但其焊炬结构复杂，对控制系统要求较高，焊接区可见度不好，且焊接最大厚度受到限制。

采用等离子焊接方法可以焊接不锈钢、高强度合金钢、耐高温合金、钛及其合金、铝及其合金、铜及其合金以及低合金结构钢等。目前，等离子弧焊已应用于化工、原子能、电子、精密仪器仪表、轻工、冶金、火箭、航空等工业和空间技术领域。

任务四 学习毛坯的分类及选择原则

毛坯是指根据零件所要求的形状、工艺尺寸等制成的，并提供进一步加工所用的物品。任何一台机器上的每一个机械零件都需要经过设计、选择材料、毛坯生产、机械加工、热处理等多道工序，也就是说，在设计零件时就要根据机器和零件的受力情况、工作环境等使用性能来选择毛坯材料，并根据毛坯材料来确定毛坯类型。

不同的材料又有不同的机械性能、不同的生产工艺性能、不同的经济成本、不同的毛坯形式。毛坯的形状、尺寸越接近零件，所消耗的材料和加工工时越少，则生产率也越高，但是制造毛坯的费用也越高。因此，必须正确地选择毛坯，否则将大大影响零件的使用性能、加工质量、生产率和经济性。

1. 毛坯的分类

材料不一样，毛坯的制造方法也不同，而制造方法不同，则毛坯的力学性能、显微组织、晶体结构也不相同。

机械加工中常见的毛坯有以下几种类型。

1) 型材毛坯

通过轧制、拉拔、挤压等方式生产出来的,沿长度方向横截面不变的钢料,称为型材。机械制造中的型材按断面形状分为圆钢、方钢、六角钢、扁钢、角钢、槽钢、工字钢、丁字钢和特殊断面形状的钢。按生产工艺分热轧和冷拔两类,热轧型材的尺寸较大、精度低,多用作一般零件的毛坯;冷拔型材尺寸较小、精度较高,多用于制造毛坯精度要求较高的中小型零件。型材有普通公差等级的热轧棒料、板料(公差等级为 IT15～IT16)和公差等级较高的冷拔棒料、板料(公差等级为 IT9～IT12)。冷拔棒料多用于自动车床上加工。

2) 焊接组合毛坯

根据毛坯的形状、尺寸要求,用铸件、锻件、冲压件、型材或经局部机械加工的半成品组合后焊接而成的毛坯,多用于尺寸较大、形状复杂的单件小批生产。焊接毛坯工艺简单,可减轻重量,成本较低,但热变形较大、内应力大、抗振性较差、接头处的组织性能比较复杂。

3) 铸造毛坯

铸铁、有色金属以及含碳为 0.45%～0.5% 的钢均可用铸造方法获得铸件毛坯,而其中应用最广泛的是铸铁。铸造不受零件尺寸、形状、重量的约束,主要用于其他方法难以成型的壳体、基座、支架、带轮等形状较复杂的毛坯零件。

4) 压力加工毛坯

锻件适用于要求强度较高、形状不太复杂的零件毛坯,锻件由于塑性变形的结果,内部晶粒较细、均匀,没有铸造毛坯的内部缺陷,其机械性能优于同样材料的铸件,凡承受重载、交变应力的零件,如主轴、齿轮、连杆等都是常用锻件毛坯。但采用锻造方法很难得到形状复杂的、大型的毛坯,特别是有复杂内腔的毛坯。

5) 粉末冶金毛坯

这是一种只需少许或无须加工的毛坯,主要用于中等复杂程度、不带螺纹的小型结构的零件。

2. 毛坯的选择原则

毛坯要根据零件材料来选择,而零件的材料又是根据零件的工作条件(如受拉、压、弯、扭或组合等)、载荷性质(静载、动载、交变载荷等)及环境状况(如温度、介质等)等来选择的。一旦毛坯的材料确定后,毛坯的种类也就基本确定。选择毛坯就是选择毛坯材料、毛坯种类和毛坯的制造方法。一般原则是首先应满足零件的使用性能要求,其次要考虑毛坯的工艺性及经济性。

1) 毛坯材料的使用性能

毛坯应根据零件的工作条件、受力情况和重要性来选择,通过静载与动载、单向载荷与多向载荷、一般载荷与交变载荷、有腐蚀与无腐蚀、高温条件与低温条件等情况来确定。如汽轮机上的叶片和风扇叶片,两者空间形状相同,但前者要用合金钢锻造毛坯,而后者只需用低碳钢冲压件就可以了。减速器上的齿轮轴和普通自行车上的轮轴,前者选调质钢锻造毛坯,后者选中碳钢型材锻造毛坯。

2) 毛坯材料的工艺性能

毛坯材料的工艺性能是指在一定条件下,将材料加工成优质零件或毛坯的难易程度,它将直接影响零件的质量、生产率和成本。

3) 毛坯材料的经济性

在能保证使用性能和加工质量的前提下,应尽量选用价格低廉,加工费用低,便于采购、运输和管理的毛坯。如在保证使用的前提下,应优先选用碳钢和铸铁等相对价格比较低的材料,也可合理选用非金属材料,以降低成本。

【本项目解析】

1. 卧式柴油机箱体零件毛坯选择

卧式柴油机箱体零件是典型的薄壁结构零件,整个结构形状比较复杂,壁厚不均匀,内部呈腔型,箱壁上有精度高的轴承支承孔和平面,有精度低的紧固孔,且材料为镁铝合金,适合铸造成型,故该卧式柴油机箱体采用铸造方法来生产毛坯。

2. 传动曲轴零件毛坯选择

发动机的曲轴承受交变的弯曲应力、扭转应力,受冲击载荷作用,因此要求毛坯材料的综合机械性能较高。由于曲轴较大,用优质结构钢通过锻造成型比较困难,故在满足强度安全的情况下可以选用QT700-2球墨铸铁铸造而成。对重要的传动轴,一般而言最好的毛坯形式是锻件,对工作条件好的一般传动轴可以采用型材作为毛坯。

【项目实施】

手工造型"做中学"工作任务单及过程记录和评价分别见表2-6和表2-7。

表2-6 手工造型"做中学"工作任务单

任务编号	2-1	任务名称	手工造型	实训地点	
教学目的	通过本次实训,掌握手工造型的原理、造型步骤和方法				
实训任务	采用手工造型的方式生产如图所示零件的型腔 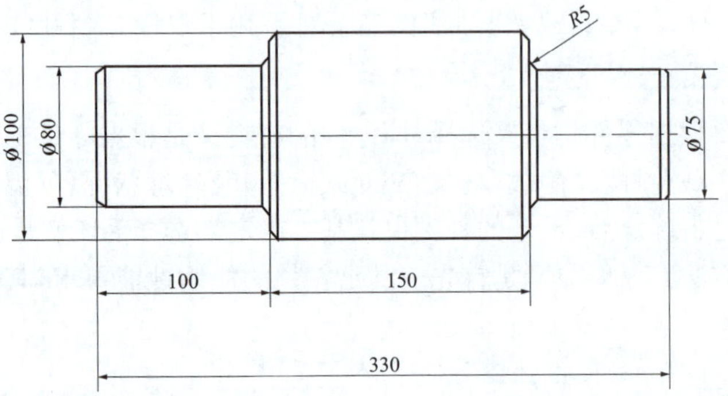				
工作步骤及要求	1. 识读零件图,选择合适的手工造型方法。 2. 制造样模,材料为木材,手工制作完成。 3. 准备造型用的材料,拌制型砂。 4. 根据所给图纸确定采用分箱造型的方法。 5. 完成下腔造型。 6. 完成上腔造型。 7. 完成浇注系统制作和排气孔。 8. 合箱				

表 2-7　工作过程记录及评价

任务编号		任务名称	手工造型	姓名		成绩	
工作过程记录	1.						
	2.						
	3.						
	4.						
	5.						
	6.						
	7.						
	8.						
工作过程评价							

【能力检测】

1. 什么是铸造？铸造生产有哪些优缺点？
2. 试述整模造型、分模造型方法的特点及应用场合。
3. 常用的焊接方法有哪些？各有何特点？
4. 自由锻的基本工序有哪些？
5. 选用毛坯的一般原则有哪些？简述它们之间的关系。
6. 毛坯可以看成是机械零件制造过程中的初步成型产品，其成型方法有哪几种？
7. 试选择机床齿轮、汽车齿轮、机床主轴、减速器轴、减速器箱体、齿轮的毛坯。

学习毛坯成型思维导图

项目三
学习公差与测量

【项目概述】

由于加工工艺、材料、加工设备等多方面的原因,我们在加工机械零件的过程中无法保证生产出来的零件的尺寸、形状、位置关系是绝对准确的,总会存在加工误差,只不过是不同的加工工艺产生的加工误差大小不同而已。零件的加工误差越小,通过适当的装配方法所获得的机器精度也越高。在实际生产中没有必要将零件的尺寸、形状、位置关系加工得绝对准确,同时也不可能加工得绝对准确。在实际生产中,允许加工误差的存在,只要误差在允许的范围内就可以了,然后在产品装配的过程中,采用合适的装配工艺来达到产品的精度要求。在零图上,设计人员通过标注零件各个加工表面的尺寸公差、形状公差、位置公差及表面粗糙度来反映加工要求。在零件加工之前,必须根据零件图上所标注的所有技术要求,编制合理的工艺方案才能加工出符合设计要求的零件。在零件加工过程中,通常使用专用的测量工具进行检测,从而判断零件加工精度是否满足加工要求。图3-1所示为某机械设备中采用的心轴,试识读此图,并明确所标注的尺寸公差、形状公差、位置公差及表面粗糙度,然后选择合适的机械加工方法,完成零件加工,并进行零件尺寸检测。

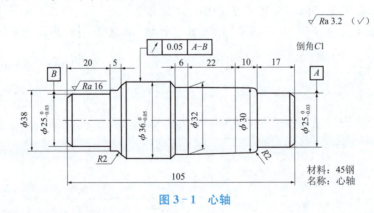

图3-1 心轴

【教学目标】

1. 能力目标:通过本项目的学习,学生可以正确识读工程图纸,明白图纸中所标注的各种尺寸公差、形状公差、位置公差及表面粗糙度的含义,从而在零件加工过程中能够选择合适的加工方法来满足零件的加工精度要求。

2. 知识目标:掌握尺寸公差、形状公差、位置公差的相关概念,熟悉极限与配合的概念,了解形位公差的选用原则和方法、表面粗糙度的概念和评定方法。

项目三

学习公差与测量

【知识准备】

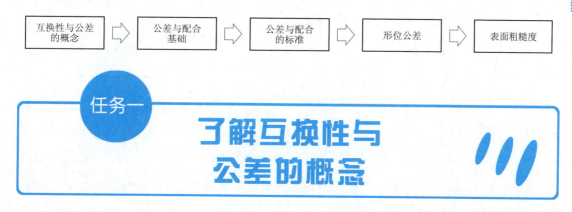

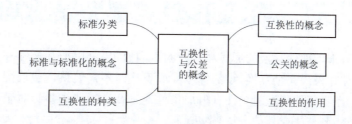

【知识导图】

```
                ┌── 标准分类                              互换性的概念 ──┐
标准与标准化的概念 ──┤           互换性               公关的概念         ├──
                └── 互换性的种类       与公差          互换性的作用 ──┘
                                      的概念
```

知识模块 1　互换性的概念

互换性是指按同一零件图生产出来的零件,不经任何选择或修配就能顺利地同与其相配的零部件装配成符合要求的成品的性质。零件具有互换性,既便于装配和维修,也有利于组织生产协作,提高生产率。

知识模块 2　公差的概念

在实际生产中,受各种因素的影响,零件的尺寸不可能做得绝对精确。为了使零件具有互换性,设计零件时,根据零件的使用要求和加工条件,对某些尺寸规定一个允许的变动量,这个变动量称为尺寸公差,简称公差。如图 3-2 所示,孔的公差为 0.025 mm,轴的公差为 0.016 mm。

知识模块 3　互换性的作用

（1）在设计方面。若零部件具有互换性,就能最大限度地使用标准件,便可以简化绘图和计算等工作;使设计周期变短,有利于产品更新换代和计算机辅助设计(CAD)技术应用。

（2）在制造方面。互换性有利于组织专业化生产,使用专用设备和计算机辅助制造(CAM)技术。

（3）在使用和维修方面。零部件具有互换性,可以及时更换那些已经磨损或损坏的零部

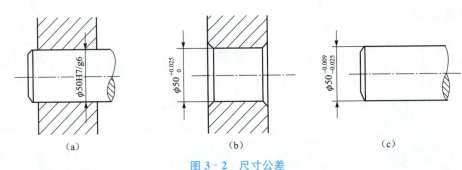

图 3-2 尺寸公差
(a) 孔、轴的配合尺寸;(b) 孔径的允许变动范围;(c) 轴径的允许变动范围

件,对于某些易损件可以提供备用件,故可以提高机器的使用价值。互换性在提高产品质量、可靠性和经济效益等方面均具有重大意义。

知识模块 4　互换性的种类

按不同场合对于零部件互换的形式和程度的不同要求,可以把互换性分为完全互换性和不完全互换性两类。采用完全互换,零部件装配或更换时不需要挑选或修配。不完全互换性也称有限互换性,在零部件装配时允许有附加条件地进行选择或调整。对于不完全互换性可以采用分组装配法、调整法或其他方法来实现。

知识模块 5　标准与标准化的概念

现代制造业生产的特点是规模大、分工细、协作单位多、互换性要求高。为了适应生产中各部门的协调和各生产环节的衔接,必须有一种手段,使分散的、局部的生产部门和生产环节保持必要的统一,成为一个有机的整体,以实现互换性生产。标准与标准化正是联系这种关系的主要途径和手段。实行标准化是互换性生产的基础。

(1) 标准。标准是指为了在一定的范围内获得最佳秩序,对活动或其结果规定共同的和重复使用的规则或特性的文件。

(2) 标准化。标准化是指为了在一定的范围内获得最佳秩序,对实际或潜在的问题制定共同的和重复使用规则的活动。标准化是社会化生产的重要手段,是联系设计、生产和使用方面的纽带,是科学管理的重要组成部分。

知识模块 6　标准分类

按标准的使用范围,我国将标准分为国家标准、行业标准、地方标准和企业标准。

(1) 国家标准就是需要在全国范围内有统一的技术要求时,由国家质量监督检验检疫总局颁布的标准。

(2) 行业标准就是在没有国家标准,而又需要在全国某行业范围内有统一的技术要求时,由该行业的国家授权机构颁布的标准。但在有了国家标准后,该行业标准即行废止。

（3）地方标准就是在没有国家标准和行业标准，而又需要在省、自治区、直辖市范围内有统一的技术安全、卫生等要求时，由地方政府授权机构颁布的标准。但在公布相应的国家标准或行业标准后，该地方标准即行废止。

（4）企业标准就是对企业生产的产品，在没有国家标准和行业标准及地方标准的情况下，由企业自行制定的标准，并以此标准作为组织生产的依据。如果已有国家标准或行业标准及地方标准的，企业也可以制定严于国家标准或行业标准的企业标准，在企业内部使用。

任务二　学习公差与配合基础

【知识导图】

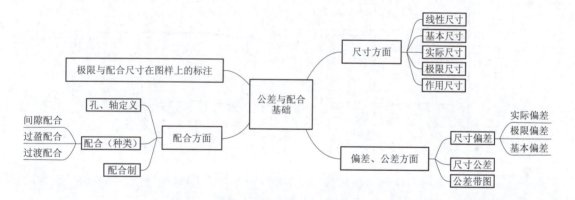

知识模块1　有关尺寸方面的术语及定义

1. 线性尺寸

以特定单位表示的两点之间的距离，如长度、宽度、高度、半径、直径及中心距等，通常以毫米（mm）为单位。

2. 基本尺寸

基本尺寸是设计者根据零件使用要求，综合考虑零件的强度、刚度和结构要求，经过计算、圆整后给出的尺寸。基本尺寸一般都尽量选取标准值，以减少定值刀具、夹具与量具的规格和数量。孔的基本尺寸用大写字母"D"来表示，轴的基本尺寸用小写字母"d"来表示。

3. 实际尺寸

实际尺寸是经过测量得到的尺寸。在测量过程中总是存在测量误差，而且测量位置不同所得的测量值也不相同，换句话说就是实际尺寸具有不确定性。孔的实际尺寸用"D_a"来表示,轴的基本尺寸用"d_a"来表示。

4. 极限尺寸

极限尺寸就是工件合格范围的两个边界尺寸。最大的边界尺寸称为最大极限尺寸,孔与轴的最大极限尺寸分别用"D_{max}"和"d_{max}"来表示;最小的边界尺寸称为最小极限尺寸,孔与轴的最小极限尺寸分别用"D_{min}"和"d_{min}"来表示。实际尺寸在极限尺寸范围内,表明工件合格,否则不合格。

5. 作用尺寸

由于加工后的工件都存在尺寸和形状误差,致使与孔或轴相配合的轴与孔的尺寸发生了变化。为了保证配合精度,应对作用尺寸加以限制。

(1) 孔的作用尺寸。孔的作用尺寸是在整个配合面上与实际孔内接的最大理想轴的尺寸,如图3-3(a)所示。

(2) 轴的作用尺寸。轴的作用尺寸是在整个配合面上与实际轴外接的最小理想孔的尺寸,如图3-3(b)所示。

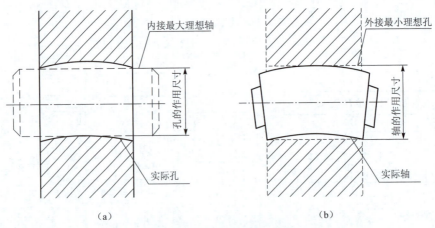

图3-3 孔、轴的作用尺寸图
(a) 孔的作用尺寸;(b) 轴的作用尺寸

知识模块 2 有关偏差、公差方面的术语及定义

1. 尺寸偏差(简称偏差)

尺寸偏差是某一尺寸减去它的基本尺寸所得的代数差,它可分为实际偏差和极限偏差。

(1) 实际偏差。实际尺寸减去它的基本尺寸所得的偏差称为实际偏差。实际偏差用"E_a"和"e_a"表示。

(2) 极限偏差。用极限尺寸减去它的基本尺寸所得的代数差称为极限偏差。极限偏差有上偏差和下偏差两种。上偏差是最大极限尺寸减去基本尺寸所得的代数差,下偏差是最小极限尺寸减去基本尺寸所得的代数差。偏差值是代数值,可以为正值、负值或零。孔和轴的上偏差分别用"ES"和"es"表示,孔和轴的下偏差分别用"EI"和"ei"表示。极限偏差可用下列公式计算:

孔的上偏差	$ES = D_{max} - D$	(3-1)
孔的下偏差	$EI = D_{min} - D$	(3-2)
轴的上偏差	$es = d_{max} - d$	(3-3)
轴的下偏差	$ei = d_{min} - d$	(3-4)

（3）基本偏差。在国家极限与配合标准中，把离零线最近的那个上偏差或下偏差称作基本偏差，它是用来确定公差带与零线相对位置的偏差。

2. 尺寸公差（简称公差）

（1）尺寸公差。尺寸公差是允许尺寸的变动量。尺寸公差等于最大极限尺寸与最小极限尺寸相减所得代数差的绝对值，也等于上偏差与下偏差相减所得代数差的绝对值。公差是绝对值，不能为负值，也不能为零（公差为零，零件将无法加工）。孔与轴的公差分别用"T_h"和"T_s"表示。

尺寸公差、极限尺寸和极限偏差的关系如下：

| 孔的公差 | $T_h = |D_{max} - D_{min}| = |ES - EI|$ | (3-5) |
| 轴的公差 | $T_s = |d_{max} - d_{min}| = |es - ei|$ | (3-6) |

（2）标准公差。国家标准表所列的、用来确定公差带大小的任一公差。

3. 公差带图

公差带图由零线和尺寸公差带组成。

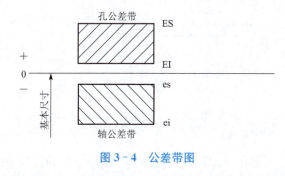

图 3-4 公差带图

（1）零线。公差带图中，表示基本尺寸的一条直线，它是用来确定极限偏差的基准线。极限偏差位于零线上方为正值，位于零线下方为负值，位于零线上为零，如图 3-4 所示。

（2）尺寸公差带。在公差带图当中，表示上、下偏差的两条直线之间的区域称作尺寸公差带。公差带的位置由基本偏差决定，公差带的大小由标准公差决定。在绘制公差带图时，应该用不同的方式来区分孔、轴公差带（例如，在图 3-4 中，孔、轴公差带用不同方向的剖面线区分）；公差带的位置和大小应按比例绘制。

知识模块 3 有关配合方面的术语及定义

1. 孔、轴定义

（1）孔。孔是圆柱形的内表面及由单一尺寸确定的内表面。孔的内部没有材料，从装配关系上看孔是包容面。孔的直径用大写字母"D"表示。

（2）轴。轴是圆柱形的外表面及由单一尺寸确定的外表面。轴的内部有材料，从装配关系上看，轴是被包容面。轴的直径用小写字母"d"表示。

这里的孔和轴是广义的，它包括圆柱形的与非圆柱形的孔和轴。

2. 配合

(1) 配合。配合是指基本尺寸相同的相互结合的轴与孔公差带之间的关系。

(2) 间隙。孔的尺寸减去相结合的轴的尺寸所得的代数差为正时,称为间隙。间隙用大写字母"X"表示。

(3) 过盈。孔的尺寸减去相结合的轴的尺寸所得的代数差为负时,称为过盈。过盈用大写字母"Y"表示。

3. 配合种类

(1) 间隙配合。具有间隙的配合(包括间隙为零)称为间隙配合。当配合为间隙配合时,孔的公差带在轴的公差带上方,如图 3-5 所示。

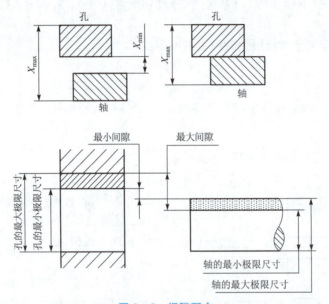

图 3-5　间隙配合

孔的最大极限尺寸(或孔的上偏差)减去轴的最小极限尺寸(或轴的下偏差)所得的代数差称为最大间隙,用"X_{max}"表示。

$$X_{max}=D_{max}-d_{min}=ES-ei \tag{3-7}$$

孔的最小极限尺寸(或孔的下偏差)减去轴的最大极限尺寸(或轴的上偏差)所得的代数差称为最小间隙,用"X_{min}"表示。

$$X_{min}=D_{min}-d_{max}=EI-es \tag{3-8}$$

配合公差是间隙的变动量,用"T_f"表示,它等于最大间隙与最小间隙差的绝对值,也等于孔的公差与轴的公差之和,可用公式表示为

$$T_f=|X_{max}-X_{min}|=T_h+T_s \tag{3-9}$$

(2) 过盈配合。具有过盈的配合(包括过盈为零)称为过盈配合。当配合为过盈配合时,孔的公差带在轴的公差带下方,如图 3-6 所示。

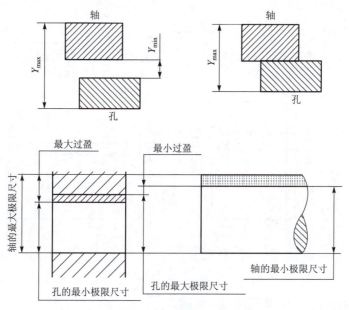

图 3-6 过盈配合

孔的最大极限尺寸(或孔的上偏差)减去轴的最小极限尺寸(或轴的下偏差)所得的代数差称为最小过盈,用"Y_{min}"表示。

$$Y_{min} = D_{max} - d_{min} = ES - ei \qquad (3-10)$$

孔的最小极限尺寸(或孔的下偏差)减去轴的最大极限尺寸(或轴的上偏差)所得的代数差称为最大过盈,用"Y_{max}"表示。

$$Y_{max} = D_{min} - d_{max} = EI - es \qquad (3-11)$$

配合公差是过盈的变动量,用"T_f"表示,它等于最大过盈与最小过盈差的绝对值,也等于孔的公差与轴的公差之和,公式表示为

$$T_f = |Y_{max} - Y_{min}| = T_h + T_s \qquad (3-12)$$

(3)过渡配合。既可能有间隙又可能有过盈的配合称为过渡配合。当配合为过渡配合时,孔的公差带和轴的公差带相互交叉,如图 3-7 所示。

孔的最大极限尺寸(或孔的上偏差)减去轴的最小极限尺寸(或轴的下偏差)所得的代数差称为最大间隙,用"X_{max}"表示。

$$X_{max} = D_{max} - d_{min} = ES - ei \qquad (3-13)$$

孔的最小极限尺寸(或孔的下偏差)减去轴的最大极限尺寸(或轴的上偏差)所得的代数差称为最大过盈,用"Y_{max}"表示。

$$Y_{max} = D_{min} - d_{max} = EI - es \qquad (3-14)$$

配合公差是间隙的变动量,用"T_f"表示,它等于最大间隙与最大过盈差的绝对值,也等于孔的公差与轴的公差之和,可用公式表示为

$$T_f = |X_{max} - Y_{max}| = T_h + T_s \qquad (3-15)$$

4. 配合制

把公差和基本偏差标准化的制度称为极限制。配合制是同一极限制的孔和轴组成配合的一种制度,也称为基准制。国家标准 GB/T 1800.1—1997《极限与配合基础 第1部分:词汇》

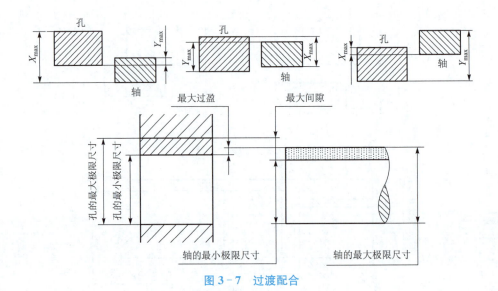

图 3-7 过渡配合

中规定了两种平行的配合制:基孔制和基轴制。

(1)基孔制。基孔制是指基本偏差为一定的孔的公差带与不同基本偏差的轴的公差带形成各种配合的一种制度,称为基孔制配合。对于此标准与配合制,孔的公差带在零线上方,孔的最小极限尺寸等于基本尺寸,孔的下偏差 EI 为零,孔称为基准孔,其代号为"H",如图 3-8(a)所示。

(2)基轴制。基轴制是指基本偏差为一定的轴的公差带与不同基本偏差的孔的公差带形成各种配合的一种制度,称为基轴制配合。对于此标准与配合制,轴的公差带在零线下方,轴的最大极限尺寸等于基本尺寸,轴的上偏差 es 为零,轴称为基准轴,其代号为"h",如图 3-8(b)所示。

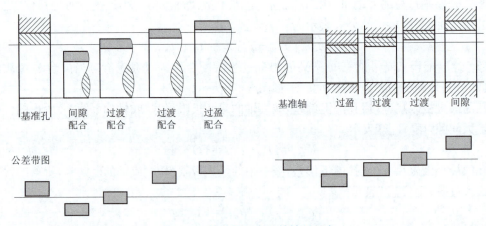

图 3-8 基孔制配合和基轴制配合
(a)基孔制配合;(b)基轴制配合

基孔制和基轴制配合的应用如图 3-9 所示。

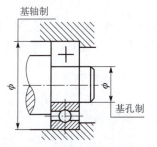

图 3-9 基孔制配合和基轴制配合应用　　公差与配合参考资料　　公差与配合原理动画

知识模块 4　极限与配合尺寸在图样上的标注

1. 在零件图中的注法

线性尺寸的公差有 3 种注法,如图 3-10 所示。

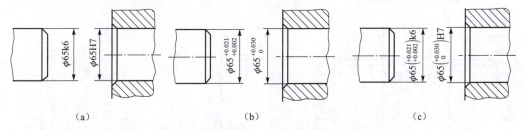

　　　　(a)　　　　　　　　　　(b)　　　　　　　　　　(c)

图 3-10　极限与配合尺寸在零件图中的注法
(a) 标注公差带代号；(b) 标注上下偏差；(c) 同时标注偏差和公差带代号

(1) 在孔或轴的基本尺寸右边,只标注公差带代号,如图 3-10(a) 所示,公差带代号由基本偏差代号和公差等级代号组成。基本偏差代号用拉丁字母表示,大写为孔,小写为轴；公差等级代号用阿拉伯数字示。如 H7 为孔的公差带代号,k6 为轴的公差代号。

(2) 在孔或轴的基本尺寸右边,标注上、下偏差,如图 3-10(b) 所示,上偏差写在基本尺寸的右上方,下偏差应与基本尺寸注在同一底线上,偏差数字应比基本尺寸数字小一号。

注意：

① 上、下偏差前面必须标出正、负号。

② 上、下偏差的小数点必须对齐,小数点后的位数也必须相同。

③ 当上偏差或下偏差为"零"时,用数字"0"标出,并与另一偏差的小数点前的个位数对齐。

④ 当上、下偏差数值相同时,偏差只需标注一个数字,并应在偏差与基本尺寸之间标注出符号"±",且两者字高相同。

(3) 在孔或轴的基本尺寸后面,同时标注公差带代号和上、下偏差,这时,上、下偏差必须加上括号,如图 3-10(c) 所示。

2. 在装配图中的注法

（1）在基本尺寸右边，用分数的形式注出配合代号，分子为孔的公差带代号，分母为轴的公差带代号，通常注法如图3－11(a)所示。必要时允许按图3－11(b)、(c)的形式标注。

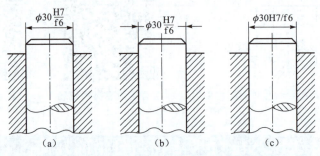

图3－11　极限与配合尺寸在装配图中的注法
(a) 一般标注；(b) 直径小时标注法；(c) 允许采用标注

（2）需要标注相配零件的极限偏差时，可按图3－12所示方法标注。

（3）孔、轴是一个广义的概念，除指圆柱形的内、外表面外，还包括如图3－13所示的表面。

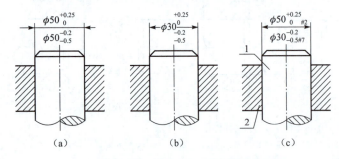

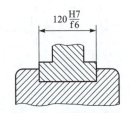

图3－12　极限与配合尺寸在装配图中的注法
(a) 单独标注；(b) 联合标注；(c) 标号标注

图3－13　极限与配合尺寸在装配图中的注法

任务三　熟悉公差与配合的标准

公差与配合的国家标准包括：GB/T 1800.3—1998《极限与配合　基础　第3部分：标准公差和基本偏差数值表》；GB/T 1800.4—1999《极限与配合　标准公差等级和孔、轴的极限偏差数值表》；GB/T 1801—1999《极限与配合　公差带和配合的选择》；GB/T 1804—2000《一般公差　未注公差的线性和角度尺寸的公差》。

公差与配合新旧国家标准对照表

【知识导图】

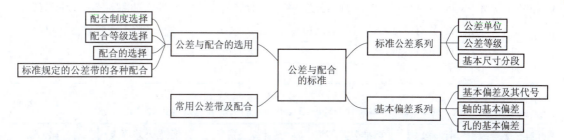

知识模块 1 标准公差系列

标准公差系列是以国家标准为基础制定的一系列由不同的基本尺寸和不同的公差等级组成的标准公差值。标准公差值用于确定任一标准公差值的大小,也就是确定公差带的大小(宽度)。

1. 公差单位

公差单位又称公差因子,是计算标准公差值的基本单位,是制定标准公差数值系列的基础。利用统计法在生产中可发现:在相同的加工条件下,基本尺寸不同的孔或轴加工后产生的加工误差不相同,而且误差的大小无法比较;在尺寸较小时加工误差与基本尺寸呈立方抛物线关系,在尺寸较大时接近线性关系。由于误差是由公差来控制的,所以利用这个规律可反映公差与基本尺寸之间的关系。

当基本尺寸≤500 mm 时,公差单位 i 按式(3-16)计算:

$$i=0.453D+0.001D \tag{3-16}$$

式中 D——基本尺寸的计算尺寸,mm。

在式(3-16)中,前面一项主要反映加工误差,第二项用来补偿测量时温度变化引起的与基本尺寸成正比的测量误差。

当基本尺寸>500~3 150 mm 时,公差单位按式(3-17)计算:

$$i=0.004D+2.1 \tag{3-17}$$

2. 公差等级

国家标准把公差等级分为 20 个等级,用 IT 表示,即 IT01、IT0、IT1、IT2、…、IT18。公差等级逐渐降低,而相应的公差值逐渐增大。

标准公差是由公差等级系数和公差单位的乘积决定的。基本尺寸≤500 mm 的常用尺寸各公差等级的标准公差计算公式见表 3-1,基本尺寸>500~3 150 mm 的各级标准公差计算公式见表 3-2。

表 3-1 基本尺寸≤500 mm 的标准公差数值计算公式

标准公差等级	计算公式	标准公差等级	计算公式	标准公差等级	计算公式
IT01	0.3+0.008D	IT6	10i	IT13	250i
IT0	0.5+0.012D	IT7	16i	IT14	400i
IT1	0.8+0.02D	IT8	25i	IT15	640i
IT2	(IT1)(IT5/IT1)$^{1/4}$	IT9	40i	IT16	1 000i

续表

标准公差等级	计算公式	标准公差等级	计算公式	标准公差等级	计算公式
IT3	$(IT1)(IT5/IT1)^{1/2}$	IT10	$64i$	IT17	$1\,600i$
IT4	$(IT1)(IT5/IT1)^{3/4}$	IT11	$100i$	IT18	$2\,500i$
IT5	$7i$	IT12	$160i$		

表 3-2 基本尺寸＞500～3 150 mm 的标准公差数值计算公式

标准公差等级	计算公式	标准公差等级	计算公式	标准公差等级	计算公式
IT01	$1I$	IT2	$(IT1)(IT5/IT1)^{1/4}$	IT5	$7I$
IT0	$2^{1/2}I$	IT3	$(IT1)(IT5/IT1)^{1/2}$	IT6	$10I$
IT1	$2I$	IT4	$(IT1)(IT5/IT1)^{3/4}$	IT7	$16I$
IT8	$25I$	IT12	$160I$	IT16	$1\,000I$
IT9	$40I$	IT13	$250I$	IT17	$1\,600I$
IT10	$64I$	IT14	$400I$	IT18	$2\,500I$
IT11	$100I$	IT15	$640I$		

3. 基本尺寸分段

根据基本尺寸和公差因子的计算公式可知:每个基本尺寸都对应一个标准公差值,基本尺寸数目很多,相应的公差值也很多,这将使标准公差数值表(见表 3-3)相当庞大,使用起来很不方便,而且相近的基本尺寸其标准公差值相差很小,为了简化标准公差数值表,国家标准将基本尺寸分成若干段,具体分段见表 3-4。分段后的基本尺寸 D 按其计算尺寸代入公式计算标准公差值,计算尺寸即为每个尺寸段内首、尾两个尺寸的几何平均值,如 50～80 mm 尺寸段的计算尺寸 $D≈38.73$ mm。按几何平均值计算出公差数值,再把尾数化整,就得出标准公差数值,标准公差数值见表3-3。实践证明:这样计算公差值差别很小,对生产影响也不大,但是对公差值的标准化很有利。

表 3-3 标准公差数值

基本尺寸 /mm		标准公差等级																	
大于	至	IT1	IT2	IT3	IT4	IT5	IT6	IT7	IT8	IT9	IT10	IT11	IT12	IT13	IT14	IT15	IT16	IT17	IT18
		/μm											/mm						
—	3	0.8	1.2	2	3	4	6	10	14	25	40	60	0.1	0.14	0.25	0.4	0.6	1	1.4
3	6	1	1.5	2.5	4	5	8	12	18	30	48	75	0.12	0.18	0.3	0.48	0.75	1.2	1.8
6	10	1	1.5	2.5	4	6	9	15	22	36	58	90	0.15	0.22	0.36	0.58	0.9	1.5	2.2
10	18	1.2	2	3	5	8	11	18	27	43	70	110	0.18	0.27	0.43	0.7	1.1	1.8	2.7
18	30	1.5	2.5	4	6	9	13	21	33	52	84	130	0.21	0.33	0.52	0.84	1.3	2.1	3.3
30	50	1.5	2.5	4	7	11	16	25	39	62	100	160	0.25	0.36	0.62	1	1.6	2.5	3.9
50	80	2	3	5	8	13	19	30	46	74	120	190	0.3	0.46	0.74	1.2	1.9	3	4.6
80	120	2.5	4	6	10	15	22	35	54	87	140	220	0.35	0.54	0.87	1.4	2.2	3.5	5.4
120	180	3.5	5	8	12	18	25	40	63	100	160	250	0.4	0.63	1	1.6	2.5	4	6.3

续表

基本尺寸 /mm		标准公差等级																
		IT1	IT2	IT3	IT4	IT5	IT6	IT7	IT8	IT9	IT10	IT11	IT12	IT13	IT14	IT15	IT16	IT17	IT18
大于	至	/μm											/mm						
180	250	4.5	7	10	14	20	29	46	72	115	185	290	0.46	0.72	1.15	1.85	2.9	4.6	7.2
250	315	6	8	12	16	23	32	52	81	130	210	320	0.52	0.81	1.3	2.1	3.2	5.2	8.1
315	400	7	9	13	18	25	36	57	89	140	230	360	0.57	0.89	1.4	2.3	3.6	5.7	8.9
400	500	8	10	15	20	27	40	63	97	155	250	400	0.63	0.97	1.55	2.5	4	6.3	9.7

注：基本尺寸小于 1mm，无 IT14～IT18

表 3-4 基本尺寸分段　　　　　　　　　　　　　　　mm

主段落		中间段落		主段落		中间段落	
大于	至	大于	至	大于	至	大于	至
—	3	无细分段		250	315	250	280
3	6					280	315
6	10			315	400	315	355
10	18	10	14			355	400
		14	18	400	500	400	450
18	30	18	24			450	500
		24	30	500	630	500	560
30	50	30	40			560	630
		40	50	630	800	630	710
50	80	50	65			710	800
		65	80	800	1 000	800	900
80	120	80	100			900	1 000
		100	120	1 000	1 250	1 000	1 120
120	180	120	140			1 120	1 250
		140	160	1 250	1 600	1 250	1 400
		160	180			1 400	1 600
180	250	180	200	1 600	2 000	1 600	1 800
		200	225			1 800	2 000
		225	250	2 000	2 500	2 000	2 240
						2 240	2 500
				2 500	3 150	2 500	2 800
						2 800	3 150

例 3.1 基本尺寸为 25 mm,求公差等级为 IT6、IT7 的公差数值。

解:基本尺寸为 25 mm,在尺寸段 18～30 mm 范围内,则

$$D=\sqrt{18\times 30}\ \text{mm}=23.24\ \text{mm}$$

公差单位

$$i=0.45\sqrt[3]{D}+0.001D=(0.45\sqrt[3]{23.24}+0.001\times 23.24)\ \mu\text{m}=1.31\ \mu\text{m}$$

查表 3-1 可得

$$\text{IT6}=10i=10\times 1.31\ \mu\text{m}\approx 13\ \mu\text{m}$$

$$\text{IT7}=16i=16\times 1.31\ \mu\text{m}\approx 21\ \mu\text{m}$$

知识模块 2　基本偏差系列

1. 基本偏差及其代号

基本偏差是指两个极限偏差当中靠近零线或位于零线的那个偏差,它是用来确定公差带位置的参数。为了满足各种不同配合的需要,国家标准对孔和轴分别规定了 28 种基本偏差(见图 3-14),用拉丁字母表示,其中孔用大写拉丁字母表示,轴用小写拉丁字母表示。在 26 个字母中除去 5 个容易和其他参数混淆的字母"I(i)、L(l)、O(o)、Q(q)、W(w)"外,其余 21 个字母再加上 7 个双写字母"CD(cd)、EF(ef)、FG(fg)、JS(js)、ZA(za)、ZB(zb)、ZC(zc)"共计 28 个字母作为 28 种基本偏差的代号,基本偏差代号见表 3-5。在 28 个基本偏差代号中,其中 JS 和 js 的公差带是关于零线对称的,并且逐渐代替近似对称的基本偏差 J 和 j,它的基本偏差与公差等级有关,而其他基本偏差与公差等级没有关系。

2. 轴的基本偏差

在基孔制的基础上,根据大量科学试验和生产实践,总结出了轴的基本偏差的计算公式,见表 3-6。a～h 的基本偏差是上偏差,与基准孔的配合是间隙配合,最小间隙正好等于基本偏差的绝对值;j、k、m、n 的基本偏差是下偏差,与基准孔的配合是过渡配合;j～zc 的基本偏差是下偏差,与基准孔的配合是过盈配合。基本尺寸≤500 mm 轴的基本偏差数值见表 3-7,而轴的另一个偏差是根据基本偏差和标准公差的关系按照 es=ei+IT 或 ei=es-IT 计算得出。

3. 孔的基本偏差

对于基本尺寸≤500 mm 的孔的基本偏差是根据轴的基本偏差换算得出的,换算原则是:在孔、轴同级配合或孔比轴低一级的配合中,当基轴制配合中孔的基本偏差代号与基孔制配合中轴的基本偏差代号相当时(例如 $\phi 40$G7/h6 中孔的基本偏差 G 对应 $\phi 40$H6/g7 中轴的基本偏差 g),应该保证基轴制和基孔制的配合性质相同(极限间隙或极限过盈相同)。

根据上述原则,孔的基本偏差可以按下面两种规则计算。

(1) 通用规则。通用规则是指同一个字母表示的孔、轴的基本偏差绝对值相等,符号相反。孔的基本偏差与轴的基本偏差关于零线对称,相当于轴基本偏差关于零线的倒影,所以又称倒影规则。对于孔的基本偏差 A～H,不论孔、轴是否采用同级配合,都有 EI=-es;而对于 K～ZC 中,标准公差等级低于 IT8 的 K、M、N 以及标准公差等级低于 IT7 的 P～ZC 一般都采用同级配合,按照该规则,则有 ES=-ei。但是有一个例外:基本尺寸>3 mm、标准公差大于 IT8 的 N,它的基本偏差 ES=0。

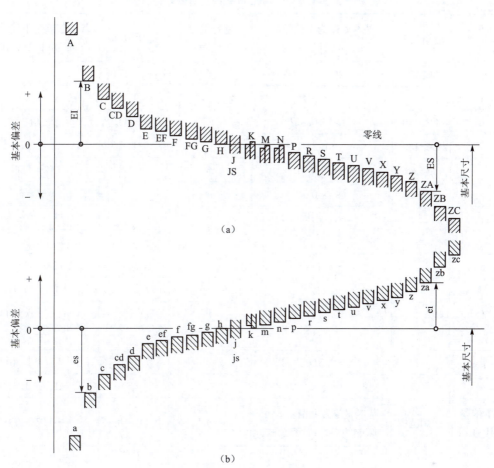

图 3-14 基本偏差系列
(a)孔的基本偏差系列;(b)轴的基本偏差系列

表 3-5 基本偏差代号

孔与轴		基 本 偏 差	备 注
孔	下偏差	A、B、C、CD、D、E、EF、F、FG、G、H	H 为基准孔,它的下偏差为零
	上偏差或下偏差	JS±IT/2	
	上偏差	J、K、M、N、P、R、S、T、U、V、X、Y、Z、ZA、ZB、ZC	
轴	上偏差	a、b、c、cd、d、e、ef、f、fg、g、h	h 为基准轴,它的上偏差为零
	上偏差或下偏差	js±IT/2	
	下偏差	J、k、m、n、p、r、s、t、u、v、x、y、z、za、zb、zc	

表 3-6 基本尺寸≤500mm 轴的基本偏差计算公式

基本偏差代号	适用范围	基本偏差为上偏差的 es/μm 计算公式	基本偏差代号	适用范围	基本偏差为下偏差的 ei/μm 计算公式
a	$D \leq 120$	$-(265+1.3D)$	J	IT5~IT8	
b	$D > 120$	$-3.5D$		$\leq$ IT3	0
	$D \leq 160$	$-(140+0.85D)$	K	IT4~IT7	$+0.6D^{1/3}$
	$D > 160$	$-1.8D$		$\geq$ IT8	0
c	$D \leq 40$	$-52D^{0.2}$	m	IT7~IT6	
	$D > 40$	$-(95+0.8D)$	n		$+5D^{0.34}$
cd		$-(cd)^{1/2}$	p		$+IT7+(0\sim5)$
d		$-16D^{0.44}$	r		$Ps^{1/2}$
e		$-11D^{0.41}$	s	$D \leq 120$	$+IT8+(1\sim4)$
ef		$-(ef)^{1/2}$		$D > 50$	$+IT7+0.4D$
f		$-0.55D^{0.41}$	t	$D > 24$	$+IT7+0.63D$
fg		$-(fg)^{1/2}$	u		$+IT7+D$
g		$-2.5D^{0.34}$	v	$D > 14$	$+IT7+1.25D$
h		0	x		$+IT7+1.6D$
基本偏差代号	适用范围	基本偏差为上偏差或下偏差的 es/ei 计算公式	y	$D > 18$	$+IT7+2D$
js		$\pm T/2$	z		$+IT7+2.5D$
			za		$+IT8+3.15D$
			zb		$+IT9+4D$
			zc		$+IT10+5D$

注：D 为基本尺寸的计算尺寸。

(2) 特殊规则。特殊规则是指孔的基本偏差和轴的基本偏差符号相反，绝对值相差一个 Δ 值。在较高的公差等级中常采用异级配合（配合中孔的公差等级比轴低一级），因为相同公差等级的孔比轴难加工。对于基本尺寸≤500 mm，标准公差等级高于 IT8 级的 J、K、M、N 和标准公差等级高于 IT7 级的 P~ZC，孔的基本偏差 ES 适用特殊规则，即

$$ES = -ei + \Delta \tag{3-18}$$

式中　$\Delta = IT_n - IT_{n-1}$

孔的另一个偏差可根据孔的基本偏差和标准公差的关系，按照 EI＝ES－IT 或 ES＝EI＋IT 计算得出。按照轴的基本偏差计算公式和孔的基本偏差换算原则，国家标准列出轴、孔基本偏差数值表，见表 3-7。在孔、轴基本偏差数值表中查找基本偏差时，不要忘记查找表中的修正值"Δ"。

表 3-7 基本尺寸 ≤500 mm 轴的基本偏差（μm）

基本偏差代号	上偏差(es)											下偏差(ei)														
	a	b	c	cd	d	e	ef	f	fg	g	h	js	j			k		m	n	p	r	s	t	u	v	x	y	z	za	zb	zc
等级	所有等级												5,6	7	8	≤3 4~7	>7	所有等级												
基本尺寸/mm																															
≤3	−270	−140	−60	−34	−20	−14	−10	−6	−4	−2	0	偏差=±IT/2	−2	−4	−6	0	0	+2	+4	+6	+10	+14	—	+18	—	+20	—	+26	+32	+40	+60
>3~6	−270	−140	−70	−46	−30	−20	−14	−10	−6	−4	0		−2	−4	—	+1	0	+4	+8	+12	+15	+19	—	+23	—	+28	—	+35	+42	+50	+80
>6~10	−280	−150	−80	−56	−40	−25	−18	−13	−8	−5	0		−2	−5	—	+1	0	+6	+10	+15	+19	+23	—	+28	—	+34	—	+42	+52	+67	+97
>10~14	−290	−150	−95	—	−50	−32	—	−16	—	−6	0		−3	−6	—	+1	0	+7	+12	+18	+23	+28	—	+33	—	+40	—	+50	+64	+90	+130
>14~18	−290	−150	−95	—	−50	−32	—	−16	—	−6	0		−3	−6	—	+1	0	+7	+12	+18	+23	+28	—	+33	+39	+45	—	+60	+77	+108	+150
>18~24	−300	−160	−110	—	−65	−40	—	−20	—	−7	0		−4	−8	—	+2	0	+8	+15	+22	+28	+35	—	+41	+47	+54	+63	+73	+98	+136	+188
>24~30	−300	−160	−110	—	−65	−40	—	−20	—	−7	0		−4	−8	—	+2	0	+8	+15	+22	+28	+35	+41	+48	+55	+64	+75	+88	+118	+160	+218
>30~40	−310	−170	−120	—	−80	−50	—	−25	—	−9	0		−5	−10	—	+2	0	+9	+17	+26	+34	+43	+48	+60	+68	+80	+94	+112	+148	+200	+274
>40~50	−320	−180	−130	—	−80	−50	—	−25	—	−9	0		−5	−10	—	+2	0	+9	+17	+26	+34	+43	+54	+70	+81	+97	+114	+136	+180	+242	+325
>50~65	−340	−190	−140	—	−100	−60	—	−30	—	−10	0		−7	−12	—	+2	0	+11	+20	+32	+41	+53	+66	+87	+102	+122	+144	+172	+226	+300	+405
>65~80	−360	−200	−150	—	−100	−60	—	−30	—	−10	0		−7	−12	—	+2	0	+11	+20	+32	+43	+59	+75	+102	+120	+146	+174	+210	+274	+360	+480
>80~100	−380	−220	−170	—	−120	−72	—	−36	—	−12	0		−9	−15	—	+3	0	+13	+23	+37	+51	+71	+91	+124	+146	+178	+214	+258	+335	+445	+585
>100~120	−410	−240	−180	—	−120	−72	—	−36	—	−12	0		−9	−15	—	+3	0	+13	+23	+37	+54	+79	+104	+144	+172	+210	+254	+310	+400	+525	+690
>120~140	−460	−260	−200	—	−145	−85	—	−43	—	−14	0		−11	−18	—	+3	0	+15	+27	+43	+63	+92	+122	+170	+202	+248	+300	+365	+470	+620	+800
>140~160	−520	−280	−210	—	−145	−85	—	−43	—	−14	0		−11	−18	—	+3	0	+15	+27	+43	+65	+100	+134	+190	+228	+280	+340	+415	+535	+700	+900
>160~180	−580	−310	−230	—	−145	−85	—	−43	—	−14	0		−11	−18	—	+3	0	+15	+27	+43	+68	+108	+146	+210	+252	+310	+380	+465	+600	+780	+1 000
>180~200	−660	−340	−240	—	−170	−100	—	−50	—	−15	0		−13	−21	—	+4	0	+17	+31	+50	+77	+122	+166	+236	+284	+350	+425	+520	+670	+880	+1 150
>200~225	−740	−380	−260	—	−170	−100	—	−50	—	−15	0		−13	−21	—	+4	0	+17	+31	+50	+80	+130	+180	+258	+310	+385	+470	+575	+740	+960	+1 250
>225~250	−820	−420	−280	—	−170	−100	—	−50	—	−15	0		−13	−21	—	+4	0	+17	+31	+50	+84	+140	+196	+284	+340	+425	+520	+640	+820	+1 050	+1 350
>250~280	−920	−480	−300	—	−190	−110	—	−56	—	−17	0		−16	−26	—	+4	0	+20	+34	+56	+94	+158	+218	+315	+385	+475	+580	+710	+920	+1 200	+1 550
>280~315	−1 050	−540	−330	—	−190	−110	—	−56	—	−17	0		−16	−26	—	+4	0	+20	+34	+56	+98	+170	+240	+350	+425	+525	+650	+790	+1 000	+1 300	+1 700
>315~355	−1 200	−600	−360	—	−210	−125	—	−62	—	−18	0		−18	−28	—	+4	0	+21	+37	+62	+108	+190	+268	+390	+475	+590	+730	+900	+1 150	+1 500	+1 900
>355~400	−1 350	−680	−400	—	−210	−125	—	−62	—	−18	0		−18	−28	—	+4	0	+21	+37	+62	+114	+208	+294	+435	+530	+660	+820	+1 000	+1 300	+1 650	+2 100
>400~450	−1 500	−760	−440	—	−230	−135	—	−68	—	−20	0		−20	−32	—	+5	0	+23	+40	+68	+126	+232	+330	+490	+595	+740	+920	+1 100	+1 450	+1 850	+2 400
>450~500	−1 650	−840	−480	—	−230	−135	—	−68	—	−20	0		−20	−32	—	+5	0	+23	+40	+68	+132	+252	+360	+540	+660	+820	+1 000	+1 250	+1 600	+2 100	+2 600

注：(1) 基本尺寸 ≤1 mm 时，基本偏差 a 和 b 均不采用；
(2) 公差带 js7~js11，若 IT_n 数值是奇数，则取偏差 $=\pm\dfrac{IT_{n-1}}{2}$。

例 3.2 用查表法确定 $\phi25$H8/p8 和 $\phi25$P8/h8 的极限偏差。

解：

查表 3-3 得
$$IT8 = 33 \ \mu m$$

轴的基本偏差为下偏差，查表 3-7 得
$$ei = +22 \ \mu m$$

轴 p8 的上偏差为
$$es = ei + IT8 = (+22+33) \mu m = +55 \ \mu m$$

孔 H8 的下偏差为 0，上偏差为
$$ES = EI + IT8 = (0+33) \mu m = +33 \ \mu m$$

孔 P8 的基本偏差为上偏差，查表 3-7 得
$$ES = -ei = -22 \ \mu m$$

孔 P8 的下偏差为
$$EI = ES - IT8 = (-22-33) \ \mu m = -55 \ \mu m$$

轴 h8 的上偏差为 0，下偏差为
$$ei = es - IT8 = (0-33) \ \mu m = -33 \ \mu m$$

由上述可得
$$\phi25H8 = \phi25^{+0.055}_{0}$$
$$\phi25P8 = \phi25^{+0.055}_{+0.022}$$
$$\phi25p8 = \phi25^{-0.022}_{-0.055}$$
$$\phi25h8 = \phi25^{0}_{-0.033}$$

孔、轴配合的公差带图如图 3-15 所示。

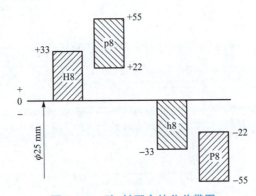

图 3-15 孔、轴配合的公差带图

例 3.3 确定 25H7/p6 和 25P7/h6 的极限偏差，其中轴的极限偏差用查表法确定，孔的极限偏差用公式计算确定。

解：

查表 3-3 得
$$IT6 = 13 \ \mu m, \ IT7 = 21 \ \mu m$$

轴 p6 的基本偏差为下偏差，查表 3-7 得
$$ei = +22 \ \mu m$$

轴 p6 的上偏差为
$$es = ei + IT6 = (+22+13)\,\mu m = +35\,\mu m$$
基准孔 H7 的下偏差 EI=0,H7 的上偏差
$$ES = EI + IT7 = (0+21)\,\mu m = +21\,\mu m$$
孔 P7 的基本偏差为上偏差 ES,应该按照特殊规则进行计算即
$$ES = -ei + \Delta$$
$$\Delta = IT7 - IT6 = (21-13)\,\mu m = 8\,\mu m$$
所以
$$ES = -ei + \Delta = (-22+8)\,\mu m = -14\,\mu m$$
孔 P7 的下偏差为
$$EI = ES - IT7 = (-14-21)\,\mu m = -35\,\mu m$$
轴 h6 的上偏差 es=0,下偏差为
$$ei = es - IT6 = (0-13)\,\mu m = -13\,\mu m$$
由上述可得
$$25H7 = 25^{+0.021}_{\ 0}$$
$$25p6 = 25^{+0.035}_{+0.022}$$
$$25P7 = 25^{-0.014}_{-0.035}$$
$$25h6 = 25^{\ 0}_{-0.013}$$

孔、轴配合的公差带图如图 3-16 所示。

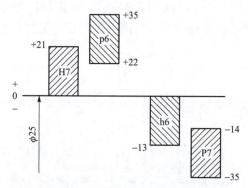

图 3-16 孔、轴配合的公差带图

在基本尺寸＞500 mm 时,孔、轴一般都采用同级配合,只要孔、轴基本偏差代号相当,它们的基本偏差数值相等、符号相反。基本尺寸＞500～3 150 mm 的轴和孔的基本偏差计算公式见表 3-8。轴、孔的基本偏差数值表见相关国家标准。

表 3-8 基本尺寸＞500～3 150 mm 轴和孔的基本偏差计算公式

轴		基本偏差/μm		孔	轴		基本偏差/μm		孔
d	es	−	$16D^{0.44}$	+	EI	D	m	ei	+	$0.024D+12.6$	−	ES	M
e	es	−	$11D^{0.41}$	+	EI	E	n	ei	+	$0.04D+21$	−	ES	N
f	es	−	$5.5D^{0.41}$	+	EI	F	p	ei	+	$0.072D+37.8$	−	ES	P

续表

轴		基本偏差/μm		孔		轴		基本偏差/μm		孔	
(g)	es	—	$2.5D^{0.34}$	+	EI	(G)	r	ei	+	$(ps)^{1/2}$或$(PS)^{1/2}$	—	ES	R
h	es	—	0	+	EI	H	s	ei	+	$IT7+0.4D$	—	ES	S
js	ei		$0.5ITn$	+	ES	JS	t	ei	+	$IT7+0.63D$	—	ES	T
k	es	+	0	—	ES	K	u	ei	+	$IT7+D$	—	ES	U

注:D为基本尺寸的计算尺寸。

知识模块 3　常用公差带及配合

国家标准提供了20种公差等级和28种基本偏差代号,其中基本偏差 j 限用于4个公差等级,基本偏差 J 限用于3个公差等级,由此可组成孔的公差带543种、轴的公差带544种。孔与轴又可以组成大量的配合,为减少定值刀具、量具和设备等的数目,对公差带和配合应该加以限制。在基本尺寸≤500 mm 的常用尺寸段范围内,国家标准推荐了孔、轴的一般、常用和优先选用的公差带。对于轴的一般、常用和优先公差带,国家标准规定了119种,其中有59种常用公差带和13种优先选用的公差带;对于孔的一般、常用和优先公差带,国家标准规定了105种,其中有44种常用公差带和13种优先选用的公差带(基本尺寸≤500 mm 轴的一般、常用和优先公差带以及基本尺寸≤500 mm 孔的一般、常用和优先公差见相关国家标准)。国家标准在推荐了孔、轴公差带的基础上,还推荐了孔、轴公差带的配合,见表3-9。

表 3-9　基孔制常用、优先配合

基准孔	轴																				
	a	b	c	d	e	f	g	h	js	k	m	n	p	r	s	t	u	v	x	y	z
	间隙配合								过渡配合				过盈配合								
H6						$\frac{H6}{f5}$	$\frac{H6}{g5}$	$\frac{H6}{h5}$	$\frac{H6}{js5}$	$\frac{H6}{k5}$	$\frac{H6}{m5}$	$\frac{H6}{n5}$	$\frac{H6}{p5}$	$\frac{H6}{r5}$	$\frac{H6}{s5}$	$\frac{H6}{t5}$					
H7						$\frac{H7}{f6}$	$\frac{H7}{g6}$	$\frac{H7}{h6}$	$\frac{H7}{js6}$	$\frac{H7}{k6}$	$\frac{H7}{m6}$	$\frac{H7}{n6}$	$\frac{H7}{p6}$	$\frac{H7}{r6}$	$\frac{H7}{s6}$	$\frac{H7}{t6}$	$\frac{H7}{u6}$	$\frac{H7}{v6}$	$\frac{H7}{x6}$	$\frac{H7}{y6}$	$\frac{H7}{z6}$
H8					$\frac{H8}{e7}$	$\frac{H8}{f7}$	$\frac{H8}{g7}$	$\frac{H8}{h7}$	$\frac{H8}{js7}$	$\frac{H8}{k7}$	$\frac{H8}{m7}$	$\frac{H8}{n7}$	$\frac{H8}{p7}$	$\frac{H8}{r7}$	$\frac{H8}{s7}$	$\frac{H8}{t7}$	$\frac{H8}{u7}$				
				$\frac{H8}{d8}$	$\frac{H8}{e8}$	$\frac{H8}{f8}$		$\frac{H8}{h8}$													
H9			$\frac{H9}{c9}$	$\frac{H9}{d9}$	$\frac{H9}{e9}$	$\frac{H9}{f9}$		$\frac{H9}{h9}$													
H10			$\frac{H10}{c10}$	$\frac{H10}{d10}$				$\frac{H10}{h10}$													

续表

基准孔	轴																			
	a	b	c	d	e	f	g	h	js	k	m	n	p	r	s	t	u	v	x	y	z
	间隙配合								过渡配合				过盈配合							
H11	$\dfrac{H11}{a11}$	$\dfrac{H11}{b11}$	$\dfrac{H11}{c11}$	▼$\dfrac{H11}{d11}$				▼$\dfrac{H11}{h11}$												
H12		$\dfrac{H12}{b12}$						$\dfrac{H12}{h12}$												

注：(1) $\dfrac{H6}{n5}$、$\dfrac{H7}{p6}$ 在基本尺寸≤3 mm 和 $\dfrac{H8}{r7}$ 的基本尺寸在≤100 mm 时，为过渡配合。

(2) 标注▼的配合为优先配合。

知识模块 4　公差与配合的选用

尺寸公差与配合的选用是机械设计和制造的一个很重要的环节，公差与配合选择的是否合适，将直接影响到机器的使用性能、寿命、互换性和经济性。公差与配合的选用主要包括配合制的选用、公差等级的选用和配合种类的选用。

1. 配合制度的选择

设计时，为了减少定值刀具与量具的规格和种类，应该优先选用基孔制。但是有些情况下采用基轴制比较经济合理。

(1) 在农业机械、纺织机械、建筑机械中经常使用具有一定公差等级的冷拉钢材直接做轴，不需要再进行加工，在这种情况下应该选用基轴制。

(2) 同一基本尺寸的轴上装配几个零件而且配合性质不同时，应该选用基轴制。比如，内燃机中活塞销与活塞孔和连杆套筒的配合，如图 3-17(a)所示，根据使用要求，活塞销与活塞孔的配合为过渡配合，活塞销与连杆套筒的配合为间隙配合。如果选用基孔制配合，三处配合分别为 H6/m5、H6/h5 和 H6/m5，公差带如图 3-17(b)所示；如果选用基轴制配合，三处配合分别为 M6/h5、H6/h5 和 M6/h5，公差带图如图 3-17(c)所示。选用基孔制时，必须把轴做成台阶形式才能满足各部分的配合要求，而且不利于加工和装配；如果选用基轴制，则可把轴做成光轴，这样有利于加工和装配。

(3) 与标准件或标准部件配合的孔或轴，必须以标准件为基准件来选择配合制。比如，滚动轴承内圈和轴颈的配合必须采用基孔制，外圈和壳体的配合必须采用基轴制。此外，在一些经常拆卸和精度要求不高的特殊场合可以采用非基准制。比如滚动轴承端盖凸缘与箱体孔的配合、轴上用来轴向定位的隔套与轴的配合，采用的都是非基准制，如图 3-18 所示。

2. 公差等级选择

公差等级的选择原则，在能够满足使用要求的前提下，应尽量选择低的公差等级。公差等级的选择除遵循上述原则外，还应考虑以下问题。

(1) 工艺等价性。在确定有配合的孔、轴的公差等级时，还应该考虑到孔、轴的工艺等价

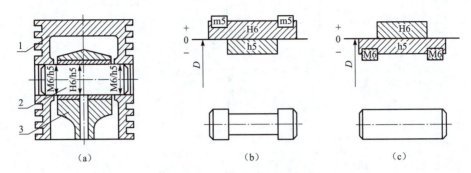

图 3-17 活塞销与活塞、连杆机构的配合及孔、轴公差带
(a) 活塞销与活塞、连杆机构的配合；(b) 基孔制配合公差带图；(c) 基轴制配合公差带图
1—活塞；2—活塞销；3—连杆

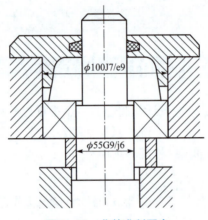

图 3-18 非基准制配合

性，基本尺寸≤500 mm 且标准公差≤IT8 的孔比同级的轴加工困难，国家标准推荐孔与比它高一级的轴配合，而基本尺寸≤500 mm 且标准公差＞IT8 的孔以及基本尺寸＞500 mm 的孔，测量精度容易保证，国家标准推荐孔、轴采用同级配合。

(2) 了解各公差等级的应用范围。具体的公差等级的选择可参考国家标准推荐的公差等级的应用范围，见表 3-10。

表 3-10 各公差等级应用范围

公差等级	应 用 范 围
IT01～IT1	高精度量块和其他精密尺寸标准块的公差
IT2～IT5	用于特别精密零件的配合
IT5～IT12	用于配合尺寸公差。IT5 的轴与 IT6 的孔用于高精度和重要的配合处
IT6	用于要求精密配合的情况
IT7～IT8	用于一般精度要求的配合
IT9～IT10	用于一般要求的配合或精度要求较高的键宽与键槽宽的配合
IT11～IT12	用于不重要的配合
IT12～IT18	用于未注尺寸公差的尺寸精度

（3）熟悉各加工方法的加工精度。具体的各种加工方法所能达到的加工精度见表3-11。

表 3-11　各种加工方法的加工精度

加工方法	公　差　等　级																
	01	0	1	2	3	4	5	6	7	8	9	10	11	12	13	14	15	16
研磨	—	—	—	—	—	—	—											
珩磨						—	—	—	—									
圆磨							—	—	—	—								
平磨							—	—	—	—								
金刚石车							—	—	—									
拉							—	—	—	—								
铰								—	—	—	—	—						
车									—	—	—	—	—					
镗									—	—	—	—	—					
铣										—	—	—	—					
刨、插												—	—					
钻												—	—	—				
挤压												—	—					
冲压												—	—	—				
压铸												—	—	—				
粉末冶金成型								—	—	—								
粉末冶金烧结									—	—	—							
砂型铸造																	—	
锻造																—	—	

（4）相关件和相配件的精度。例如，齿轮孔与轴的配合，它们的公差等级决定于相关件齿轮的精度等级，与标准件滚动轴承相配合的外壳孔和轴颈的公差等级决定于相配件滚动轴承的公差等级。

（5）加工成本。为了降低成本，对于一些精度要求不高的配合，孔、轴的公差等级可以相差2~3级。

3. 配合的选择

配合的选择主要是根据使用要求确定配合种类和配合代号。

（1）配合类别的选择。配合类别的选择主要是根据使用要求选择间隙配合、过盈配合和过渡配合3种配合类型之一。当相配合的孔、轴间有相对运动时，选择间隙配合；当相配合的孔、轴间无相对运动时，不经常拆卸，而需要传递一定的扭矩，选择过盈配合；当相配合的孔、轴间无相对运动，而需要经常拆卸时，选择过渡配合。

(2) 配合代号的选择。配合代号的选择是指在确定了配合制度和标准公差等级后,确定与基准件配合的孔或轴的基本偏差代号。

配合种类的选择通常有3种,分别是计算法、试验法和类比法。

计算法是根据一定的理论和公式,经过计算得出所需的间隙或过盈,计算结果也是一个近似值,实际中还需要经过试验来确定;试验法是对产品性能影响很大的一些配合,常用试验法来确定最佳的间隙或过盈,这种方法要进行大量试验,成本比较高;类比法是参照类似的经过生产实践验证的机械,分析零件的工作条件及使用要求,以它们为样本来选择配合种类,类比法是机械设计中最常用的方法。使用类比法设计时,各种基本偏差的选择可参考表 3‑12 来选择。

表 3‑12　各种基本偏差选用说明

配合	基本偏差	特性及应用
	a(A)b(B)	可得到特大的间隙,应用很少。主要用于工作温度高、热变形大的零件之间的配合
	c(C)	可得到很大的间隙,一般用于缓慢、松弛的动配合。用于工作条件差(如农用机械)、受力易变形,或方便装配而需有较大的间隙时。推荐使用配合 H11/c11。其较高等级的配合 H8/c7 适用较高温度的动配合,例如内燃机排气阀和导管的配合
	d(D)	对应于 IT7~IT11,用于较松的转动配合,例如密封盖、滑轮、空转带轮与轴的配合,也用于大直径的滑动轴承配合
	e(E)	对应于 IT7~IT9,用于要求有明显的间隙,易于转动的轴承配合,例如大跨距轴承和多支点轴承等处的配合。e 轴适用于高等级的、大的、高速、重载支承,例如内燃机主要轴承、大型电动机、涡轮发动机、凸轮轴承等的配合为 H8/e7
	f(F)	对应于 IT6~IT8 的普通转动配合。广泛用于温度影响小、普通润滑油和润滑脂润滑的支承,例如小电动机、主轴箱、泵等的转轴和滑动轴承的配合
	g(G)	多与 IT5~IT7 对应,形成很小间隙的配合,用于轻载装置的转动配合,其他场合不推荐使用转动配合;也用于插销的定位配合,例如滑阀、连杆销、精密连杆轴承等
	h(H)	对应于 IT4~IT7,作为普通定位配合,多用于没有相对运动的零件。在温度、变形影响小的场合也用于精密滑动配合
	s(JS)	对应于 IT4~IT7,用于平均间隙小的过渡配合和略有过盈的定位配合,例如联轴节、齿圈和轮毂的配合。用木槌装配
	k(K)	对应于 IT4~IT7,用于平均间隙接近零的配合和稍有过盈的定位配合。用木槌装配
	m(M)	对应于 IT4~IT7,用于平均间隙较小的配合和精密定位的配合。用木槌装配
	n(N)	对应于 IT4~IT7,用于平均过盈较大和紧密组件的配合,一般得不到间隙。用木槌和压力机装配
	p(P)	用于小的过盈配合,p 轴与 H6 和 H7 形成过盈配合,与 H8 形成过渡配合,对非铁零件为较轻的压入配合。当要求容易拆卸时,对于钢、铸铁或铜、钢组件的装配为标准压入装配
	r(R)	对钢铁类零件是中等打入配合,对于非钢铁类零件是轻打入配合,可以较方便地进行拆卸。与 H8 配合时,直径大于 100 mm 为过盈配合,小于 100 mm 为过渡配合

续表

配合	基本偏差	特 性 及 应 用
	s(S)	用于钢与铁制零件的永久性和半永久性装配,能产生相当大的结合力。当用轻合金等弹性材料时,配合性质相当于钢铁类零件的p轴。为保护配合表面,需用热胀冷缩法进行装配
	t(T)	用于过盈量较大的配合,对钢铁类零件,适合作永久性结合,不需要键即可传递力矩。用热胀冷缩法装配
	u(U)	过盈量很大,需验算在最大过盈量时工件是否损坏。用热胀冷缩法装配
	v(V)、x(X)、y(Y)、z(Z)	一般不推荐使用

4. 标准规定的公差带的优先、常用和一般的配合

在选用配合时应尽量选择国家标准中规定的公差带和配合。在实际设计中,应该首先采用优先配合,当优先配合不能满足要求时,再从常用配合中选择,当常用配合不能满足要求时,再选择一般的配合。在特殊情况下,可根据国家标准的规定,用标准公差系列和基本偏差系列组成配合,以满足特殊的要求,见表3-13。

表3-13 优先配合选用

优先配合		说　　明
基孔制	基轴制	
$\dfrac{H11}{c11}$	$\dfrac{C11}{h11}$	间隙很大,常用于很松、转速低的动配合,也用于装配方便的松配合
$\dfrac{H9}{d9}$	$\dfrac{D9}{h9}$	用于间隙很大的自由转动配合,也用于非主要精度要求,或者温度变化大、转速高和轴颈压力很大时
$\dfrac{H8}{f7}$	$\dfrac{F8}{h7}$	用于间隙不大的转动配合,也用于中等转速与中等轴颈压力的精确传动和较容易的中等定位配合
$\dfrac{H7}{g6}$	$\dfrac{G7}{h6}$	用于小间隙的滑动配合,也用于不能转动,但可自由移动和滑动,并能精密定位
$\dfrac{H7}{h6}$	$\dfrac{H7}{h6}$	用于在工作时没有相对运动,但装拆很方便的间隙定位配合
$\dfrac{H8}{h7}$	$\dfrac{H8}{h7}$	
$\dfrac{H9}{h9}$	$\dfrac{H9}{h9}$	
$\dfrac{H11}{h11}$	$\dfrac{H11}{h11}$	

续表

优先配合		说　明
基孔制	基轴制	
$\dfrac{H7}{k6}$	$\dfrac{K7}{h6}$	用于精密定位的过渡配合
$\dfrac{H7}{n6}$	$\dfrac{N7}{h6}$	有较大过盈的、更精密定位的过盈配合
$\dfrac{H7}{p6}$	$\dfrac{P7}{h6}$	用于定位精度很重要的小过盈配合,并且能以最好的定位精度达到部件的刚性和对中性要求
$\dfrac{H7}{s6}$	$\dfrac{S7}{h6}$	用于普通钢件压入配合和薄壁件的冷缩配合
$\dfrac{H7}{u6}$	$\dfrac{U7}{h6}$	用于可承受高压入力零件的压入配合和不适宜承受大压入力的冷缩配合

例 3.4　识别和分析图 3‑19 中衬套孔与销轴,以及支架孔与销轴的配合标注。

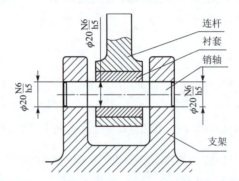

图 3‑19　衬套孔与销轴、支架孔与销轴的配合标注

解:(1) $\phi 20 N6/h5$ 表示基本尺寸为 $\phi 20$ 的基轴制过盈配合,孔的公差带代号为 N6,基本偏差代号为 N,标准公差等级为 IT6。查极限偏差表,可得

$$ES = -0.011, EI = -0.024$$

轴公差带代号为 h5,基本偏差代号为 h,标准公差等级为 IT5。查极限偏差表,可得

$$es = 0, ei = -0.009$$

经计算,最大过盈为

$$Y_{max} = EI - es(-0.024 - 0)\ \text{mm} = -0.024\ \text{mm}$$

最小过盈为

$$Y_{min} = ES - ei = [-0.011 - (-0.009)]\ \text{mm} = -0.002\ \text{mm}$$

销轴与支架孔在工作中不能相对运动。公差带图如图 3‑20(a)所示。

(2) $\phi 20 H6/h5$ 表示基本尺寸为 $\phi 20$ 的基孔制或基轴制(分子 H 可视为基孔制,分母 h 又可视为基轴制)间隙配合,孔的公差带代号为 H6,基本偏差代号为 H,标准公差等级为 IT6。查极限偏差表,可得

$$ES = +0.013, EI = 0$$

轴的公差带代号 h5,分析如前。

经计算,最大间隙为

$$X_{max} = ES - ei = 0.013 - (-0.009) = -0.022 (\text{mm})$$

最小间隙为

$$X_{min} = 0$$

连杆中的衬套孔与销轴在工作中可相对运动。公差带图如图 3-20(b)所示。

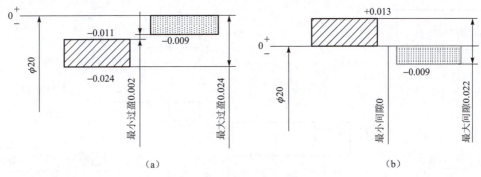

图 3-20 公差带图
(a)无相对运动;(b)有相对运动

任务四 学习形位公差

形状和位置公差简称形位公差,它是针对构成零件几何特征的点、线、面的几何形状和相互位置的误差所规定的公差。形位公差是用来限制零件本身形位误差的,它是实际被测要素的允许变动量。新国家标准将形位公差分为形状公差、形状或位置公差和位置公差。

【知识导图】

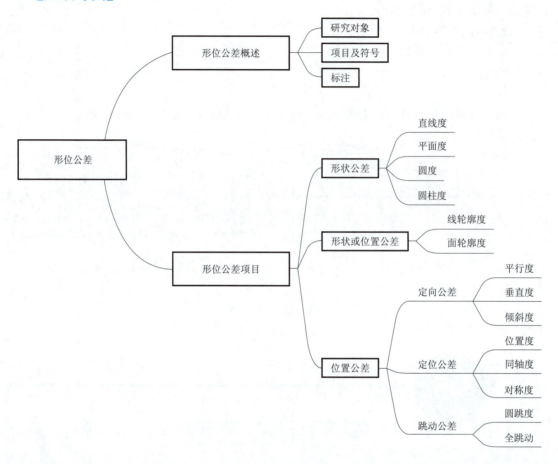

知识模块 1　概述

零件在加工过程中由于受各种因素的影响,零件的几何要素不可避免地会产生形状误差和位置误差,它们对产品的寿命和使用性能有很大的影响。如具有形状误差(如圆度误差)的轴和孔的配合,会因间隙不均匀而影响配合性能,并造成局部磨损而使寿命降低。为了保证零件的互换性和使用要求,有必要对零件规定形位公差,用以限制形位误差。

1. 形位公差的研究对象

形位公差的研究对象是构成零件几何特征的点、线、面,这些点、线、面统称为要素。一般在研究形状公差时,涉及的对象有线和面两类要素;在研究位置公差时,涉及的对象有点、线和面三类要素。形位公差就是研究这些要素在形状及其相互之间方向或位置方面的精度问题。几何要素可从不同角度来分类:

(1) 按结构特征分类(见图 3-21)。

① 轮廓要素。即构成零件外形为人们直接感觉到的点、线、面。

② 中心要素。即轮廓要素对称中心所表示的点、线、面。其特点是它不能为人们直接感

觉到,而是通过相应的轮廓要素才能体现出来,如零件上的中心面、中心线和中心点等。

(2) 按存在状态分类。

① 实际要素。即零件上实际存在的要素,可以通过测量反映出来的要素。

② 理想要素。它具有几何要素的意义;是按设计要求,由图样给出的点、线、面的理想形态;它不存在任何误差,是绝对正确的几何要素。

(3) 按所处部位分类。

① 被测要素。即图样中给出了形位公差要求的要素,是测量的对象。

② 基准要素。用来确定理想被测要素的方向和位置的要素。

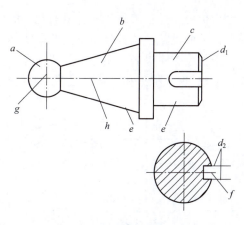

图 3－21　轮廓要素及中心要素

(4) 按功能关系分类。

① 单一要素。仅对要素本身给出形状公差要求的要素。

② 关联要素。对基准要素有功能关系要求而给出位置公差要求的要素。

2. 形位公差的项目及其符号

GB/T 1182—2008 规定了 14 种形状和位置公差的特征项目,各形位公差项目的名称及其符号见表 3－14。

表 3－14　形位公差的项目及其符号

公　　差		特征项目	符号	有或无基准要求
形状	形状	直线度	─	无
		平面度	▱	无
		圆度	○	无
		圆柱度	⌭	无
形状或位置	轮廓	线轮廓度	⌒	有或无
		面轮廓度	⌓	有或无
位置	定向	平行度	∥	有
		垂直度	⊥	有
		倾斜度	∠	有
	定位	位置度	⊕	有
		同轴(同心)度	◎	有
		对称度	═	有
	跳动	圆跳动	↗	有
		全跳动	⌮	有

形位公差是指被测实际要素的允许的变动全量,所以,形状公差是指单一实际要素的形状所允许的变动量。位置公差是指关联实际要素的位置对基准所允许的变动量。

形位公差带是表示实际被测要素允许变动的区域,概念明确、形象,它体现了被测要素的设计要求,也是加工和检验的根据。形位公差带的主要形状有 11 种,如图 3-22 所示。

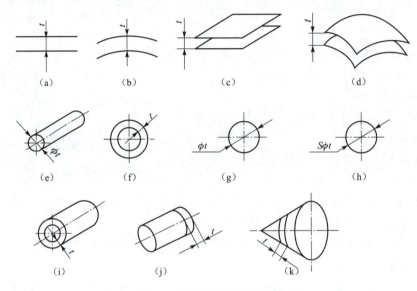

图 3-22 形位公差带的主要形状

(a) 两平行直线;(b) 两等距曲线;(c) 两平行平面;(d) 两等距曲面;(e) 圆柱面;(f) 两同心圆;
(g) 一个圆;(h) 一个球;(i) 两同轴圆柱面;(j) 一段圆柱面;(k) 一段圆锥面

形位公差带的方向就是评定被测要素误差的方向。对于位置公差带,其方向由设计者给出。对于形状公差带,在设计时不做出规定,其方向遵守最小条件原则。

形位公差带的位置,对于定位公差以及多数跳动公差,由设计者确定,与被测要素的实际状况无关,可以称为位置固定的公差带;对于形状公差、定向公差和少数跳动公差,项目本身并不规定公差带位置,其位置随被测实际要素的形状和有关尺寸的大小而改变,可以称为位置浮动的公差带。

3. 形位公差的标注

在技术图样上,形位公差应采用代号标注。只有在无法采用代号标注时才允许在技术要求中用文字说明形位公差要求。形位公差代号主要包括:形位公差有关项目符号,形位公差框格和指引线,形位公差数值及相关符号,基准符号,如图 3-23 所示。

1) 公差框格与基准符号

(1) 公差框格。
① 框格形状为矩形方框,含两格或多格;
② 图样布置为水平或垂直;
③ 框格填写内容为公差特征的符号+公差值+基准符号(根据需要标注)。

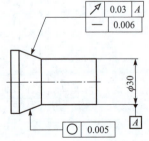

图 3-23 形位公差标注示例

注意：① 公差带形状为圆形或圆柱形，公差值前加"φ"；公差带形状为球形，公差值前加"Sφ"。

② 一个以上要素为被测要素，在框格上方标明数量。

③ 同一要素具有两项或多项公差要求，可将框格重叠。

④ 若要求在公差带内进一步限定被测要素的形状，则应在公差值后加注相关符号。

（2）基准符号。

基准符号的组成为带方框的大写字母＋细实线＋粗的短线，如图3-24所示。

图3-24 基准符号

注意：① 方框内大写字母必须竖直书写；
② 表示基准的大写字母不能采用 E、I、J、M、O、P、L、R、F 这几个字母，这几个字母具有特殊含义，见表3-15。

表3-15 形位公差中部分附加符号及意义

标注的大写字母	含 义	标注的大写字母	含 义
E	包容要求	M	最大实体要求
L	最小实体要求	R	可逆要求
P	延伸公差要求	F	自由状态条件

2）被测要素的表示法

依据被测要素是轮廓要素还是中心要素，标注方法可概括为下述两种情况。

（1）被测要素为轮廓要素。箭头指向要素轮廓线或其延长线，且必须与尺寸线错开，如图3-25所示。

（2）被测要素为中心要素。箭头对准要素尺寸线，如图3-26所示。

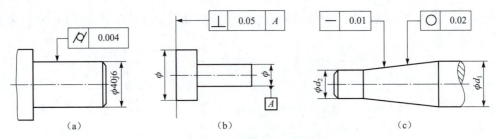

图 3‑25 被测要素为轮廓要素

(a) 圆柱度标注；(b) 垂直度标注；(c) 圆度标注

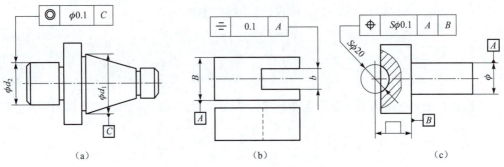

图 3‑26 被测要素为中心要素

(a) 同轴度标注；(b) 对称度标注；(c) 位置度标注

3) 基准要素的标注方法

基准要素的标注要采用基准符号，标注时要注意以下内容。

(1) 基准要素为轮廓要素。如轮廓线或平面，此时基准符号的粗短横线靠近该要素的轮廓线，或其延长线，并且连线必须与尺寸线明显错开；对于实际的基准表面，可以用带点的参考线把该表面引出，基准符号的粗短横线靠近这条参考线，如图 3‑27 所示。

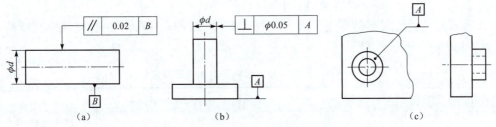

图 3‑27 基准要素为轮廓要素的标注

(2) 基准要素为轴线和中心平面等中心要素。基准符号的连线对准尺寸线，基准符号可以代替尺寸线的一个箭头，如图 3‑28 所示。

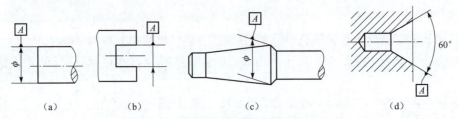

图 3‑28 基准要素为中心要素的标注

(3) 对于由两个同类要素构成而作为一个基准使用的公共基准轴线、公共基准中心平面等公共基准,应对两个同类要素分别标注基准符号,在公差框格的第三或以后格中填写用短横线隔开的字母;对两个或多个要素组成的多基准体系,表示基准的大写字母按基准优先顺序填写在公差框格第三及以后格中,如图 3‑29 所示。

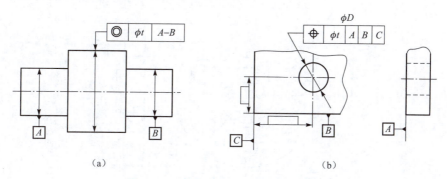

图 3‑29 基准要素为公共要素的标注
(a) 公共基准轴线;(b) 公共基准中心平面

4) 常用的简化标注方法

(1) 同一被测要素具有几项形位公差要求,可将这几项要求的公差框格重叠绘出,只用一条指引线引向被测要素,如图 3‑30 所示。

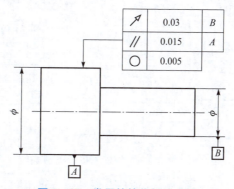

图 3‑30 常用的简化标注方法

(2) 几个被测的要素有同一形位公差要求时,可以只使用一个公差框格,由该框格的一端引出一条指引线,从这一条指引线再绘出几个带箭头的连线,分别指向每个被测要素;或在此公差框格上方标明被测要素的个数和代表这几个被测要素的字母,同时绘制冠以该字母的下尾箭头指向每个被测要素,如图 3‑31 所示。

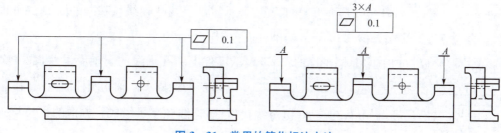

图 3‑31 常用的简化标注方法

（3）多个同类要素具有同一项公差要求，如对成组要素，则可以只标注一个要素，同时在公差框格上方写明成组要素的数量标记及其他相关要求，如图 3-32 所示。

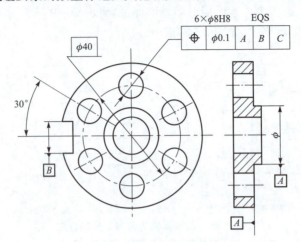

图 3-32　常用的简化标注方法

5）形位公差标注示例

形位公差的标注示例如图 3-33 所示。

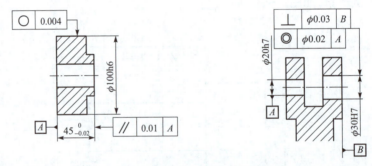

图 3-33　形位公差标注示例

图中各符号的含义为：

框格 ○ 0.004 中的○是圆度的符号，表示在垂直于轴线的任一正截面上，ϕ100 mm 圆必须位于半径差为公差值 0.004 mm 的两同心圆之间。

框格 ∥ 0.01 A 中的∥是平行度的符号，表示零件右端面必须位于距离为公差值 0.01 mm，且平行基准平面 A 的两平行平面之间。

框格 ⊥ ϕ0.03 B 中的⊥是垂直度的符号，表示零件上两孔轴线与基准平面 B 的垂直度误差，必须位于直径为公差值 0.03 mm 的圆柱面范围内。

框格 ◎ ϕ0.02 A 中的◎是同轴度的符号，表示零件上两孔轴线的同轴度误差，ϕ30H7 的轴线必须位于直径为公差值 0.02 mm，且与 ϕ20H7 基准孔轴线 A 同轴的圆柱面范围内。

符号 A 是基准代号，它由基准符号（粗短线）、方框、连线和字母组成。方框的边长与框格的高度相同，字母的高度与图样中尺寸数字高度相同。

知识模块 2　形位公差项目

1. 形状公差

形状公差是指单一实际被测要素对其理想要素的允许变动量。形状公差用以限制实际要素变动的区域。形状公差有直线度、平面度、圆度和圆柱度 4 个项目。

1) 直线度

直线度公差用于限制平面内或空间直线的形状误差。根据零件的功能要求不同,可分别提出给定平面内、给定方向上和任意方向的直线度要求。

(1) 在给定平面内,公差带是距离为公差值 t 的两平行直线之间的区域,如图 3-34 所示。框格中标注的 0.1 的意义是:被测表面的素线必须位于平行于图样所示的投影面内,而且距离为公差值 0.1 mm 的两平行直线内。

(2) 在给定方向上,公差带是距离为公差值 t 的两平行平面之间的区域,如图 3-35 所示。框格标注的 0.1 的意义是:被测圆柱面的任一素线必须位于距离为公差值 0.1 mm 的两平行平面内。

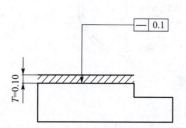

图 3-34　给定平面内的直线度公差带

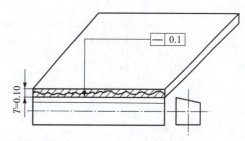

图 3-35　给定方向上的直线度公差带

(3) 在任意方向上,对圆柱面,公差带是直径为公差值 t 的圆柱面内的区域,如图 3-36 所示。被测圆柱面的轴线必须在 $\phi 0.08$ mm 的圆柱面内。

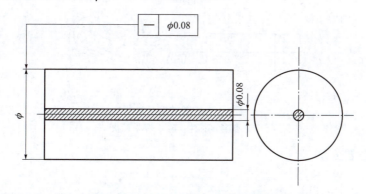

图 3-36　在任意方向上直线度公差带

2) 平面度公差

公差带是距离为公差值 t 的两平行平面之间的区域,如图 3-37 所示。

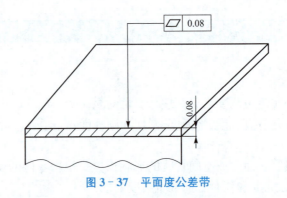

图 3-37 平面度公差带

3) 圆度公差

公差带是在同一正截面上,半径差为公差值 t 的两同心圆之间的区域,如图 3-38 所示。

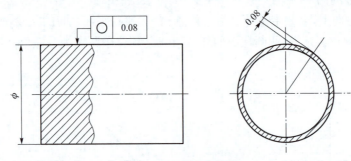

图 3-38 圆度公差带

4) 圆柱度公差

公差带是半径差为公差值 t 的两同轴圆柱面之间的区域,如图 3-39 所示。框格中标注的 0.1 的意义是:被测圆柱面必须位于公差值为 0.1 mm 的两同轴圆柱面之间。圆柱度能对圆柱面纵、横截面内的各种形状误差进行综合控制。

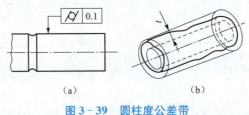

图 3-39 圆柱度公差带
(a) 圆柱度标注;(b) 公差带形状

2. 形状或位置公差

1) 线轮廓度公差

公差带是包络一系列直径为公差值 t 的圆的两包络线之间的区域,诸圆的圆心位于具有理论正确的几何形状曲线上,如图 3-40(c) 所示。

图 3-40(a) 所示为无基准要求的线轮廓度公差;图 3-40(b) 所示为有基准要求的线轮廓度公差。图 3-40(a)、(b) 框格中标注的 0.04 的意义是:在平行于图样所示投影面的任一截

面上,被测轮廓线必须位于包络一系列直径为公差值 0.04 mm 且圆心位于具有理论正确几何形状的线上的两包络线之间。

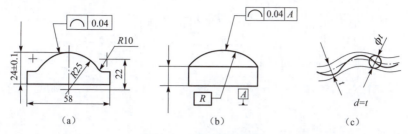

图 3-40 线轮廓度公差带
(a) 无基准要求的线轮廓度标注;(b) 有基准要求的线轮廓度标注;(c) 线轮廓度公差带

无基准要求的理想轮廓线用尺寸并加注公差来控制,这时理论轮廓线的位置是不定的。有基准要求的理想轮廓线用理论正确尺寸加注基准来控制,这时理论轮廓线的理想位置是唯一确定的,不能移动。

2) 面轮廓度公差

面轮廓度公差用于限制一般曲面的形状误差。公差带是包络一系列直径为公差值 t 的球的两包络面之间的区域,诸球的球心位于具有理论正确几何形状的面上,如图 3-41(c)所示。

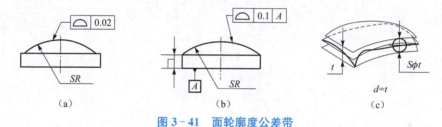

图 3-41 面轮廓度公差带
(a) 无基准要求面轮廓度标注;(b) 有基准要求面轮廓度标注;(c) 面轮廓度公差带

图 3-41(a)所示为无基准要求的面轮廓度公差;3-40(b)所示为有基准要求的面轮廓度公差。

图 3-41(a)、(b)框格中标注的 0.02、0.1 的意义是:被测轮廓面必须位于包络一系列球的两包络面之间,诸球的直径分别为公差值 0.02 mm、0.1 mm,且球心位于具有理论正确几何形状的面上的两包络面之间。

3. 位置公差

根据位置公差项目的特征,位置公差又分为定向公差、定位公差和跳动公差。

1) 定向公差

定向公差是关联被测要素对基准要素在规定方向上所允许的变动量。定向公差分为平行度公差、垂直度公差和倾斜度公差。

(1) 平行度公差用于限制被测要素对基准要素平行的误差。

① 给定一个方向的平行度要求时,公差带是距离为公差值 t 且平行于基准线(或平面)、位于给定方向上的两平行平面之间的区域,如图 3-42 所示。

图 3-42(a)、(b)框格中标注的 0.1、0.2 的意义是:被测轴线必须位于距离为公差值 0.1 mm、0.2 mm 且在给定方向上平行于基准轴线的两平行平面之间。

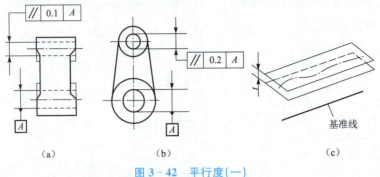

图 3-42 平行度(一)

② 给定相互垂直的两个方向的平行度要求时,公差带是两对互相垂直的距离分别为 t_1 和 t_2 且平行于基准线的两平行平面之间的区域,如图 3-43 所示。

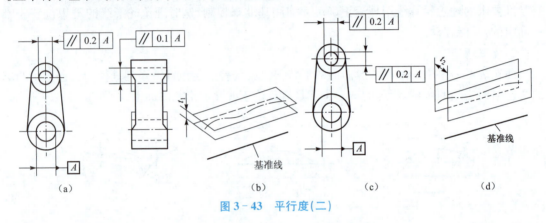

图 3-43 平行度(二)

图 3-43(a)、(c)所示的零件公差带形状相同,公差框格标注的 0.2、0.1 的意义是:被测轴线必须位于距离分别为公差值 0.2 mm 和 0.1 mm,在给定的互相垂直方向上且平行于基准轴线的两组平行平面之间。

③ 给定任意方向的平行度要求时,在公差值前加注 ϕ,公差带是直径为公差值 t 且平行于基准线的圆柱面内的区域,如图 3-44 所示。

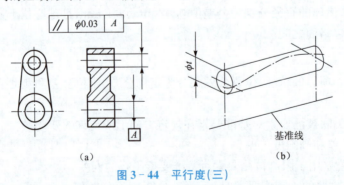

图 3-44 平行度(三)

图 3-44(a)框格中标注的 $\phi 0.03$ 的意义是:被测轴线必须位于直径为公差值 0.03 mm 且平行于基准轴线的圆柱面内。

(2) 垂直度公差用于限制被测要素对基准要素垂直的误差。

① 给定一个方向的垂直度要求时,公差带是距离为公差值 t(在给定方向上)且垂直于基准面(或直线、轴线)的两平行平面之间的区域,如图 3-45 和图 3-46 所示。

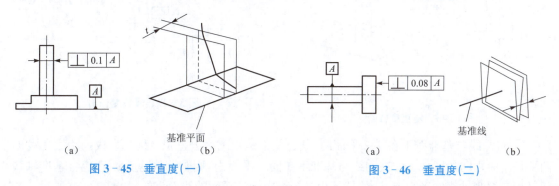

图 3-45　垂直度(一)　　　　　　　图 3-46　垂直度(二)

图 3-45 框格中标注的 0.1 的意义是:在给定方向上,被测轴线必须位于距离为公差值 0.1 mm 且垂直于基准表面 A 的两平行平面之间。

② 给定相互垂直的两个方向的垂直度要求时,公差带是互相垂直的距离分别为 t_1 和 t_2 且垂直于基准面的两对平行平面之间的区域,如图 3-47 所示。

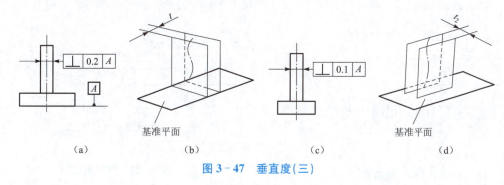

图 3-47　垂直度(三)

如图 3-47(a)、(c)所示零件其公差带形状相同,公差框格标注的 0.2、0.1 的意义是:被测轴线必须位于距离分别为公差值 0.2 mm 和 0.1 mm 的互相垂直且垂直于基准平面的两对平行平面之间。

③ 给定任意方向的垂直度要求时,在公差值前加注 ϕ,公差带是直径为公差值 t 且垂直于基准面的圆柱面内的区域,如图 3-48 所示。

图 3-48 框格中标注的 $\phi0.01$ 的意义是:被测轴线必须位于直径为公差值 $\phi0.01$ mm 且垂直于基准面 A(基准平面)的圆柱面内。

(3) 倾斜度公差用于限制被测要素对基准要素成一定角度的误差。

① 被测线和基准线在同一平面内,其公差带是距离为公差值 t 且与基准线成一给定角度的两平行平面之间的区域,如图 3-49 所示。

图 3-49(a)框格中标注的 0.08 的意义是:被测轴线必须位于距离为公差值 0.08 mm 且与 A—B 公共基准成一理论正确角度的两平行平面之间。

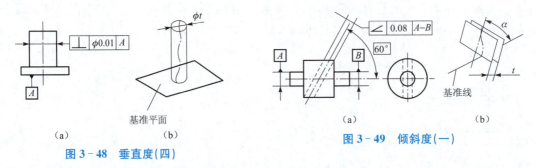

图 3-48 垂直度(四)　　　　　图 3-49 倾斜度(一)

② 被测线与基准线不在同一平面内,其公差带是距离为公差值 t 且基准成一给定角度的两平行平面之间的区域。如被测线与基准不在同一平面内,则被测线应投影到包含基准轴线并平行于被测轴线的平面上,公差带是相对于投影到该平面的线而言的,如图 3-50 所示。

图 3-50(a)框格中标注的 0.08 的意义是:被测轴线投影到包含基准线的平面上,它必须位于距离为公差值 0.08 mm 且与 A—B 公共基准线成理论正确角度 60°的两平行平面之间。

③ 给定任意方向的倾斜度要求时,在公差值前加注 ϕ,公差带是直径为公差值 t 的圆柱面内的区域,该圆柱面的轴线应与基准平面成一给定的角度并平行于另一基准平面,如图 3-51 所示。

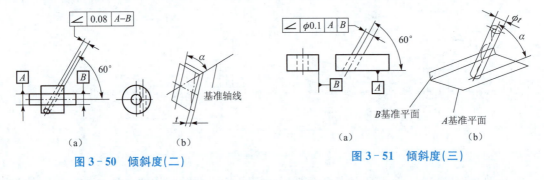

图 3-50 倾斜度(二)　　　　　图 3-51 倾斜度(三)

图 3-51 框格中标注的 $\phi0.1$ 的意义是:被测轴线必须位于直径为公差值 $\phi0.1$ mm 的圆柱面公差带内,该公差带的轴线应与基准表面 A(基准平面)成理论正确角度 60°并平行于基准平面 B。

2) 定位公差

定位公差是关联实际被测要素对其具有确定位置的理想要素的允许变动量。定位公差带与其他形位公差带相比有以下特点:

(1)定位公差带具有确定的位置,相对于基准的尺寸为理论正确尺寸;

(2)定位公差带具有综合控制被测要素位置、方向和形状的功能。

根据被测要素和基准要素之间的功能关系,定位公差分为位置度、同轴度和对称度 3 个项目。

(1) 位置度公差是以带方框的理论正确尺寸给定被测要素的理想位置,并对每一个被测要素给定位置度公差,以此限制被测要素的实际位置对其理想位置的变动(偏离)。

① 点的位置度。图 3-52 所示为球心采用位置度公差的示例及公差带解释。

零件上圆球的球心相对于基准 A、B、C(底面、侧面和中心平面)建立理想位置,如图 3-52(a)所示,即控制球心的公差带是直径为 0.3 mm 的一个小球内的区域,其球心位于由基准 A、B、C 的理论正确尺寸所确定的理想位置上。零件上的实际球心允许在直径为 0.3 mm 的一个小球内的区域内变化,如图 3-52(b)所示。

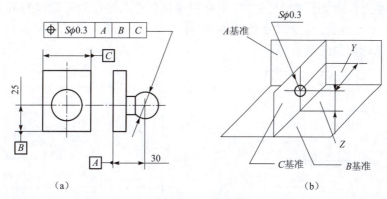

图 3-52 点位置度

② 线位置度。公差带是距离为公差值 t 且以线的理想位置为中心线对称配置的两平行直线之间的区域。中心线的位置由相对于基准 A 的理论正确尺寸确定,此位置度公差仅给定一个方向,如图 3-53 所示。

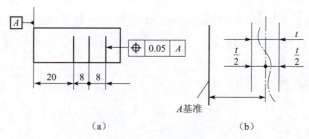

图 3-53 线位置度

③ 面位置度。公差带是距离为公差值 t、中心平面在面的理想位置上的两平行平面之间的区域,如图 3-54 所示。图 3-54(a)框格中标注的 0.05 的意义是:被测表面必须位于距离为公差值 0.05 mm,且以相对于基准线 B(基准轴线)和基准表面 A(基准平面)的理论正确尺寸所确定的理想位置对称配置的两平行平面之间的区域。

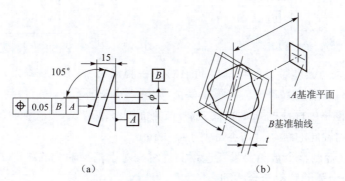

图 3-54 面位置度

(2) 轴线的同轴度:公差带是直径为公差值 ϕt 的圆柱面内的区域,其轴线与基准轴线同轴。如图 3-55 所示,公差带是直径为 0.2 mm 的圆柱面的区域,其轴线与 A—B 基准轴线同轴。

（3）对称度公差带是距离为公差值 t 且相对基准的中心平面对称配置的两平行平面之间的区域，如图 3-56 所示。公差带是距离为公差值 $t=0.2$ mm 且相对基准的中心平面对称配置的两平行平面之间的区域。

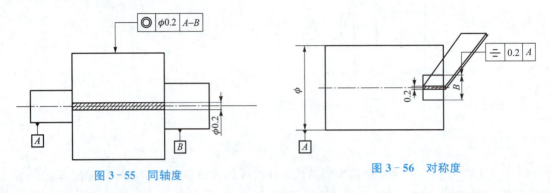

图 3-55　同轴度　　　　　　图 3-56　对称度

3）跳动公差

跳动公差是被测要素绕基准要素回转的过程中所允许的最大跳动量，也就是指示器在给定的方向上指示的最大读数与最小读数的差。跳动公差分圆跳动公差和全跳动公差两种。

（1）圆跳动公差是被测要素在某一个测量平面内相对于基准轴线的变动量，通常分为径向圆跳动和端面圆跳动等。

① 径向圆跳动，如图 3-57 所示。

② 端面圆跳动，如图 3-58 所示。

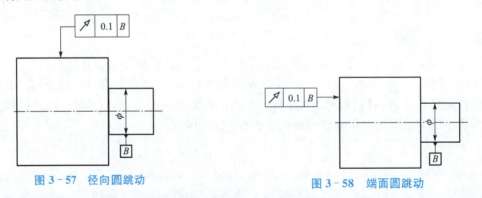

图 3-57　径向圆跳动　　　　　图 3-58　端面圆跳动

③ 斜向圆跳动。公差带是在与基准同轴的任一测量圆锥面上距离为 t 的两圆之间的区域，除另有规定外，其测量方向应与被测面垂直，如图 3-59 所示。

图 3-59(a)框格中标注的 0.1 的意义是：被测面围绕基准线 C（基准轴线）旋转一周时，在任一测量圆柱面内轴向的跳动量均不得大于 0.1 mm。

（2）全跳动是控制整个被测要素在连续测量时相对于基准轴线的跳动量。全跳动可分为径向全跳动、端面全跳动和斜向全跳动。

① 径向全跳动是被测要素围绕其基准轴线做若干次旋转，同时测量仪器与工件间做轴向移动，此时被测要素上各点间的示值差，如图 3-60 所示。

② 端面全跳动是被测要素围绕其基准轴线做若干次旋转，同时测量仪器与工件间做径向移动，此时被测要素上各点间的示值差，如图 3-61 所示。

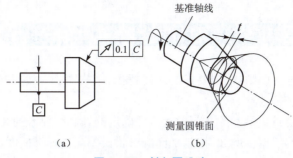

（a） （b）

图 3-59 斜向圆跳动

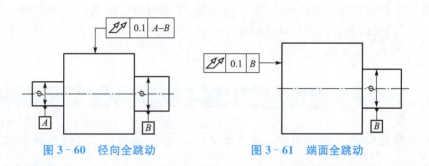

图 3-60 径向全跳动　　　　图 3-61 端面全跳动

任务五　选用形位公差

形位误差直接影响着零部件的旋转精度、连接强度、密封性以及荷载均匀性等，因此，正确、合理地选用形位公差，对保证机器或仪器的功能要求和提高经济效益具有十分重要的意义。形位公差的选用主要包括形位公差项目的选择、公差值的选择、公差原则的选择和基准要素的选择。

【知识导图】

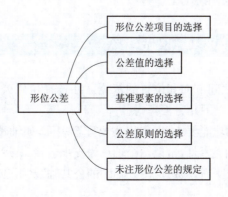

117

知识模块1　形位公差项目的选择

形位公差项目的选择原则：根据要素的几何特征、结构特点及零件的使用要求进行选择，并考虑检测的方便和经济效益。

形状公差项目主要是按要素的几何形状特征确定的，因此，要素的几何特征自然是选择单一要素公差项目的基本依据。例如，控制平面的形状误差应选择平面度，控制圆柱面的形状误差应选择圆度或圆柱度。

位置公差项目主要是按要素间几何方位关系确定的，所以关联要素的公差项目应以它与基准间的几何方位关系为基本依据。例如，对轴线、平面可规定定向和定位公差；对点只能规定位置度公差；对回转类零件可以规定同轴度公差和跳动公差。零件的功能要求不同，对形位公差提出的要求也有所不同。

知识模块2　公差值的选择

公差值的选择原则是：在满足零件功能要求的前提下，考虑工艺经济性和检测条件，选择最经济的公差值。

根据零件功能要求、结构、刚性和加工经济性等条件，采用类比法确定要素的公差值时，还应考虑以下几点要求。

(1) 在同一要素上给出的形状公差值应小于位置公差值。如在同一平面上，平面度公差值应小于该平面对基准平面的平行度公差值。

(2) 圆柱形零件的形状公差，除轴线直线度以外，一般情况下应小于其尺寸公差。形状公差在尺寸公差之内，形状公差包含在位置公差带内。

(3) 选用形状公差等级时，应考虑结构特点和加工的难易程度，在满足零件功能要求的前提下，应适当降低精度，如细长的轴或孔。

(4) 选用形状公差等级时，还应注意协调形状公差与表面粗糙度之间的关系。通常情况下，表面粗糙度的数值占形状误差值的 20%～25%。

(5) 通常情况下，零件被测要素的形状误差比位置误差小得多，因此给定平行度或垂直度公差的两个平面，其平面度的公差等级应不低于平行度或垂直度的公差等级，同一圆柱面的圆度公差等级应不低于其径向圆跳动公差等级。

知识模块3　基准要素的选择

基准是确定关联要素之间方向和位置的依据。在选择位置公差项目时，需要正确选择基准。选择基准时，一般应从以下几方面考虑。

(1) 根据零件各要素的功能要求，一般以主要配合表面，如轴颈、轴承孔、安装定位面、重要的支承面等作为基准。如轴类零件，常以两个轴承为支承运转，其运动轴线是安装轴承的两轴颈共有轴线，因此，从功能要求来看，应选这两处轴颈的公共轴线(组合基准)作为基准。

（2）根据装配关系应选零件上相互配合、相互接触的定位要素作为各自的基准。如盘、套类零件，一般是以其内孔轴线径向定位装配或以其端面轴向定位，因此根据需要可选其轴线或端面作为基准。

（3）根据加工定位的需要和零件结构，应选较宽大的平面、较长的轴线作为基准，以使定位稳定。对结构复杂的零件，一般应选 3 个基准面，根据对零件使用要求影响的程度，确定基准的顺序。

（4）根据检测的方便程度，应选在检测中装夹定位的要素作为基准，并尽可能地将装配基准、工艺基准与检测基准统一起来。

知识模块 4　公差原则的选择

根据零件的装配及性能要求进行选择，如需较高运动精度的零件，为保证不超出形位公差可采用独立原则；如要求保证配合零件间的最小间隙以及采用量规检验的零件均可采用包容原则；如只要求可装性的配合零件可采用最大实体原则。

知识模块 5　未注形位公差的规定

图样上的要素都应有形位公差要求，对高于 9 级的形位公差值和低于 12 级的形位公差值都应在图样上进行标注，而形位公差值在 9～12 级之间的可不在图样上进行标注，称为未注形位公差。

任务六　学习表面粗糙度

【知识导图】

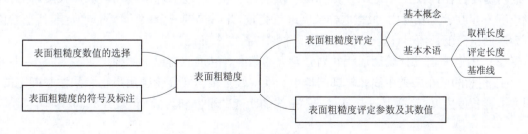

知识模块 1　表面粗糙度评定

1. 基本概念

表面粗糙度是指加工表面所具有的较小间距和微小的峰谷不平度，其相邻两波峰或两波谷之间的距离(波距)很小(在 1 mm 以下)，用肉眼是难以区分的，因此它属于微观几何形状误差。表面粗糙度越小，则表面越光滑。表面粗糙度的大小对机械零件的使用性能有很大的影响，主要表现在以下几个方面。

(1) 表面粗糙度影响零件的耐磨性。表面越粗糙，配合表面间的有效接触面积越小，压强越大，磨损也就越快。

(2) 表面粗糙度影响配合性质的稳定性。对间隙配合来说，表面越粗糙，就越易磨损，使工作过程中的间隙逐渐增大。对过盈配合来说，由于装配时将微观凸峰挤平，故减小了实际有效过盈，降低了连接强度。

(3) 表面粗糙度影响零件的疲劳强度。粗糙的零件表面存在较大的波谷，它们像尖角缺口和裂纹一样，对应力集中很敏感，从而影响零件的疲劳强度。

(4) 表面粗糙度影响零件的抗腐蚀性。腐蚀性气体或液体易通过粗糙表面的凹谷渗入金属内层，造成表面锈蚀。

(5) 表面粗糙度影响零件的密封性。粗糙的表面之间无法严密地贴合，气体或液体通过接触面间的缝隙渗漏。

此外，表面粗糙度对零件的外观、测量精度也有一定的影响。

可见，表面粗糙度在零件几何精度设计中是必不可少的，它是十分重要的零件质量评定指标。

2. 表面粗糙度的基本术语

(1) 取样长度 l。取样长度是指评定表面粗糙度时所规定的一段基准线长度。规定和选择这段长度是为限制和削弱表面波纹度(波距在 1~10 mm)对表面粗糙度测量结果的影响。l 过长，表面粗糙度的测量值中可能包含有表面波纹度的成分；l 过短，则不能客观地反映表面粗糙度的实际情况，使测得的结果有很大的随机性。因此，一般应包含 5 个以上的轮廓峰和轮廓谷。对于微观不平度间距较大的加工表面，应选取较大的取样长度。

(2) 评定长度 ln。由于加工表面有着不同程度的不均匀性，为了充分、合理地反映某一表面的粗糙度特性，规定在评定时所必需的一段表面长度，它包括一个或几个取样长度，称为评定长度 ln。在评定长度内，根据取样长度进行测量，此时得到一个或几个测量值，取其平均值作为表面粗糙度数值。评定长度一般按 5 个取样长度来确定。

(3) 中线：具有几何轮廓形状并划分轮廓的基准。基准线有以下两种。

① 轮廓的最小二乘中线。轮廓的最小二乘中线是根据实际轮廓用最小二乘法来确定的，即在取样长度内，使轮廓上各点至一条假想线的距离的平方和为最小(见图 3-62)，即

$$\sum_{i=1}^{n} y^2 = \min$$

这条假想线就是最小二乘中线。

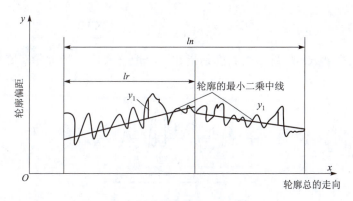

图 3-62 轮廓最小二乘中线

② 轮廓算术平均中线。在取样长度内,由一条假想线将实际轮廓分成上下两部分,且使上部分面积之和等于下部分面积之和,如图 3-63 所示,即

$$F_1+F_2+\cdots+F_m=G_1+G_2+\cdots+G_m$$

这条假想线就是轮廓算术平均中线。

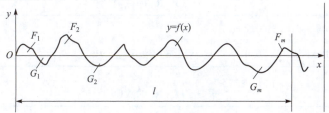

图 3-63 轮廓算术平均中线

在轮廓图形上确定最小二乘中线的位置比较困难,因此,通常用目测估计来确定轮廓算术平均中线,并以此作为评定表面粗糙度数值的基准线。

知识模块 2　表面粗糙度评定参数及其数值

1. 表面粗糙度评定参数

(1) 轮廓算术平均偏差:在取样长度内纵坐标 $Z(X)$ 绝对值的算术平均值,称为算术平均偏差 Ra,如图 3-64 所示。

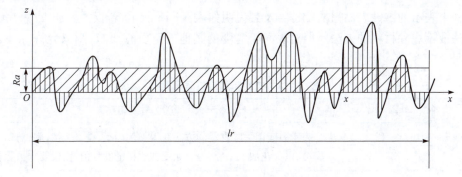

图 3-64 轮廓算术平均偏差 Ra

$$Ra = \frac{1}{lr}\int lr_0 \, |Z(x)| \, dx, Ra \approx \frac{1}{n}\sum_{i=1}^{n}|Z_i|$$

（2）轮廓最大高度 Rz：轮廓最大高度是指在一个取样长度内最大轮廓峰高与最大轮廓谷深之和，如图 3-65 所示。

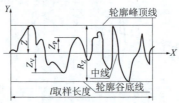

图 3-65 轮廓最大高度 Rz

$$Rz = Z_{Pmax} + Z_{Vmin}$$

2. 表面粗糙度的参数值

表面粗糙度的参数值已经标准化，表面粗糙度的参数值按表 3-16 和表 3-17 选取。

表 3-16 Ra 的数值   μm

0.012	0.05	0.20	0.80	3.2	12.5	50
0.25	0.100	0.40	1.60	6.3	25	100

表 3-17 Rz 的数值   μm

0.025	0.20	1.60	12.5	100	800
0.050	0.40	3.2	25	200	1 000
0.100	0.80	6.3	50	400	

知识模块 3　表面粗糙度的符号及标注

图样上所标注的表面粗糙度符号、代号，是该表面完工后的要求。表面粗糙度的标注应符合国家标准的规定。

1. 表面粗糙度的符号

图样上表示的零件表面粗糙度符号及其说明如表 3-18 所示，若仅需要加工（采用去除材料的方法或不去除材料的方法），但对表面粗糙度的其他规定没有要求，则只允许标注表面粗糙度符号。

表 3-18 表面粗糙度符号及意义

符　号	意义与说明
∨	表示表面用去除材料的方法获得。例如车、铣、钻、镗、磨、剪切、抛光、腐蚀、电火花加工、气割等。如不加注粗糙度数值，则仅要求去除材料

续表

符号	意义与说明
✓	表示表面可用任意方法获得。当不加注粗糙度参数或有关说明时,仅适用于简化代号标注
✓ (with circle)	表示表面用不去除材料的方法获得。例如铸、锻、冲压、热轧、冷轧、粉末冶金等,或者是用于保持原供应状况或保持上道工序状况

2. 表面粗糙度的代号

在表面粗糙度符号中,要求注写若干必要的表面特征规定,其表面特征各项规定的注写位置如图3-66所示。表面粗糙度的代号由粗糙度符号和各种必要的特征规定共同组成。

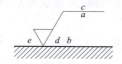

图3-66 表面粗糙度的代号

a—注写表面结构的单一要求;a和b(同时存在)—a注写第一表面结构要求,b注写第二表面结构要求;c—注写加工方法,"车""铣""镀"等;d—注写表面纹理方向,如"="" × ""M"等;e—注写加工余量

通常情况下在图样中只标注Ra,其他各项在需要时才标注。表面粗糙度表面特征、经济加工方法和应用见表3-19。

表3-19 表面粗糙度表面特征、经济加工方法及应用

	表面微观特性	$Ra/\mu m$	加工方法	应用举例
粗糙表面	微见刀痕	≤20	粗车、粗刨、粗铣、钻、毛锉、锯断	半成品粗加工过的表面、非配合的加工表面,如轴端面、倒角、钻孔、齿轮和皮带轮侧面、键槽底面、势圈接触面
半光表面	微见加工痕迹	≤10	车、刨、铣、镗、钻、粗铰	轴上不安装轴承、齿轮处的非配合表面,紧固件的自由装配表面,轴和孔的退刀槽
半光表面	微见加工痕迹	≤5	车、刨、铣、镗、磨、拉、粗刮、滚压	半精加工表面,箱体、支架、盖面、套筒等和其他零件接合而无配合要求的表面,需要发蓝的表面等
半光表面	看不清加工痕迹	≤2.5	车、刨、铣、镗、磨、拉、刮、压、铣齿	接近于精加工表面,箱体上安装轴承的镗孔表面,齿轮的工作面
光表面	可辨加工痕迹方向	≤1.25	车、镗、磨、拉、刮、精铰、磨齿、滚压	圆柱销、圆锥销,与滚动轴承配合的表面,普通车床导轨面,内、外花键定心表面
光表面	微辨加工痕迹方向	≤0.63	精铰、精镗、磨、刮、滚压	要求配合性质稳定的配合表面,工作时受交变应力的重要零件,较高精度车床的导轨面
光表面	不可辨加工痕迹方向	≤0.32	精磨、珩磨、研磨、超精加工	精密机床主轴锥孔、顶尖圆锥面,发动机曲轴、凸轮轴工作表面,高精度齿轮齿面

续表

表面微观特性		$Ra/\mu m$	加工方法	应用举例
极光表面	暗光泽面	≤0.16	精磨、研磨、普通抛光	精密机床主轴轴颈表面,一般量规工作表面,气缸套内表面,活塞销表面
	亮光泽面	≤0.08	超精磨、精抛光、镜面磨削	精密机床主轴轴颈表面,滚动轴承的滚珠,高压油泵中柱塞和柱塞套配合表面
	镜状光泽面	≤0.04		
	镜面	≤0.01	镜面磨削、超精研	高精度量仪、量块的工作表面,光学仪器中的金属镜面

3. 表面粗糙度在图样上的标注

在图样上标注表面粗糙度符号、代号时,一般应将其标注在可见轮廓线、尺寸界线、引出线或它们的延长线上。符号的尖端必须从材料外指向被标注表面,如图 3-67 所示。当被测表面在不同方位有表面粗糙度要求时,符号应按如图 3-68 所示的规定进行标注。

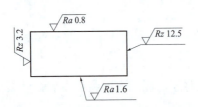
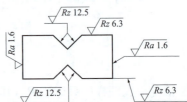

图 3-67 表面粗糙度标注典型图例　　　　图 3-68 表面粗糙度标注典型图例

知识模块 4　表面粗糙度数值的选择

表面粗糙度数值选择的合理与否,不仅对产品的使用性能有很大的影响,而且直接关系到产品的质量和制造成本。一般来说,表面粗糙度值(评定参数值)越小,零件的工作性能越好,使用寿命也越长,但绝不能认为表面粗糙度值越小越好,为了获得粗糙度小的表面,需使零件经过复杂的工艺过程,这样加工成本可能随之急剧增高。因此,选择表面粗糙度数值时,既要考虑零件的功能要求,又要考虑其制造成本,在满足功能要求的前提下应尽可能选用较大的粗糙度数值。

表面粗糙度数值的选择原则有以下几点。

(1) 同一零件上,工作表面的粗糙度参数值小于非工作表面的粗糙度数值。

(2) 摩擦表面的粗糙度数值比非摩擦表面的粗糙度数值要小;滚动摩擦表面的粗糙度数值比滑动摩擦表面的粗糙度数值要小;运动速度高、单位压力大的摩擦表面的粗糙度数值应比运动速度低、单位压力小的摩擦表面的粗糙度数值要小。

(3) 受交变载荷的表面及易引起应力集中的部分(如圆角、沟槽),表面粗糙度数值要小。

(4) 配合性质要求高的接合表面、配合间隙小的配合表面以及要求连接可靠、受重载的过盈配合表面等,都应取较小的粗糙度数值。

(5) 配合性质相同时,零件尺寸越小,则表面粗糙度数值应越小;精度等级相同时,小尺寸比大尺寸,轴比孔的表面粗糙度数值要小。

【项目实施】

1. 零图识读分析

本项目是一个普通传动轴,工作条件是中等负荷、中等转速,材料为 45 钢,切削加工性能良好。查表可知加工精度为 7 级,表面粗糙度最高要求为 $1.6\mu m$。

2. 毛坯种类选择

可以根据生产类型和工作条件来选择毛坯种类。对于轴类零件毛坯的选择:如果是单件小批量生产,可以采用型材毛坯,这样成本较低,同时也能满足设计要求。对于重要的轴类零件,毛坯要采用锻件,对于大型轴类零件可以采用铸件。本项目我们选用型材作为毛坯,毛坯为直径为 $\phi 45mm$ 的棒料。

3. 表面加工方法选择

零件表面由圆柱面和平面构成,对于外圆表面采用车削加磨削的加工方法。

4. 加工方案

对精度要求较高的零件,其粗、精加工应分开,以保证零件的质量。该传动轴加工划分为三个阶段:粗车(粗车外圆、钻中心孔等)、半精车(半精车各处外圆、台阶和修研中心孔及次要表面等)、粗、精磨(粗、精磨各处外圆)。各阶段划分大致以热处理为界。加工过程为:下料→车两端面、钻中心孔→粗车各外圆→调质→修研中心孔→半精车各外圆、车槽、倒角→车螺纹→划键槽加工线→铣键槽→修研中心孔→磨削→检验。

5. 机械加工工艺过程

按工序集中的原则处理,编制机械加工工艺过程卡,如表 3-20 所示。

6. 零件加工制作

按照上表所示工艺路线完成零件的加工制作。由于条件限制,不进行热处理,仅对零件进行机械加工,学生分组进行加工实作。

7. 零件尺寸检测(本项目只对长度尺寸进行检测)

1)检测工具

游标卡尺。

表 3-20 机械加工工艺过程卡

(单位)		机械加工工艺过程卡		产品型号		零(部)件图号		共 页	
				产品名称		零(部)件名称		第 页	
材料牌号		毛坯种类	毛坯外形尺寸		每毛坯可制件数		每台件数	备注	
工序号	工序名称	工步	工序内容		车间	工段	设备	工艺装备	工时
									准终 | 单件
01	下料		$\phi 45$ mm×120 mm						

续表

（单位）		机械加工工艺过程卡		产品型号		零(部)件图号			共 页
				产品名称		零(部)件名称			第 页
材料牌号		毛坯种类	毛坯外形尺寸		每毛坯可制件数		每台件数		备注
工序号	工序名称	工步	工序内容		车间	工段	设备	工艺装备	工时 准终 / 单件
02	粗车		1. 车右端面,钻中心孔； 2. 粗车 $\phi 32$ mm 外圆至 $\phi 35$ mm,长 55 mm； 3. 粗车 $\phi 25$ mm 外圆至 27 mm,长 17 mm； 4. 车另一端面,保证总长 115 mm,钻中心孔； 5. 粗车 $\phi 36$ mm 外圆至 $\phi 38$ mm,粗车 28 mm 外圆至 $\phi 30$ mm,粗车 $\phi 25$ mm 外圆至 $\phi 27$ mm,保证长度； 6. 检验		金工		CA6140	三爪自定心卡盘,游标卡尺,外圆车刀,中心钻	
03	热处理		调质处理 220~240HBS		热处理				
	钳		修研两端中心孔				CA6140		
04	半精车		1. 半精车 $\phi 32$ mm 外圆至 $\phi 32.5$ mm,长 55 mm； 2. 半精车 $\phi 25$ mm 外圆至 $\phi 25.5$ mm,长 17 mm 3. 倒外角 C1,3 处 4. 半精车 $\phi 36$ mm 外圆至 $\phi 36.5$ mm、$\phi 28$ mm 外圆至 $\phi 28.5$ mm、$\phi 25$ mm 外圆至 $\phi 25.5$ mm； 5. 倒外角 C1,2 处； 6. 检验				CA6140	三爪自定心卡盘,游标卡尺,外圆车刀	
05	磨		磨各段外圆至要求尺寸				外圆磨床		
06	检验								

2) 游标卡尺。

游标卡尺是工业上常用的测量长度的仪器,可直接用来测量精度较高的工件,如工件的长度、内径、外径以及深度等。游标卡尺作为一种被广泛使用的高精度测量工具,是由主尺和附在主尺上能滑动的游标两部分构成的,如图 3-69 所示。如果按游标的刻度值来分,游标卡尺又分 0.1 mm、0.05 mm、0.02 mm 三种。

游标卡尺的正确使用方法

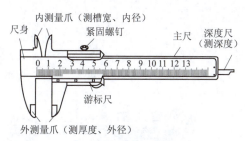
图 3-69　游标卡尺

(1) 游标卡尺的读数方法。

以刻度值 0.02 mm 的精密游标卡尺为例,读数方法可分三步:
① 根据副尺零线以左的主尺上的最近刻度读出整毫米数。
② 根据副尺零线以右与主尺上的刻度对准的刻线数乘上 0.02 读出小数。
③ 将上面整数和小数两部分加起来,即为总尺寸。

如图 3-70 所示,副尺 0 线所对主尺前面的刻度 64 mm,副尺 0 线后的第 9 条线与主尺的一条刻线对齐。副尺 0 线后的第 9 条线表示:0.02×9＝0.18(mm),所以被测工件的尺寸为:64＋0.18＝64.18(mm)。

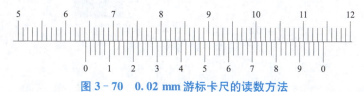
图 3-70　0.02 mm 游标卡尺的读数方法

(2) 游标卡尺的使用方法。

将量爪并拢,查看游标和主尺身的零刻度线是否对齐,如果对齐就可以进行测量;如没有对齐则要记取回零误差。游标的零刻度线在尺身零刻度线右侧的叫正零误差,在尺身零刻度线左侧的叫负零误差(这种规定方法与数轴的规定一致,原点以右为正,原点以左为负)。测量时,右手拿住尺身,大拇指移动游标,左手拿待测外径(或内径)的物体,使待测物位于外测量爪之间,当与量爪紧紧相贴时,即可读数,如图 3-71 所示。

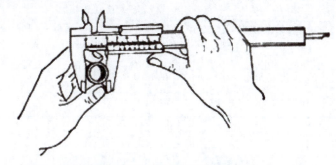
图 3-71　游标卡尺的使用方法

(3) 游标卡应用。

游标卡尺作为一种常用量具,其可具体应用在以下四个方面:
① 测量工件宽度。

②测量工件外径。
③测量工件内径。
④测量工件深度。

具体的这四个方面的测量方法如图 3-72 所示。

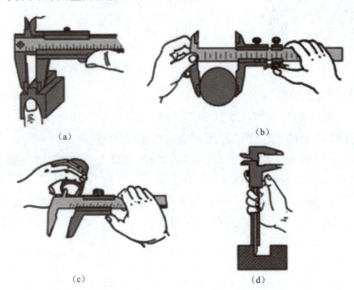

图 3-72 游标卡应用

(a)测量工件宽度；(b)测量工件外径；(c)测量工件内径；(d)测量工件深度

3）零件尺寸检测

将本项目加工好的零件尺寸进行测量，并将测量结果填入表 3-21。

表 3-21 尺寸检测记录与评价

检测项目	理论尺寸	实际尺寸	评价	成绩

学习公差与测量思维导图

思考与练习

1. 基本尺寸、极限尺寸、实际尺寸和作用尺寸有何区别和联系？
2. 尺寸公差、极限偏差和实际偏差有何区别和联系？

3. 配合分为几类？各种配合中孔、轴公差带的相对位置分别有什么特点？配合公差等于相互配合的孔轴公差之和说明了什么？

4. 什么是标准公差？什么是基本偏差？它们与公差带有何联系？

5. 试分析尺寸分段的必要性和可能性。

6. 什么是标准公差因子？为什么要规定公差因子？

7. 什么是基准制？为什么要规定基准制？

8. 计算孔的基本偏差时为什么要有通用规则和特殊规则之分？它们分别是如何规定的？

9. 什么是线性尺寸的未注公差？它分为几个等级？线性尺寸的未注公差如何表示？为什么优先采用基孔制？在什么情况下采用基轴制？

10. 公差等级的选用应考虑哪些问题？

11. 间隙配合、过盈配合与过渡配合各适用于什么场合？每类配合在选定松紧程度时应考虑哪些因素？

12. 配合的选择应考虑哪些问题？

13. 什么是配制配合？其应用场合和应用目的是什么？如何选用配制配合？

14. 利用有关表格查找并确定下列公差带的极限偏差。

(1) $\phi 50d8$ (2) $\phi 90r8$ (3) $\phi 40n6$

(4) $\phi 40R7$ (5) $\phi 50D9$ (6) $\phi 30M7$

15. 某配合的基本尺寸是 $\phi 30$ mm，要求装配后的间隙在 $(+0.018 \sim +0.088)$ mm 范围内，试按照基孔制确定它们的配合代号。

16. 在 $\phi 18M8/h7$ 和 $\phi 18H8/js7$ 中，孔、轴的公差 $IT7 = 0.018$ mm，$IT8 = 0.027$ mm，$\phi 18M8$ 孔的基本偏差为 $+0.002$ mm，试分别计算这两个配合的极限间隙或极限过盈，并分别绘制出它们的孔、轴公差带示意图。

项目四
学习金属切削加工基础

【项目概述】

机器是由各种零件、组件和部件组成的,机器的制造过程包括零件、组件的制造到整机的装配过程。从机器制造的整个过程来看,机器最基本的组成单元是零件,合格的零件是生产出合格机械的前提。组成机器的大部分零件都是由金属材料制造出来的,其加工过程就是通过金属切削机床完成对零件的加工。本项目主要研究金属切削过程的基本规律及机床和刀具。

【教学目标】

1. 能力目标:通过本项目的学习,探索和掌握金属切削过程的基本规律,从而主动地加以控制,保证加工精度和表面质量,提高切削效率,降低生产成本和劳动强度。

2. 知识目标:了解金属切削过程的基本规律;掌握切削运动、切削用量三要素、切削层参数、刀具几何角度标注、刀具寿命、加工精度和表面质量等概念。

【知识准备】

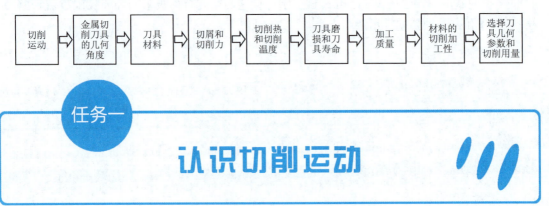

任务一 认识切削运动

【知识导图】

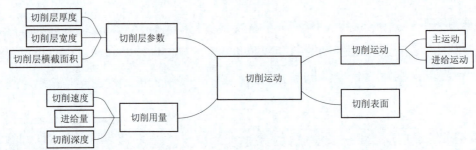

知识模块 1　切削运动

切削加工时,为了获得各种形状的零件,刀具与工件之间要具有一定的相对运动,即切削运动,切削运动可以分为主运动和进给运动,如图 4-1 所示。

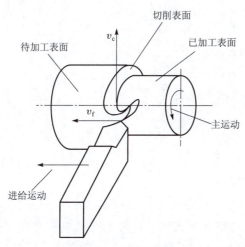

图 4-1　车削运动

车削运动及三个表面动画

1. 主运动

它是刀具和工件之间产生的主要相对运动。主运动是切下切屑所需要的最基本的运动,是切削加工中速度最高、消耗功率最多的运动,如车削时工件的旋转、牛头刨床刨削时刨刀的往复移动等。一台机床的主运动一般只有一个。

2. 进给运动

它是由机床或人力提供的运动,能使刀具与工件之间产生附加的相对运动,加上主运动,即可不断或连续地切除切屑,并获得具有所需几何特征的已加工表面。一台机床的进给运动可以是一个,也可以是多个。

主运动和进给运动合成后的运动,称为合成切削运动(其速度称为合成切削速度 v_e)。

知识模块 2　切削表面

在切削过程中,工件上有以下 3 个变化着的表面。

(1) 待加工表面:工件上即将被切除的表面。

(2) 已加工表面:切去材料后形成的新的工件表面。

(3) 切削表面:加工时主切削刃正在切削的表面,它处于已加工表面和待加工表面之间。

知识模块 3　切削用量

切削用量是指切削速度 v_c、进给量 f(或进给速度 v_f)和切削深度 a_p,三者又称为切削用量三要素。

1. 切削速度 v_c

切削刃上选定点相对于工件的主运动速度称为切削速度,其单位是 m/s 或 m/min。

计算切削速度时,应选取切削刃上速度最高的点进行计算。当主运动为旋转运动时,切削速度由下式确定,即

$$v_c = \frac{\pi d n}{1\,000}$$

式中　d——工件(或刀具)的最大直径(mm);

　　　n——工件(或刀具)的转速(r/s 或 r/min)。

当主运动为往复直线运动时,切削速度由下式确定,即

$$v_c = \frac{2 L n_r}{1\,000}$$

式中　L——主运动往复行程(mm);

　　　n_r——主运动往复次数(r/s 或 r/min)。

2. 进给量 f

进给量是指工件或刀具每转一周(或每往复一次),刀具与工件之间在进给运动方向上的相对位移量,其单位是 mm/r(或 mm/双行程)。对于铣刀、铰刀、拉刀等多齿刀具,还规定每刀齿进给量为 f_z,其单位是 mm/z。进给速度、进给量和每齿进给量之间的关系为

$$v_f = n f = n z f_z$$

3. 切削深度 a_p

刀具切削刃与工件的接触长度在同时垂直于主运动和进给运动的方向上的投影值称为切削深度,其单位是 mm。外圆车削的切削深度就是工件上已加工表面和待加工表面之间的垂直距离,即

$$a_p = \frac{d_w - d_m}{2}$$

式中　d_w——工件上待加工表面直径(mm);

　　　d_m——工件上已加工表面直径(mm)。

知识模块 4　切削层参数

切削刃在一次走刀中从工件上切下的一层材料称为切削层。切削层的截面尺寸参数称为切削层参数。切削层参数通常在与主运动方向相垂直的平面内观察和度量,如图 4-2 所示。

1. 切削层厚度 h_D

垂直于切削表面度量的切削层尺寸称为切削层公称厚度 h_D(以下简称切削厚度)。

车外圆时,如车刀主切削刃为直线,则

$$h_D = f \sin \kappa_r$$

式中　κ_r——主偏角。

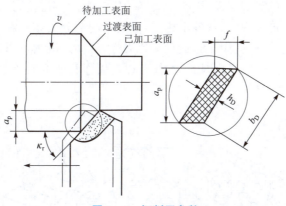

图 4-2 切削层参数

2. 切削层宽度 b_D

沿切削表面度量的切削层尺寸称为切削层公称宽度 b_D(以下简称切削宽度),如车刀主切削刃为直线,则

$$b_D = a_p / \sin \kappa_r$$

3. 切削层横截面积 A_D

切削层在切削层尺寸度量平面内的横截面积称为切削层公称横截面积 A_D(以下简称切削面积)。A_D 可用下式计算,即

$$A_D = h_D b_D = f a_p$$

任务二 了解金属切削刀具的几何角度

【知识导图】

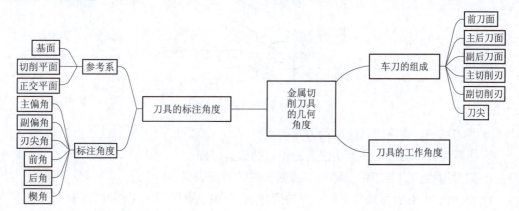

用于金属切削加工的刀具种类很多,比如车刀、钻头、铣刀、拉刀、刨刀等。这些刀具就其外形来说,形状各不相同,但其切削部分的结构和几何角度却有很多相同的特征,其中车刀最具有代表性,各种刀具都可以当作是车刀的一种变形(见图 4-3),因此,本任务以车刀作为研究对象,讨论刀具的几何角度。

常见刀具实物图

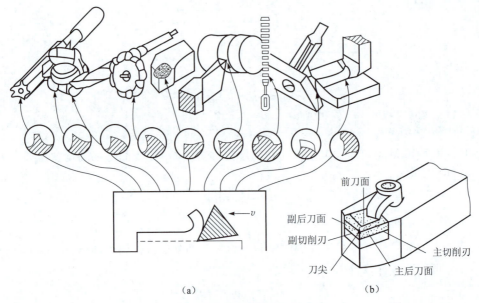

图 4-3　几种常用刀具
(a) 常用刀具;(b) 车刀

知识模块 1　车刀的组成

下面以外圆车刀为例,给出刀具几何参数方面的有关定义。

刀具上承担切削工作的部分称为刀具的切削部分,如图 4-4 所示。

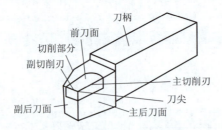

图 4-4　外圆车刀的切削部分

(1) 前刀面 A_γ:切屑沿其流出的刀具表面。
(2) 主后刀面 A_α:与工件上切削表面相对的刀具表面。
(3) 副后刀面 A'_α:与工件上已加工表面相对的刀具表面。
(4) 主切削刃 S:前刀面与主后刀面的交线,它承担主要的切削工作,也称为主刀刃。
(5) 副切削刃 S':前刀面与副后刀面的交线,它协同主切削刃完成切削工作,并最终形成已加工表面,也称为副刀刃。

(6) 刀尖:连接主切削刃和副切削刃的一段切削刃,它可以是一段小的圆弧,也可以是一段直线。

知识模块 2　刀具的标注角度

1. 刀具标注角度的参考系

刀具要从工件上切除材料,就必须具有一定的切削角度。切削角度决定了刀具切削部分各表面之间的相对位置。

为了确定和测量刀具的角度,必须引入一个由 3 个参考平面组成的空间坐标参考系。组成刀具标注角度参考系的各参考平面定义如下:

(1) 基面 P_r:通过主切削刃上某一指定点,并与该点切削速度方向相垂直的平面。

(2) 切削平面 P_s:通过主切削刃上某一指定点,与主切削刃相切并垂直于该点基面的平面。

(3) 正交平面 P_o:通过主切削刃上某一指定点,同时垂直于该点基面和切削平面的平面。

根据定义可知,上述 3 个参考平面是互相垂直的,由它们组成的刀具标注角度参考系称为正交平面参考系。

正交平面参考系是基于以下几个假设条件建立的。

(1) 假设运动条件。用主运动向量近似代替相对合成速度向量,也就是用主运动代替了主运动和进给运动的合运动。

(2) 假设刀具的安装条件。规定刀杆中心线与进给运动方向垂直、刀尖与工件中心等高。

除正交平面参考系外,常用的标注刀具角度的参考系还有法平面参考系、背平面和假定工作平面参考系,如图 4-5 所示。

刀具标注角度的参考坐标系动画

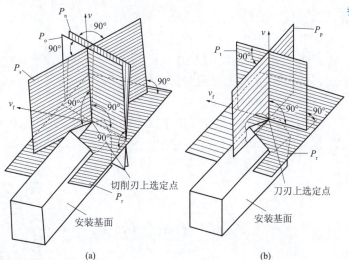

图 4-5　刀具角度标注坐标系
(a) 正交平面与法平面参考系;(b) 背平面和假定工作平面参考系

2. 刀具的标注角度

在刀具标注角度参考系中测得的角度称为刀具的标注角度。标注角度应标注在刀具的设计图中,用于刀具制造、刃磨和测量。在正交平面参考系中,刀具的主要标注角度有5个(见图4-6),其定义如下。

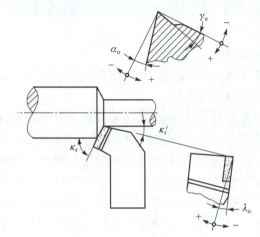

图4-6 车刀的几何角度标注

1) 在基面内测量的角度

(1) 主偏角 κ_r。进给运动方向与主切削刃在基面上投影的夹角。

(2) 副偏角 κ_r'。副切削刃与进给运动反方向在基面上投影的夹角。

(3) 刃尖角 ε_r。主切削刃与副切削刃在基面上投影的夹角。

$\kappa_r + \kappa_r' + \varepsilon_r = 180°$,它们都在基面内测量。

2) 在正交平面内测量的角度

(1) 前角 γ_o。前刀面与基面间的夹角。前角的正负方向按图中规定表示,即刀具前刀面在基面之下时为正前角,刀具前刀面在基面之上时为负前角。

(2) 后角 α_o。主后刀面与切削平面间的夹角。

(3) 楔角 β_o。前刀面与主后刀面间的夹角。

$\gamma_o + \alpha_o + \beta_o = 90°$,它们都在正交平面内测量。

3) 在切削平面内测量的角度

刃倾角 λ_s。主切削刃与基面的夹角在切削平面上的投影。当主切削刃呈水平时,$\lambda_s = 0°$;当刀尖为主切削刃最低点时,$\lambda_s < 0°$;当刀尖为主切削刃最高点时,$\lambda_s > 0°$,如图4-7所示。

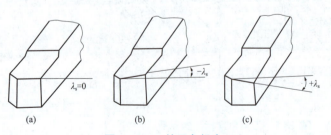

图4-7 λ_s 的正负规定
(a) $\lambda_s = 0°$;(b) $\lambda_s < 0°$;(c) $\lambda_s > 0°$

刀具角度标注坐标系一
正交坐标系

3. 刀具的工作角度

上面讨论的外圆车刀的标注角度,是在忽略进给运动的影响并假定刀杆轴线与纵向进给运动方向垂直以及切削刃上选定点与工件中心等高的条件下确定的。如果考虑进给运动和刀具实际安装情况的影响,参考平面的位置应按合成切削运动方向来确定,这时的参考系称为刀具工作角度参考系。

在工作角度参考系中确定的刀具角度称为刀具的工作角度。刀具的工作角度反映了刀具的实际工作状态。

(1) 进给运动对刀具工作角度的影响。当刀具对工件作切断或切槽工作时,刀具进给运动是沿横向进行的。图 4-8 所示为切断刀工作时的情况。若不考虑进给运动的影响,则按切削速度的方向确定的基面与切削平面分别为 P_r 和 P_s。若考虑进给运动的影响,刀具在工件上的运动轨迹为阿基米德螺旋线,则按合成切削速度的方向确定的基面与工作切削平面分别为 P_{re} 和 P_{se}。工作前角 γ_{oe} 和工作后角 α_{oe} 分别为

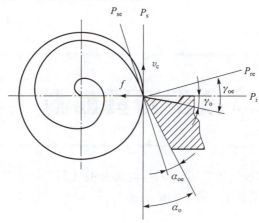

图 4-8 横向进给对刀具工作角度的影响

$$\gamma_{oe} = \gamma_o + \eta$$
$$\alpha_{oe} = \alpha_0 - \eta$$
$$\eta = \arctan v_f / v_c = \arctan f / \pi d_{切}$$

刀具沿纵向进给的进给量的取值较大时(如车螺纹),进给运动对刀具工作角度的影响就较大。

(2) 刀具安装位置对工作角度的影响。安装刀具时,如刀尖高于或低于工件中心,会引起刀具工作角度的变化。以图 4-9 所示的车刀车槽为例,不考虑车刀横向进给运动的影响,如果刀尖安装得高于工件中心,则基面由 P_r 变为 P_{re},切削平面由 P_s 变为 P_{se},实际工作前角 γ_{oe} 将大于标注前角 γ_o,工作后角将小于标注后角,即

$$\gamma_{oe} = \gamma_o + \theta$$
$$\alpha_{oe} = \alpha_o - \theta$$
$$\theta = \arctan 2h/d$$

如果刀尖安装低于工件中心,则工作角度的变化情况恰好相反,如图 4-9 所示。

当车刀刀杆中心线与进给方向不垂直时,会引起工作主偏角 κ_{re} 和工作副偏角 κ'_{re} 的改变,如图 4-10 所示。

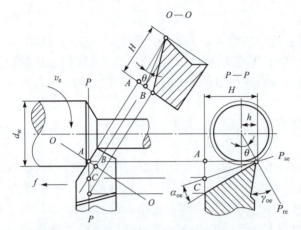
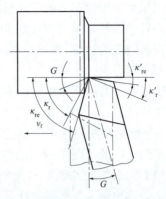

图4-9 刀具的安装高度对刀具工作角度的影响

图4-10 刀杆中心线与进给方向不垂直时对刀具工作角度的影响

任务三 认识刀具材料

刀具切削性能的优劣取决于刀具材料、切削部分的几何形状以及刀具结构。刀具材料的选择对刀具寿命、加工质量和生产效率的影响极大。

【知识导图】

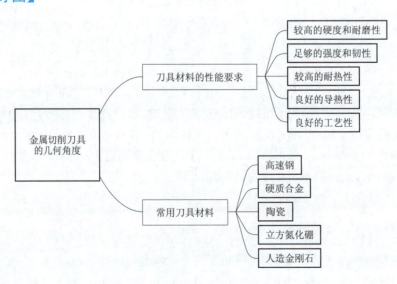

知识模块 1　刀具材料的性能要求

刀具在切削过程中和工件直接接触的切削部分要承受极大的切削力,尤其是切削刃及紧邻的前、后刀面,长期处在切削高温环境中工作。切削中的各种不均匀、不稳定因素,也会对刀具切削部分造成不同程度的冲击和振动。高速切削钢材时,切屑与前刀面接触区的温度常保持在 800 ℃~900 ℃,中心区甚至超过 1 000 ℃。为了适应如此繁重的切削负荷和恶劣的工作条件,刀具材料应能承受高温、高压、摩擦和冲击的作用。刀具切削部分的材料须满足以下基本要求。

(1) 较高的硬度和耐磨性。刀具材料必须具有高于工件材料的硬度,常温硬度不低于 60 HRC。耐磨性是指材料抵抗磨损的能力,它与材料硬度、强度和组织结构有关。材料硬度越高,耐磨性越好,组织中碳化物和氮化物等硬质点的硬度越高、颗粒越小、数量越多且分布越均匀,则耐磨性越高。

(2) 足够的强度和韧性。为了承受切削力、冲击力和振动,避免崩刀和折断,刀具材料必须具有足够的强度和韧性,一般用抗弯强度和冲击韧性值表示。

(3) 较高的耐热性。耐热性是指刀具材料在高温下保持足够的硬度、耐磨性、强度、韧性、抗氧化性、抗黏结性和抗扩散性的能力(亦称为热稳定性)。通常把材料在高温下仍保持高硬度的能力称为热硬性(亦称为高温硬度、红硬性),它是刀具材料保持切削性能的必备条件。刀具材料的高温硬度越高,耐热性越好,允许的切削速度越高。

(4) 良好的导热性。导热性好的刀具材料有利于切削热的传出,从而降低刀具切削区域的温度,保持刀具的硬度。

(5) 良好的工艺性。作为刀具材料,只有具备良好的制造工艺性才能制造出各种形状的刀具。应当指出,上述几项性能之间可能相互矛盾,如硬度高的刀具材料,其强度和韧性较低。没有一种刀具材料能具备所有性能的最佳指标,而是各有所长,见表 4-1。

表 4-1　常用刀具材料的性能

材料种类		硬度/HRC(HRA)	抗弯强度/GPa	冲击值/(MJ·cm^{-2})	热导率/[W·(m·k)$^{-1}$]	耐热性/℃
工具钢	碳素工具钢	60~65 (81.2~84)	2.16	—	约 41.78	200~250
	合金工具钢	60~65 (81.2~84)	2.35	—	约 41.78	300~400
高速钢		63~70 (83~86.6)	1.96~4.41	0.098~0.588	16.75~25.1	600~700
硬质合金	钨钴类	(89~91.5)	1.08~2.16	0.019~0.059	75.4~87.9	800
	钨钛钴类	(89~92.5)	0.882~1.37	0.002 9~0.006 8	20.9~62.8	900
	含有碳化钽、铌类	(约 92)	约 1.47	—	—	1 000~1 100
	碳化钛基类	(92~93)	0.78~1.08	—	—	1 000

续表

材料种类		硬度/HRC(HRA)	抗弯强度/GPa	冲击值/(MJ·cm^{-2})	热导率/[W·(m·k)$^{-1}$]	耐热性/℃
陶瓷	氧化铝陶瓷	(91~95)	0.44~0.686	0.004 9~0.011 7	41.9~20.93	1 200
	氧化铝与碳化物混合陶瓷		0.71~0.88			1 100
超硬材料	立方氮化硼	HV 8 000~9 000	约0.294	—	75.55	1 400~1 500
	人造金刚石	HV 10 000	0.21~0.48		146.54	700~800

知识模块2 常用刀具材料

刀具材料有高速钢、硬质合金、工具钢、陶瓷、立方氮化硼和金刚石等。目前,在生产中所用的刀具材料主要是高速钢和硬质合金两类。碳素工具钢、合金工具钢因耐热性差,仅用于手工或切削速度较低的刀具。

1. 高速钢

高速钢是加入了较多的钨(W)、钼(Mo)、铬(Cr)、钒(V)等合金元素的高合金工具钢。高速钢具有较高的硬度(63~67 HRC)和耐热性,在切削温度高达500 ℃~650 ℃时仍能进行切削;高速钢的强度高(抗弯强度是一般硬质合金的2~3倍、陶瓷的5~6倍)、韧性好,可在冲击、振动的场合应用,它可以用于加工有色金属、结构钢、铸铁、高温合金等材料。高速钢的制造工艺性好,容易磨出锋利的切削刃,适用于制造各类刀具,尤其适用于制造钻头、拉刀、成型刀具、齿轮刀具等形状复杂的刀具,见表4-2。

表4-2 常用高速钢的种类、牌号及主要性能

种类	牌号	硬度/HRC			抗弯强度/GPa	冲击值/(MJ·m^{-2})
		常温	500 ℃	600 ℃		
普通高速钢	W18Cr4V	63~66	56	48	2.94~3.33	0.172~0.331
	W6Mo5Cr4V2	63~66	55~56	47~48	3.43~3.92	0.294~0.392
高性能高速钢	95W18Cr4V3	67~68	59	52	≈2.92	0.166~0.216
	W6Mo5Cr4V3	65~67	59	51	≈3.136	≈0.245
	W6Mo5Cr4V2Co8	66~68	59	54	≈2.92	≈0.294
	W2Mo9Cr4VCo8	67~70	60	55	2.65~3.72	0.225~0.294
	W6Mo5Cr4V2Al	67~69	60	55	2.84~3.82	0.225~0.294
	W10Mo4Cr4V3Al	67~69	60	54	3.04~3.43	0.196~0.274

高速钢按切削性能可分为普通高速钢和高性能高速钢。普通高速钢是切削硬度为 250～280 HBS 的大部分结构钢和铸铁的基本刀具材料，切削普通钢料时的切削速度一般为 40～60 m/min。

高性能高速钢是在普通高速钢的基础上增加一些碳、钒并添加钴、铝等合金元素熔炼而成，其耐热性好，在 630 ℃～650 ℃时仍能保持接近 60 HRC 的硬度，适用于加工高温合金、钛合金、奥氏体不锈钢、高强度钢等难加工材料。

粉末冶金高速钢是在用高压惰性气体（氢气或氮气）把钢水雾化成粉末后，再经过热压锻轧成材。粉末冶金高速钢材质均匀、韧性好、硬度高、热处理变形小、质量稳定、刃磨性能好、刀具寿命较高，适用于切削各种难加工材料，特别适用于制造各种精密刀具和形状复杂的刀具。

2. 硬质合金

硬质合金是用高硬度、难熔的金属碳化物（WC，TIC 等）和金属黏结剂（Co，Ni 等）在高温条件下烧结而成的粉末冶金制品。硬质合金的常温硬度达 89～93 HRA，760 ℃时其硬度为 77～85 HRA，在 800 ℃～1 000 ℃时硬质合金还能进行切削，刀具寿命比高速钢刀具高几倍到几十倍，可加工包括淬硬钢在内的多种材料。但硬质合金的强度和韧性比高速钢差，常温下的冲击韧性仅为高速钢的 1/30～1/8，因此，硬质合金承受切削振动和冲击的能力较差。硬质合金是最常用的刀具材料之一，常用于制造车刀和面铣刀，也可用硬质合金制造深孔钻、铰刀、拉刀和滚刀。尺寸较小和形状复杂的刀具，可采用整体硬质合金制造，但整体硬质合金刀具成本高，其价格是高速钢刀具的 8～10 倍。硬质合金的应用范围见表 4-3。

表 4-3 硬质合金的应用范围

牌 号	使 用 说 明	使 用 场 合
YG3X	属细颗粒合金，是 YG 类合金中耐磨性最好的一种，但冲击韧性差	铸铁、有色金属的精加工，合金钢、淬火钢及钨、钼材料的精加工
YG6X	属细颗粒合金，耐磨性优于 YG6，强度接近 YG6	铸铁、冷硬铸铁、合金铸铁、耐热钢、合金钢的半精加工、精加工
YG6	耐磨性较好，抗冲击能力优于 YG3X、YG6X	铸铁、有色金属及合金、非金属的粗加工、半精加工
YG8	强度较高，抗冲击性能较好，耐磨性较差	铸铁、有色金属及合金的粗加工，可断续切削
YT30	YT 类合金中红硬性和耐磨性最好，但强度低，不耐冲击，易产生焊接和磨刀裂纹	碳钢、合金钢连续切削时的精加工
YT15	耐磨性和红硬性较好，但抗冲击能力差	碳钢、合金钢连续切削时的半精加工和精加工
YT14	强度和冲击韧性较高，但耐磨性和红硬性低于 YT15	碳钢、合金钢连续切削时的粗加工、半精加工和精加工
YT5	是 YT 类合金中强度冲击韧性最好的一种，不易崩刃，但耐磨性差	碳钢、合金钢连续切削时的粗加工，可用于断续切削

续表

牌　号	使　用　说　明	使　用　场　合
YG6A	属细颗粒合金,耐磨性和强度与YG6X相近	硬铸铁、球铸铁、有色金属及合金、高锰钢、合金钢、淬火钢的半精加工、精加工
YG8A	属中颗粒合金,强度较好,红硬性较差	硬铸铁、球铸铁、白口铁、有色金属、合金及不锈钢的粗加工、半精加工
YW1	红硬性和耐磨性较好,耐冲击,通用性较好	不锈钢、耐热钢、高锰钢及其他难加工材料的半精加工、精加工
YW2	红硬性和耐磨性低于YW1,但强度和抗冲击韧性较高	不锈钢、耐热钢、高锰钢及其他难加工材料的半精加工、精加工

3. 陶瓷

用于制作刀具的陶瓷材料主要有两类:氧化铝基陶瓷和氮化硅基陶瓷。

4. 立方氮化硼

立方氮化硼(CBN)是由六方氮化硼经高温高压处理转化而成,其硬度高达8 000 HV,仅次于金刚石。立方氮化硼是一种新型刀具材料,它可耐1 300 ℃~1 500 ℃的高温,热稳定性好;它的化学稳定性也很好,即使温度高达1 200 ℃~1 300 ℃也不与铁产生化学反应。立方氮化硼能以硬质合金切削铸铁和普通钢的切削速度对冷硬铸铁、淬硬钢、高温合金等进行加工。

5. 人造金刚石

金刚石分为天然金刚石和人造金刚石两种,由于天然金刚石价格昂贵,工业上多使用人造金刚石。天然金刚石是目前已知的最硬物质,可用于加工硬质合金、陶瓷、高硅铝合金等高硬度、高耐磨材料。人造金刚石目前主要用于制作磨具及磨料,用作刀具材料时主要用于有色金属的高速精细切削。金刚石刀具不宜加工铁族元素,因为金刚石中的碳原子和铁族元素的亲和力大,使得刀具的寿命降低。

任务四　了解切削过程和切削力

金属切削过程是靠刀具的前刀面与零件间的挤压,使零件表层材料产生以剪切滑移为主的塑性变形成为切屑而去除。从这个意义上讲,切削过程也就是切屑的形成过程。

剪切变形金属的滑移

项目四
学习金属切削加工基础

【知识导图】

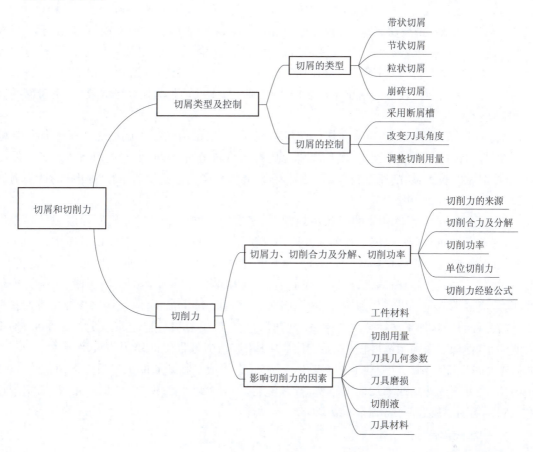

知识模块 1　切屑类型及控制

1. 切屑的类型

由于工件材料不同,切削条件各异,切削过程中生成的切屑形状也是多种多样的。切屑的形状主要分为带状、节状、粒状和崩碎 4 种类型,如图 4-11 所示。

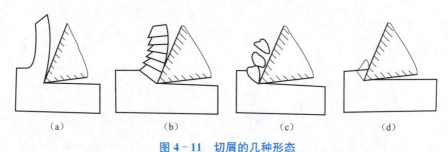

图 4-11　切屑的几种形态
(a) 带状切屑；(b) 节状切屑；(c) 粒状切屑；(d) 崩碎切屑

(1) 带状切屑。切屑连续不断且呈带状,内表面是光滑的,外表面是毛茸茸的。一般加工塑性金属材料,当切削厚度较小、切削速度较高、刀具前角较大时,往往得到这类切屑。形成带状切屑时,切削过程较平稳,切削力波动较小,已加工表面的表面粗糙度较小。

(2) 节状切屑(挤裂切屑)。切屑的外表面呈锯齿形,内表面有时有裂纹,这是由于材料在剪切滑移过程中滑移量较大,由滑移变形所产生的加工硬化使剪切应力增大,在局部地方达到了材料的断裂强度。这种切屑大多是在加工较硬的塑性金属材料且所用的切削速度较低、切削厚度较大、刀具前角较小的情况下产生的。切削过程中的切削力波动较大,已加工表面的表面粗糙度较大。

(3) 粒状切屑(单元切屑)。在切削塑性材料时,如果被剪切面上的应力超过零件材料的强度极限,裂纹扩展到整个面上,则切屑单元从被切材料上脱落,形成粒状切屑。加工金属材料,当切削厚度较大、切削速度较低、刀具前角较小时,易产生粒状切屑。粒状切屑的切削力波动最大,已加工表面粗糙。

(4) 崩碎切屑。崩碎切屑的形状不规则,加工表面是凹凸不平的。切屑在破裂前的变形很小,它发生脆断的主要原因是材料所受应力超过了它的抗拉极限。崩碎切屑发生在加工脆性材料时(如铸铁),零件材料越是硬脆,刀具前角越小,切削厚度越大时,越易产生这类切屑。形成崩碎切屑的切削力波动大,已加工表面粗糙,且切削力集中在切削刃附近时,切削刃容易损坏,故应力求避免。提高切削速度、减小切削厚度、适当增大前角,可使切屑成针状或片状。

前三种切屑是加工塑性金属时常见的切屑类型。形成带状切屑时,切削过程最平稳,切削力波动小,已加工表面粗糙度较小;形成粒状切屑时,切削过程中的切削力波动最大。前三种切屑类型可以随切削条件变化而相互转化。例如,在形成节状切屑的工况条件下,如进一步减小前角、降低切削速度或增加切削厚度,就有可能得到粒状切屑;反之,增加前角、提高切削速度或减小切削厚度,即可得到带状切屑。

2. 切屑的控制

在切屑排出过程中,当碰到刀具后刀面、工件上过渡表面或待加工表面等障碍时,如某一部位的应变超过了切屑材料的断裂应变值,切屑就会折断。研究表明,工件材料脆性越大(断裂应变值小)、切屑厚度越大、切屑卷曲半径越小,切屑就越容易折断。可采取以下措施对切屑实施控制。

(1) 采用断屑槽。通过设置断屑槽对流动中的切屑施加一定的约束力,使切屑应变增大、切屑卷曲半径减小,如图 4-12 所示。

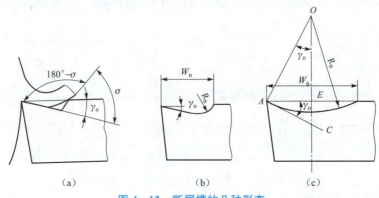

图 4-12 断屑槽的几种形态

(2) 改变刀具角度。增大刀具主偏角 κ_r 可使切削厚度变大,有利于断屑;减小刀具前角 γ_o 可使切屑变形加大,切屑易于折断。刃倾角 λ_s 可以控制切屑的流向,λ_s 为正值时,切屑向前排出;λ_s 为负值时,切屑向后排出,与已加工面相接触而折断。

(3) 调整切削用量。提高进给量 f 可使切削厚度增大,有利于断屑,但增大 f 会增大加工表面的粗糙度。适当地降低切削速度可使切削变形增大,也有利于断屑,但这会降低材料的切除效率。因此,须根据实际条件适当地选择切削用量。

知识模块 2　切削力

在切削过程中,切削力直接影响切削热、刀具磨损与耐用度、加工精度和已加工表面质量。在生产中,切削力又是计算切削功率,设计机床、刀具、夹具以及监控切削过程和刀具工作状态的重要依据。研究切削力的规律对于分析生产过程和解决金属切削加工中的工艺问题都有重要意义。

1. 切削力、切削合力及分解、切削功率

1) 切削力的来源

切削时,使被加工材料发生变形成为切屑所需的力称为切削力。切削力主要来源于以下两个方面,如图 4-13 所示。

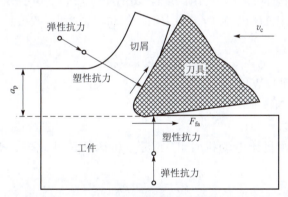

图 4-13　切削力的来源

(1) 克服切削层材料和工件表面层材料对弹性变形、塑性变形的抗力。

(2) 克服刀具与切屑、刀具与工件表面间摩擦阻力所需的力。

2) 切削合力及分解

刀具切削零件时,必须克服材料的变形抗力,只有克服切屑与前刀面以及零件与后刀面之间的摩擦阻力,才能切下切屑。这些阻力的合力就是作用在刀具上的总切削力 F。通常把 F 分解成 F_c、F_p、F_f 互相垂直的 3 个分力,以车外圆为例分别加以说明。如图 4-14 所示。

(1) 主切削力 F_c。它垂直于基面,与切削速度方向一致,又称为切向力。它是各分力中最大而且消耗功率最多的一个分力。它是计算机床动力、刀具和夹具强度的依据,也是选择刀具几何形状和切削用量的依据。

(2) 径向力 F_p。它作用在基面内,并与刀具纵向进给方向相垂直。它作用在机床、零件刚性最弱的方向上,使刀架后移和零件弯曲,容易引起振动,影响加工质量。

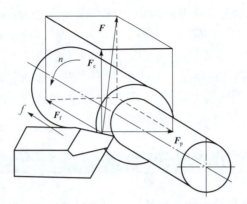

图 4-14 切削合力与分力

(3) 进给力 F_f。它作用在基面内,并与刀具纵向进给方向相平行,又称为轴向力。它作用在进给机构上,是设计和校验进给机构的依据。

3 个切削分力与总切削力有以下关系,即

$$F=\sqrt{F_c^2+F_N^2}=\sqrt{F_c^2+F_p^2+F_f^2}$$

各切削分力可通过测力仪直接测出,也可运用建立在实验基础上的经验公式来计算。

3) 切削功率

消耗在切削过程中的功率称为切削功率。切削功率是 3 个切削分力消耗功率的总和,但在车外圆时,背向刀消耗的功率为 0,进给力消耗的功率很小,一般可忽略不计。因此,切削功率可用下式计算,即

$$P_c=F_c v_c 10^{-3}$$

式中　P_c——切削功率(kW);
　　　F_c——切削力(N);
　　　v_c——切削速度(m/s)。

根据切削功率选择机床电动机时,还要考虑机床的传动效率。机床电动机的功率 P_E 应为

$$P_E \geqslant P_c/\eta_m$$

式中　η_m——机床总传动效率,一般取 $\eta_m=0.75\sim0.85$,新机床取大值,旧机床取小值。

4) 单位切削力

单位切削力是指单位面积上的切削力,用 k_c 表示。如果单位切削力是已知的,则可以利用下式计算出切削力 F_c,即

$$F_c=k_c A_D=k_c a_p f=k_c h_D b_D$$

式中　k_c——单位切削力(N/mm²);
　　　A_D——切削层横截面积(mm²);
　　　h_D——切削层厚度(mm);
　　　b_D——切削层宽度(mm);
　　　a_p——切削深度(mm);
　　　f——进给量(mm/r)。

切除单位体积的金属材料所消耗的功率称为单位切削功率,用 P_0 表示。如果单位切削

功率为已知,则可以用下式计算出切削功率 P_c,即

$$P_c = P_0 Q_z$$

式中　P_0——切削功率[kW/(mm³)];

　　　Q_z——单位时间金属切除量(mm³/s)。

5) 切削力经验公式

目前,在生产实际中计算切削力的经验公式可以分为两类:一类是按指数公式进行计算;另一类是按单位切削力进行计算。

在金属切削中,常利用指数公式计算切削刀。常用的指数公式如下所示:

$$F_c = C_{F_c} \cdot a_p^{X_{F_c}} \cdot f^{Y_{F_c}} \cdot v_c^{Z_{F_c}} \cdot K_{F_c}$$

$$F_f = C_{F_f} \cdot a_p^{X_{F_f}} \cdot f^{Y_{F_f}} \cdot v_c^{Z_{F_f}} \cdot K_{F_f}$$

$$F_p = C_{F_p} \cdot a_p^{X_{F_p}} \cdot f^{Y_{F_p}} \cdot v_c^{Z_{F_p}} \cdot K_{F_p}$$

式中　$C_{F_c}, C_{F_f}, C_{F_p}$——取决于工件材料和切削条件的系数;

　　　$X_{F_c}, Y_{F_c}, Z_{F_c}$——切削分力 F_c 公式中切削深度 a_p、进给量 f 和切削速度 v 的指数;

　　　$X_{F_f}, Y_{F_f}, Z_{F_f}$——切削分力 F_f 公式中切削深度 a_p、进给量 f 和切削速度 v 的指数;

　　　$X_{F_p}, Y_{F_p}, Z_{F_p}$——切削分力 F_p 公式中切削深度 a_p、进给量 f 和切削速度 v 的指数;

　　　$K_{F_c}, K_{F_f}, K_{F_p}$——当实际加工条件与求得经验公式的试验条件不符时,各种因素对各切削分力的修正系数。

2. 影响切削力的因素

1) 工件材料的影响

工件材料的强度、硬度越高,切削力越大。切削脆性材料时,被切材料的塑性变形及它与前刀面的摩擦都比较小,故其切削力相对较小。

2) 切削用量的影响

(1) 切削深度 a_p 和进给量 f。a_p 和 f 增大,都会使切削力增大,但两者的影响程度不同。a_p 增大时,变形系数 ξ 不变,切削力成正比增大;f 增大时,ξ 有所下降,故切削力不成正比增大。

(2) 切削速度 v_c。切削塑性材料时,在无积屑瘤产生的 v_c 范围内,随着 v_c 的增大,切削力减小。这是因为 v_c 增大时,切削温度升高,摩擦因数 μ 减小,从而使 ξ 减小,切削力下降。在产生积屑瘤的情况下,刀具的实际前角是随积屑瘤的成长与脱落而变化的。在积屑瘤增长期,v_c 增大,积屑瘤高度增大,实际前角增大,ξ 减小,切削力下降。在积屑瘤消退期,v_c 增大,积屑瘤高度减小,实际前角减小,ξ 增大,切削力上升,如图 4 - 15 所示。

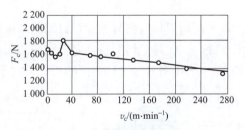

图 4 - 15　切削速度与切削力的关系

切削铸铁等脆性材料时,被切材料的塑性变形及它与前刀面的摩擦均比较小,v_c 对切削力的影响不大。

3) 刀具几何参数的影响

(1) 前角 γ_o。当前角 γ_o 增大时,ξ 减小,切削力下降。切削塑性材料时,刀具前角 γ_o 的大小对切削力的影响较大;切削脆性材料时,由于切削变形很小,刀具前角 γ_o 的大小对切削力的

影响不大。

(2) 主偏角 κ_r。当主偏角 κ_r 增大时,背向力 F_p 减小,进给力 F_f 增大。

(3) 刃倾角 λ_s。刃倾角 λ_s 将影响切屑在前刀面上的流动方向,从而使切削合力的方向发生变化。当增大刃倾角 λ_s 时,背向力 F_p 减小,进给力 F_f 增大。

(4) 负倒棱 $b_{\gamma 1}$。为了提高刀尖部位的强度、改善散热条件,常在主切削刃上磨出一个带有负前角 γ_o 的棱台,其宽度为 $b_{\gamma 1}$。负倒棱 $b_{\gamma 1}$ 对切削力的影响与负倒棱面在切屑形成过程中所起作用的大小有关。当负倒棱 $b_{\gamma 1}$ 小于切屑与前刀面接触长度 l_f 时,切屑除与倒棱接触外,主要还与前刀面接触,切削力虽有所增大,但增大的幅度不大。当 $b_{\gamma 1}$ 大于切屑与前刀面的接触长度 l_f 时,切屑只与负倒棱面接触,相当于用负前角为 γ_o 的车刀进行切削,与不设负倒棱 $b_{\gamma 1}$ 相比,切削力将显著增大,如图 4‑16 所示。

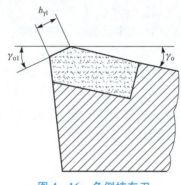

图 4‑16 负倒棱车刀

4) 刀具磨损

刀具磨损越大,刀具变钝,切削力增大。

5) 切削液

使用以冷却作用为主的切削液(如水溶液)对切削力影响不大,使用润滑作用强的切削液(如切削油)可使切削力减小。

6) 刀具材料

不同的刀具材料与工件材料间的摩擦因数是不相同的,摩擦力的大小不同,会导致切削力发生变化。在其他切削条件完全相同的条件下,用陶瓷刀切削比用硬质合金刀具切削的切削力小,用高速钢刀具进行切削的切削力大于前两者。

任务五 了解切削热和切削温度

切削过程中产生的切削热对刀具磨损和刀具寿命具有重要影响,切削热还会使工件和刀具产生变形而影响加工精度。

【知识导图】

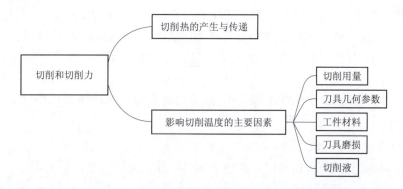

知识模块 1　切削热的产生与传递

在切削加工过程中,切削功几乎全部转换为热能,从而产生大量的热量,如图 4-17 所示。通常将这种产生于切削过程的热量称为切削热,其来源有以下 3 种。

(1) 切屑变形所产生的热量,这是切削热的主要来源。

(2) 切屑与刀具前刀面之间的摩擦所产生的热量。

(3) 零件与刀具后刀面之间的摩擦所产生的热量。

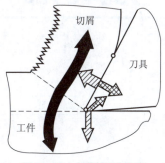

图 4-17　切削热的传递

知识模块 2　影响切削温度的主要因素

1. 切削用量对切削温度的影响

切削用量中,切削速度对切削热的影响最大,进给量次之,切削深度最小。从降低切削温度、提高刀具耐用度的观点来看,在保持切削效率不变的条件下,选用较大的切削深度和进给量比选用较大的切削速度更为有利。

2. 刀具几何参数对切削温度的影响

前角的大小直接影响切削过程中的变形和摩擦,增大前角可减少切屑变形,产生的切削热少,切削温度低。但当前角过大时,会使刀具的散热条件变差,反而不利于切削温度的降低。减小主偏角,主切削刃参加切削的长度增加,散热条件变好,可降低切削温度。

3. 工件材料对切削温度的影响

零件材料的强度和硬度越高,切削中消耗的功率越大,产生的切削热越多,切削温度也越高。即使对同一材料,由于其热处理状态不同,切削温度也不相同。如 45 钢在正火状态、调质状态和淬火状态下,其切削温度相差悬殊。与正火状态相比,调质状态的切削温度增高20%~25%,淬火状态的切削温度增高 40%~45%。零件材料的导热系数高(如铝、镁合金),切削温度低。切削脆性材料时,由于塑性变形很小,崩碎切屑与前刀面的摩擦也小,产生的切削热较少,切削温度低。

4. 刀具磨损对切削温度的影响

刀具磨损使切削刃变钝,切削时变形增大、摩擦加剧,切削温度上升。

5. 切削液对切削温度的影响

使用切削液可以从切削区带走大量热量,可以明显降低切削温度,提高刀具寿命。

任务六 了解刀具磨损和刀具寿命

【知识导图】

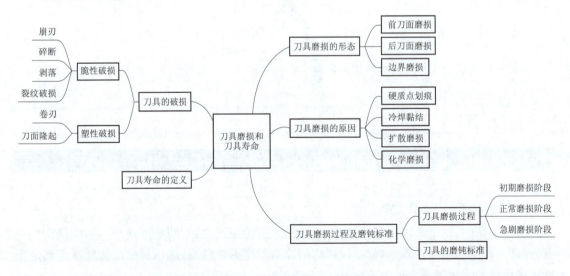

知识模块 1　刀具磨损的形态

(1) 前刀面磨损(月牙洼磨损)。如图 4-18 所示,切削塑性材料时,如果切削速度和切削厚度较大,切屑在前刀面上经常会磨出一个月牙洼,出现月牙洼的部位就是切削温度最高的部位。

月牙洼和切削刃之间有一条小棱边,月牙洼随着刀具磨损不断变大,当月牙洼扩展到使棱边变得很窄时,切削刃强度降低,极易导致崩刃。月牙洼磨损量以其深度 KT 表示,如图 4-19 所示。

(2) 后刀面磨损。由于后刀面和加工表面间的强烈摩擦,后刀面靠近切削刃的部位会逐渐地被磨成后角为 0° 的小棱面,这种磨损形式称为后刀面磨损。切削铸铁和以较小的切削厚度、较低的切削速度切削塑性材料时,后刀面磨损是主要形态。后刀面上的磨损棱带往往不均匀,刀尖附近(C 区)因强度较差,散热条件不好,磨损较大;中间区域(B 区)磨损较均匀,其平均磨损宽度以 VB 表示。

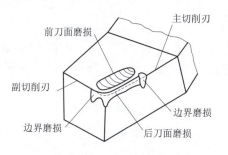

图 4-18 刀具磨损形态

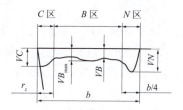

图 4-19 刀具磨损测量位置

(3) 边界磨损。切削钢料时,常在主切削刃靠近工件外皮处(N 区)和副切削刃靠近刀尖处的后刀面上磨出较深的沟纹,这种磨损称为边界磨损。沟纹的位置在主切削刃与工件待加工表面、副切削刃与已加工表面接触的部位。

刀具磨损 1

刀具磨损 2

知识模块 2　刀具磨损的原因

(1) 硬质点划痕。由工件材料中所含的碳化物、氮化物和氧化物等硬质点以及积屑瘤碎片等在刀具表面上划出一条条沟纹而形成的机械磨损。硬质点划痕在各种切削速度下都存在,它是低速切削刀具(如拉刀、板牙等)产生磨损的主要原因。

(2) 冷焊黏结。切削时,切屑与前刀面之间由于高压力和高温度的作用,切屑底面材料与前刀面发生冷焊黏结形成冷焊黏结点,在切屑相对于刀具前刀面的运动中,冷焊黏结点处刀具材料表面微粒会被切屑黏走造成刀具的黏结磨损。上述冷焊黏结磨损机制在工件与刀具后刀面之间也同样存在。在中等偏低的切削速度条件下,冷焊黏结是产生磨损的主要原因。

(3) 扩散磨损。在切削过程中,刀具后刀面与已加工表面、刀具前刀面与切屑底面相接触,由于高温和高压的作用,刀具材料和工件材料中的化学元素相互扩散,使两者的化学成分发生变化,这种变化削弱了刀具材料的性能,使刀具磨损加快。

(4) 化学磨损。在一定温度作用下,刀具材料与周围介质(如空气中的氧,切削液中的极压添加剂硫、氯等)起化学作用,在刀具表面形成硬度较低的化合物,易被切屑和工件摩擦掉造成刀具材料损失,由此产生的刀具磨损称为化学磨损。化学磨损主要发生在较高的切削速度条件下。

知识模块 3　刀具磨损过程及磨钝标准

1. 刀具磨损过程

(1) 初期磨损阶段。新刃磨的刀具刚投入使用,后刀面与工件的实际接触面积很小,单位面积上承受的正压力较大,再加上刚刃磨后的后刀面微观凸凹不平,故刀具磨损速度很快,此阶段称为刀具的初期磨损阶段。

(2) 正常磨损阶段。经过初期磨损后,刀具后刀面与工件的接触面积增大,单位面积上承受的压力逐渐减小,刀具后刀面的微观粗糙表面已经磨平,因此磨损速度变慢,此阶段称为刀具的正常磨损阶段,它是刀具的有效工作阶段。

(3) 急剧磨损阶段。当刀具磨损量增加到一定限度时,切削力、切削温度将急剧增高,刀具磨损速度加快,直至丧失切削能力,此阶段称为急剧磨损阶段。

整个磨损过程如图 4-20 所示。

2. 刀具的磨钝标准

刀具磨损到一定限度就不能继续使用了,这个磨损限度称为刀具的磨钝标准。因为一般刀具的后刀面都会发生磨损,而且测量也较方便,因此,国际标准化组织(ISO)统一规定以 1/2 切削深度处后刀面上测量的磨损带宽度 VB 作为刀具的磨钝标准,如图 4-21 所示。自动化生产中使用的精加工刀具,从保证工件尺寸精度考虑,常以刀具的径向尺寸磨损量 NB 作为衡量刀具的磨钝标准。

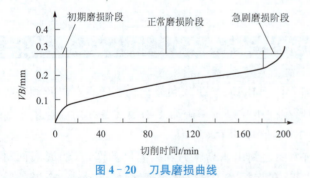

图 4-20　刀具磨损曲线

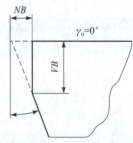

图 4-21　刀具磨钝标准

制定刀具的磨钝标准时,既要考虑充分发挥刀具的切削能力,又要考虑保证工件的加工质量。精加工时磨钝标准取较小值,粗加工时,取较大值;工艺系统刚性差时,磨钝标准取较小值;切削难加工材料时,磨钝标准也要取较小值。根据生产实践中的调查资料,硬质合金车刀的磨钝标准推荐值见表 4-4。

表 4-4 硬质合金车刀的磨钝标准

加 工 条 件	后刀面磨钝标准 VB/mm
精车	0.1～0.3
合金钢粗车	0.4～0.5
碳素钢粗车	0.6～0.8
铸铁件粗车	0.8～1.2
钢及铸铁件低速粗车	1.0～1.5

知识模块 4　刀具寿命的定义

刃磨后的刀具自开始切削直到磨损量达到磨钝标准为止所经历的总切削时间,称为刀具寿命,用 T 表示。一把新刀要经过多次重磨才会报废,刀具寿命指的是两次刃磨之间所经历的切削时间。用刀具寿命乘以刃磨次数,得到的就是刀具总寿命。其计算公式如下所示,即

$$T=\frac{C_T}{v_c^{\frac{1}{c}} f^{\frac{1}{g}} a_p^{\frac{1}{b}}}$$

式中　C_T——与实验条件相关的系数。

知识模块 5　刀具的破损

在切削加工中,刀具有时没有经过正常磨损阶段,而在很短时间内突然损坏,这种情况称为刀具的破损。破损也是刀具损坏的主要形式之一。

破损是相对于磨损而言的。从某种意义上讲,破损可认为是一种非正常的磨损,因为破损和磨损都是在切削力和切削热的作用下发生的。磨损是逐渐发展的过程,而破损是突发的。破损的突发性很容易在生产过程中造成较大的危害和经济损失。刀具的破损形式分为脆性破损和塑性破损。

1. 脆性破损

硬质合金刀具和陶瓷刀具切削时,在机械应力和热应力冲击作用下,经常发生以下几种形态的破损。

(1) 崩刃。它是切削刃产生小的缺口。在继续切削时,缺口会不断扩大,导致更大的破损。用陶瓷刀具切削及用硬质合金刀具做断续切削时,常发生这种破损。

(2) 碎断。它是在切削刃上发生小块碎裂或大块断裂,不能继续正常切削。前者发生于刀尖和主切削刃处,一般还可以重磨修复再使用,硬质合金和陶瓷刀具断续切削时,常在早期出现这种损坏;后者发生于刀尖的大块断裂,刀具不能再重磨使用,大多是断续切削较长时间后,没有及时换刀,因刀具材料疲劳而造成的。

(3) 剥落。它是在刀具的前、后刀面上出现剥落碎片,经常与切削刃一起剥落,有时也在离切削刃一小段距离处剥落。陶瓷刀具端铣时常发生这种破损,在前、后刀面上几乎平行于切削刃而剥离下一层碎片,位置随刀面上受冲击位置的变化而不同,经常会将切削刃一起剥离。

这是断续切削时的一种早期破损现象,硬质合金在低速断续切削时会发生这种现象,尤其是当刀具有切屑黏结在前刀面上再切入,或者因积屑瘤脱落而剥去一层碎片时,该现象更加明显。如果剥离层较厚,则刀具难以重磨继续使用。

(4)裂纹破损。它是长时间进行断续切削后,因疲劳而引起裂纹的一种破损。热冲击和机械冲击均会引发裂纹,裂纹不断扩展合并就会引起切削刃的碎裂或断裂。

2. 塑性破损

在刀具前刀面与切屑、后刀面与工件接触面上,由于过高的温度和压力的作用,刀具表层材料将因发生塑性流动而丧失切削能力,这就是刀具的塑性破损。抗塑性破损能力取决于刀具材料的硬度和耐热性。硬质合金和陶瓷的耐热性好,一般不易发生这种破损。相比之下,高速钢耐热性较差,较易发生塑性破损。

常见的塑性破损有以下几种形式:

(1)卷刃。刀具切削刃部位的材料,由于后刀面和工件已加工表面的摩擦,沿后刀面向所受摩擦力的方向流动,形成切削刃的倒卷,称为卷刃。它主要发生在工具钢、高速钢等刀具材料进行精加工或切削厚度很小的切削时,产生卷刃后,刀具不能继续进行切削工作。

切削刀具及切削过程参考材料

(2)刀面隆起。在采用大的切削用量以及加工硬材料的情况下,刀具前、后刀面的材料发生远离切削刃的塑性流动,致使前、后刀面发生隆起。工具钢、高速钢以及硬质合金刀具都会发生这种损坏。

任务七 熟悉加工质量

零件经切削加工后的质量包括加工精度和表面质量,它直接影响着产品的使用性能、可靠性和寿命。

【知识导图】

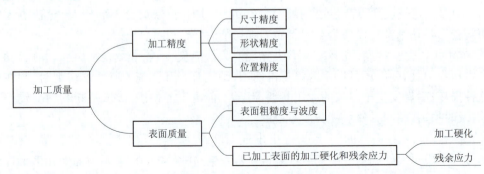

知识模块 1　加工精度

加工精度是指零件在加工之后，其尺寸、形状等几何参数的实际数值同它们的理想几何参数的符合程度，其差值称为加工误差。加工误差越小，加工精度越高。零件的加工精度包括零件的尺寸精度、形状精度和位置精度，在零件图上分别用尺寸公差、形状公差和位置公差来表示。

1. 尺寸精度

尺寸精度的高低用尺寸公差的大小来表示。根据国家标准 GB/T 1800.3—1998 和 GB/T 1800.4—1999 的规定，标准公差分成 20 级，即用 IT01、IT02 和 IT1~IT18 表示标准公差。数字越大，精度越低。IT01~IT13 用于配合尺寸，其余用于非配合尺寸。零件的实际尺寸相对于设计的理想尺寸的变动量称为尺寸误差。允许零件尺寸的变动量称为尺寸公差，简称公差。

2. 形状精度

形状精度是指实际零件表面与理想表面之间在形状上接近的程度，如圆柱面的圆柱度、圆度，平面的平面度等。

3. 位置精度

位置精度是指实际零件的表面、轴线或对称平面之间的实际位置与理想位置接近的程度，如两圆柱面间的同轴度、两平面间的平行度或垂直度等。

影响加工精度的因素很多，如机床、刀具、夹具本身的制造误差及使用过程的磨损；零件的安装误差；切削过程中，由于切削力、夹紧力以及切削热的作用而引起的工艺系统（由机床、夹具、刀具和零件组成的完整系统）变形所造成的误差；测量和调整误差。由于在加工过程中有上述诸多因素影响加工精度，因此不同的加工方法得到不同的加工精度。即使是同一种加工方法，在不同的加工条件下所能达到的加工精度也不同，甚至在相同的条件下采用同一种方法，如果多费一些工时，细心地完成每一步操作，也能提高加工精度。但这样做既降低了生产率，又增加了生产成本，因而是不经济的。所以，通常所说的某种加工方法所能达到的加工精度，是指在正常条件下（正常的设备、合理的工时定额、一定熟练程度的工人操作）所能经济地获得的加工精度，称为经济精度。

选择加工精度的原则是在保证能达到技术要求的前提下，选用较低的公差等级。

知识模块 2　表面质量

机械零件的表面质量，主要是指零件加工后的表面粗糙度以及表面材质的变化。

1. 表面粗糙度与波度

表面粗糙度是指已加工表面微观几何形状误差，它与加工过程中的残留面积、塑性变形、积屑瘤以及工艺系统的高频振动有关。波度是介于宏观的几何形状误差与微观的几何形状误差之间的周期性几何形状误差，如图 4-22 所示。根据国家标准 GB/T 1031—2009 的规定，表面粗糙度分为 14 个等级，用 Ra 或 Rz 表示。各种切削加工方法所能达到的加工精度、表面粗糙度如表 4-5 所示。

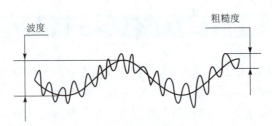

图 4-22 表面粗糙度与波度

表 4-5 常用的加工方法所能得到的加工精度

表面要求	加工方法	经济粗糙度 $Ra/\mu m$	表面特征	应　　用	经济精度
不加工			清除毛刺	铸锻件的不加工表面	IT14~IT16
粗加工	粗车、粗铣、粗刨、粗钻、粗锉	50	有明显刀纹	静止配合面、底板	
		25	可见加纹	静止配合面、螺钉不接合面	IT10~IT13
		12.5	微见加纹	螺母不接合面	IT10
半精加工	半精车、半精铣、半精刨、半精磨	6.3	可见加工痕迹	轴、套不接合面	IT8~IT10
		3.2	微见加工痕迹	要求较高的轴、套不接合面	IT7~IT8
		1.6	不见加工痕迹	一般的轴、套接合面	IT7~IT8
精加工	精车、精铣、精刨、精铰	0.8	可辨加工痕迹的方向	要求较高的接合面	IT6~IT8
		0.4	微辨加工痕迹的方向	凸轮轴轴颈、轴承内孔	IT6~IT7
		0.2	不辨加工痕迹的方向	油塞销、高速轴颈	IT6~IT7
超精加工	精磨、研磨、珩磨、镜面磨、超精加工	0.1	暗光泽面	滑阀工作面	IT5~IT7
		0.05	亮光泽面	精密机床主轴轴颈	IT5~IT6
		0.025	镜状光泽面	量规	IT5~IT6
		0.012	雾状光泽面	量规	
		0.008	镜面	量块	

表面粗糙度与零件的配合性质、耐磨性和抗腐蚀性等有着密切的关系,它影响机器或仪器的使用性能和寿命。为了保证零件的使用性能,通常要限制表面粗糙度的范围。在一般情况下,零件表面的尺寸精度要求越高,其形状和位置精度要求越高,表面粗糙度的值也就越小。

2. 已加工表面的加工硬化和残余应力

(1) 加工硬化。切削塑性材料,经切削变形后,往往发现零件已加工表面的强度和硬度比零件材料原来的强度和硬度有显著的提高,这种现象称为加工硬化。零件表面层的硬化可以提高零件的耐磨性,但同时也增大了表面层的脆性,降低了零件抗冲击的能力。

(2) 残余应力。在外力消失以后仍存在于零件内部的应力称为残余应力。残余应力分为拉应力和压应力,各部分的残余应力分布不均匀,会使零件发生变形,影响尺寸和形位精度。

因此,对于重要的零件,除限制表面粗糙度外,还要控制其表层加工硬化的程度和深度,以及表层残余应力的性质(拉应力还是压应力)和大小。而对于一般的零件,则主要规定其表面粗糙度的数值范围。

任务八 了解材料的切削加工性

【知识导图】

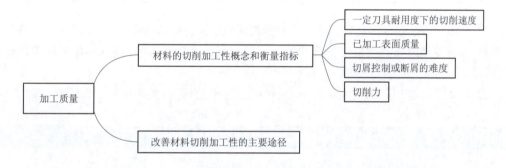

知识模块 1　材料的切削加工性概念和衡量指标

材料的切削加工性是指材料被切削加工成合格零件的难易程度。材料的切削加工性对刀具耐用度和切削速度的影响很大,对生产率和加工成本的影响也很大。材料的切削加工性越好,切削力和切削温度越低,允许的切削速度越高,被加工表面的粗糙度越小,也易于断屑。一种材料切削加工的好坏往往是相对于另一种材料而言的。具体的加工条件和要求不同,加工的难易程度也有很大的差异。

1. 材料切削加工性能的指标

(1) 一定刀具耐用度下的切削速度。材料允许的切削速度越高,其切削加工性越好。一般常用该材料的允许切削速度 v_t 与 45 钢允许的切削速度的比值 K_v(相对加工性)来表示。通常取 $T=60$ min,v_t 写作 v_{60};由于把 45 钢的 v_{60} 作为比较的基准,故写作 $(v_{60})j$,即

$$K_v = v_{60}/(v_{60})j$$

相对加工性 K_v 越大,表示切削该种材料时刀具磨损越慢,耐用度越高。凡 $K_v>1$ 的材料,其切削加工性比 45 钢(正火态)好,反之较差。常用材料的切削加工性可分为 8 级(见表 4-6)。

表 4-6 常用材料的切削加工性

加工性等级	名称及种类		相对加工性 K_v	代表性材料
1	很好加工材料	有色金属	>3.0	5-5-5 铜铅合金
2	易切材料	易切钢	2.5~3.0	15Cr
3		较易切钢	1.6~2.5	30 正火钢
4	普通材料	钢及铸铁	1.0~1.6	45 钢
5		稍难切材料	0.65~1.0	2Cr13
6	难切材料	较难切材料	0.5~0.65	45Cr
7		难切材料	0.15~0.5	50CrV
8		很难切材料	<0.15	钛合金

(2) 已加工表面质量。凡较容易获得好的表面质量的材料,其切削加工性较好;反之较差。

(3) 切屑控制或断屑的难度。凡切屑较容易控制或易于断屑的材料,其切削加工性较好;反之较差。

(4) 切削力。在相同的切削条件下,凡切削力较小的材料,其切削加工性较好。

知识模块 2　改善材料切削加工性的主要途径

提高难切削材料切削加工性的途径有以下几种。

(1) 选择合适的刀具材料。

(2) 对工件材料进行相应的热处理,尽可能在最适宜的组织状态下进行切削。

(3) 提高机床—夹具—刀具—工件这一工艺系统的刚性,提高机床的功率。

(4) 刀具表面应该仔细研磨,达到尽可能小的表面粗糙度,以减少黏结和因冲击造成的微崩刃。

(5) 合理选择刀具几何参数和切削用量,注意使用切削液,以提高刀具耐用度。

任务九 合理选择刀具几何参数和切削用量

【知识导图】

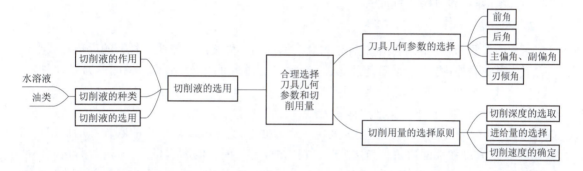

知识模块 1　刀具几何参数的选择

刀具几何参数的选择是否合理，对刀具使用寿命、加工质量、生产效率和加工成本等有着重要影响。所谓刀具的合理几何参数，是指在保证加工质量的前提下，能够满足刀具较长使用寿命、较高生产效率、较低加工成本的几何参数。

1. 前角 γ_o

前角是切削刀具上重要的几何参数之一，它的大小直接影响切削力、切削温度和切削功率，影响刃区和刀头的强度、容热体积和导热面积，从而影响刀具的使用寿命和切削加工生产率。

增大前角可以减小切削变形，降低切削力和切削温度。但过大的前角会使刀具楔角减小、刀刃强度下降、刀头散热体积减小，从而使刀具温度上升、寿命下降。针对某一具体加工条件，客观上有一个最合理的前角取值。

（1）工件材料的强度、硬度低，应取较大的前角；工件材料的强度、硬度高，应取较小的前角；加工特别硬的工件（如淬硬钢）时，前角很小甚至取负值。例如，加工铝合金时，$\gamma_o = 30°\sim 35°$；加工中硬钢时，$\gamma_o = 10°\sim 20°$；加工软钢时，$\gamma_o = 20°\sim 30°$。

（2）加工塑性材料时，尤其是冷加工硬化严重的材料，应取较大的前角；加工脆性材料时，可取较小的前角。用硬质合金刀具加工一般钢料时，前角可选 10°~20°。切削灰铸铁时，塑性变形较小，切屑呈崩碎状，它与前刀面的接触长度较短，与前刀面的摩擦不大，切削力集中在切削刃附近，为了保护切削刃不致损坏，宜选较小的前角。加工一般灰铸铁时，前角可选 5°~15°。

（3）粗加工，特别是断续切削，承受冲击性载荷，或对有硬皮的铸锻件粗切时，为保证刀具有足够的强度，应适当减小前角；但在采取某些强化切削刃及刀尖的措施之后，也可增大前角

159

至合理的数值。

（4）成型刀具和前角影响刀刃形状的其他刀具，为防止刃形畸变，常取较小的前角，甚至取 0°，但这些刀具的切削条件不好，应在保证切削刃成型精度的前提下设法增大前角，例如有增大前角的螺纹车刀和齿轮滚刀等。

（5）刀具材料的抗弯强度较大、韧性较好时，应选用较大的前角，如高速钢刀具比硬质合金刀具选用较大的前角（可增大 5°～10°）。

（6）工艺系统刚性差和机床功率不足时，应选用较大的前角。

（7）数控机床和自动生产线所用刀具，应考虑保障刀具尺寸公差范围内的使用寿命及工作的稳定性，通常选用较小的前角。

2. 后角 α_o

后角的主要功用是减小切削过程中刀具后刀面与工件之间的摩擦。较大的后角可减小刀具后刀面上的摩擦，提高已加工表面质量。若磨钝标准取值相同，则后角较大的刀具，磨损到磨钝标准时，磨去的金属体积较大，即刀具寿命较长。但是过大的后角会使刀具楔角显著减小，削弱切削刃强度，减小刀头散热体积，导致刀具寿命降低，如图 4-23 所示。

（1）当切削厚度很小时，磨损主要发生在后刀面上，为了减小后刀面的磨损和增加切削刃的锋利程度，宜取较大的后角。当切削厚度很大时，前刀面上的磨损量加大，这时后角取小些可以增强切削刃及改善散热条件；同时，由于此时楔角较大，可以使月牙洼磨损深度达到较大值而不致使切削刃碎裂，因而可提高刀具耐用度。但若刀具已采用了较大负前角，则不宜减小后角，以保证切削刀具有良好的切入条件。当 $f \leqslant 0.25$ mm/r 时，取 $\alpha_o = 10°\sim 12°$；当 $f > 0.25$ mm/r 时，取 $\alpha_o = 5°\sim 8°$。

（2）工件材料的强度、硬度较高时，为增加切削刃的强度，应选择较小的后角。工件材料的塑性、韧性较高时，为减小刀具后刀面的摩擦，应选择较大的后角；加工脆性材料时，切削力集中在刃口附近，应选择较小的后角。

（3）粗加工或断续切削时，为了强化切削刃，应选择较小的后角。精加工或连续切削时，刀具的磨损主要发生在刀具后刀面，应选择较大的后角。

（4）当工艺系统刚性较差，容易出现振动时，应适当减小后角。为了减小或消除切削时的振动，还可以在车刀后面上磨出 $b_{\alpha 1} = 0.1\sim 0.2$ mm，$\alpha_{o1} = 0°$ 的刃带，刃带不但可以消振，还可以提高刀具耐用度，起到稳定和导向的作用，主要用于铰刀、拉刀等有尺寸精度要求的刀具，如图 4-24 所示。硬质合金车刀合理前后角如表 4-7 所示。

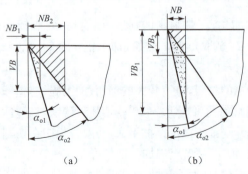

图 4-23 后角与刀具磨损

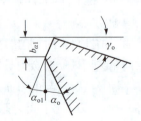

图 4-24 车刀后刀面上的刃带

表 4-7 硬质合金车刀合理前后角

工件材料种类	合理前角参考值/(°)		合理后角参考值/(°)	
	粗车	精车	粗车	精车
低碳钢	20~25	25~30	8~10	10~12
中碳钢	10~15	15~20	5~7	6~8
合金钢	10~15	15~20	5~7	6~8
淬火钢	−15~−5		8~10	
不锈钢(奥氏体)	15~20	20~25	6~8	8~10
灰铸铁	10~15	5~10	4~6	6~8
铜及铜合金(脆)	10~15	5~10	6~8	6~8
铝及铝合金	30~35	35~40	8~10	10~12
钛合金(σ_b≤胚>GPa)	5~10	5~10	10~15	10~15

注:粗加工用的硬质合金车刀,通常都磨有负倒棱及负刃倾角。

3. 主偏角 κ_r、副偏角 κ_r'

减小主偏角和副偏角,可以减小已加工表面上残留面积的高度,使粗糙度减小,同时又可以提高刀尖强度,改善散热条件,提高刀具寿命;减小主偏角还可使切削厚度减小,切削宽度增加,切削刃单位长度上的负荷下降。另外,主偏角的取值还影响各切削分力的大小和比例的分配,例如车外圆时,增大主偏角可使背向力 F_p 减小、进给力 F_f 增大。

选择主、副偏角主要遵循以下原则。

(1) 工艺系统的刚度较好时,主偏角取小值,取 $\kappa_r=30°\sim45°$。在加工高强度、高硬度的工件时,可取 $\kappa_r=10°\sim30°$,以增加刀头的强度。当工艺系统的刚度较差或强力切削时,可取 $\kappa_r=60°\sim75°$。

(2) 综合考虑工件形状、切屑控制等方面的要求。车削细长轴时,为了减小背向力,可取 $\kappa_r=90°\sim93°$。车削阶梯轴时,可取 $\kappa_r=90°$。用一把车刀车削外圆、端面和倒角时,可取 $\kappa_r=45°\sim60°$。镗盲孔时,可取 $\kappa_r\geqslant90°$。较小的主偏角易形成长而连续的螺旋屑,不利于断屑,故对于切削屑控制严格的自动化加工,宜取较大的主偏角。

(3) 副偏角 κ_r' 的大小主要根据工件已加工表面的粗糙度要求和刀具强度来选择,在不引起振动的情况下,尽量取小值。精加工时,可取 $\kappa_r'=5°\sim10°$。粗加工时,可取 $\kappa_r'=10°\sim15°$。当工艺系统刚度较差或从工件中间切入时,可取 $\kappa_r'=30°\sim45°$。在精车时,可在副切削刃上磨出一段 $\kappa_r'=0°$、长度 $=(1.2\sim1.5)f$ 的修光刃,以减小已加工表面的粗糙度。用带有修光刃的车刀切削时,径向分力 F_y 很大,因此工艺系统刚度必须很好,否则容易引起振动。

4. 刃倾角 λ_s

改变刃倾角可以改变切屑流出的方向,达到控制排屑方向的目的。负刃倾角的车刀刀头强度好,散热条件也好。绝对值较大的刃倾角可使刀具的切削刃实际钝圆半径较小,切削刃锋利。刃倾角不为 0°时,切削刃是逐渐切入和切出工件的,可以减小刀具受到的冲击,提高切削的平稳性。

在加工钢件或铸铁件时,粗车取 $\lambda_s=-5°\sim0°$,精车取 $\lambda_s=0°\sim5°$;有冲击负荷或断续切削时取 $\lambda_s=-15°\sim-5°$。加工高强度钢、淬硬钢或强力切削时,为提高刀头强度,取 $\lambda_s=-30°\sim-10°$。当工艺系统刚度较差时,一般不宜采用负刃倾角,以避免径向力的增加。

知识模块 2　切削用量的选择原则

切削用量的选择,对生产率、加工成本和加工质量均有重要影响。所谓合理的切削用量是指在保证加工质量的前提下,能取得较高的生产效率和较低成本的切削用量。

选择切削用量的基本原则是:首先选取尽可能大的切削深度 a_p;其次根据机床进给机构强度、刀杆刚度等限制条件,选取尽可能大的进给量 f;最后根据"切削用量手册"查取或根据公式计算确定切削速度 v_c。

1. 切削深度 a_p 的选取

切削加工一般分为粗加工、半精加工和精加工。粗加工($Ra=12.5\sim50~\mu m$)时,应尽量用一次走刀就切除全部加工余量;在中等功率机床上,切削深度可达 $8\sim10$ mm;半精加工($Ra=3.2\sim6.3~\mu m$)时,切削深度可达 $0.5\sim2$ mm;精加工($Ra=0.8\sim1.6~\mu m$)时,切削深度可达 $0.1\sim0.4$ mm。

2. 进给量的选择

粗加工时,由于工件的表面质量要求不高,进给量的选择主要受切削力的限制。在机床进给机构的强度、车刀刀杆的强度和刚度以及工件的装夹刚度等工艺系统强度良好,硬质合金或陶瓷刀片等刀具的强度较大的情况下,可选用较大的进给量值。当断续切削时,为减小冲击,要适当减小进给量。

在半精加工和精加工时,因切削深度较小、切削力不大,故进给量的选择主要考虑加工质量和已加工表面粗糙度值,一般取的值较小。

在实际生产中,进给量常常根据经验或查表法确定。粗加工时,根据加工材料、车刀刀杆尺寸、工件直径以及已确定的切削深度,按表 4-8 来选择进给量;半精加工和精加工时,则根据表面粗糙度值的要求,按工件材料、刀尖圆弧半径、切削速度的不同由表 4-9 来选择进给量。

表 4-8　硬质合金及高速钢车刀粗车外圆和端面时进给量的参考值

工件材料	车刀刀杆尺寸 $B\times H$/mm	工件直径 /mm	切削深度/mm					
			≤3	3~5	5~8	8~12	>12
			进给量/(mm·r^{-1})				
碳素结构钢和合金结构钢	16×25	20	0.3~0.4	—	—	—	—
		40	0.4~0.5	0.3~0.4	—	—	—
		60	0.5~0.7	0.4~0.6	0.3~0.5	—	—
		100	0.6~0.9	0.5~0.7	0.5~0.6	0.4~0.5	—
		400	0.8~1.2	0.7~1.0	0.6~0.8	0.5~0.6	—

续表

工件材料	车刀刀杆尺寸 $B×H$/mm	工件直径/mm	切削深度/mm ≤3	3~5	5~8	8~12	>12
			进给量/(mm·r^{-1})				
碳素结构钢和合金结构钢	20×30 25×25	20	0.3~0.4	—	—	—	—
		40	0.4~0.5	0.3~0.4	—	—	—
		60	0.6~0.7	0.5~0.7	0.4~0.5	—	—
		100	0.8~1.0	0.7~0.9	0.5~0.7	0.4~0.7	—
		600	1.2~1.4	1.0~1.2	0.8~1.0	0.6~0.9	0.4~0.6
	25×40	60	0.6~0.9	0.5~0.8	0.4~0.7	—	—
		100	0.8~1.2	0.7~1.1	0.6~0.9	0.5~0.8	—
		1 000	1.2~1.5	1.1~1.5	0.9~1.2	0.8~1.0	0.7~0.8
铸铁及铜合金	16×25	40	0.4~0.5	—	—	—	—
		60	0.6~0.8	0.5~0.8	0.4~0.6	—	—
		100	0.8~1.2	0.7~1.0	0.6~0.8	0.5~0.7	—
		400	1.0~1.4	1.0~1.2	0.8~1.0	0.6~0.9	—
	25×30 25×25	40	0.4~0.5	—	—	—	—
		60	0.6~0.9	0.5~0.8	0.4~0.7	—	—
		100	0.9~1.3	0.8~1.2	0.7~1.0	0.5~0.8	—
		600	1.2~1.8	1.2~1.6	1.0~1.3	0.9~1.1	0.7~0.9

注:(1) 加工断续表面及有冲击的加工时,表内的进给量要乘系数 $k=0.75~0.85$。
(2) 加工耐热钢及其合金时,不采用大于 1.0 mm/r 的进给量。
(3) 加工冷淬硬钢时,表内的进给量要乘系数 $k=0.8$(当材料硬度为 44~56 HRC 时)或 $k=0.5$(当材料硬度为 57~62 HRC 时)。

表 4-9 根据表面粗糙度值选择进给量的参考值

工件材料	表面粗糙度/μm	切削速度值/(m·min^{-1})	刀尖圆弧半径/mm 0.5	1.0	2.0
			进给量/(mm·r^{-1})		
碳素结构钢	5~10	<50	0.3~0.5	0.45~0.60	0.55~0.70
		>50	0.4~0.55	0.55~0.65	0.65~0.70
	2.5~5	<50	0.18~0.25	0.25~0.30	0.30~0.40
		>50	0.25~0.30	0.30~0.35	0.35~0.50

续表

工件材料	表面粗糙度/μm	切削速度值/$(m \cdot min^{-1})$	刀尖圆弧半径/mm		
			0.5	1.0	2.0
			进给量/$(mm \cdot r^{-1})$		
合金结构钢	2.5～12.5	<50	0.10	0.11～0.15	0.15～0.22
		50～100	0.11～0.16	0.16～0.25	0.25～0.35
		>100	0.16～0.20	0.20～0.25	0.25～0.35
铸铁及铜合金	5～10	不限	0.25～0.40	0.45～0.50	0.50～0.60
	2.5～5		0.15～0.20	0.25～0.40	0.40～0.60
	2.5～12.5		0.10～0.15	0.15～0.20	0.20～0.35

3. 切削速度 v 的确定

当切削深度 a_p 和进给量 f 选定后,应该在此基础上再选出最大的切削速度 v,此速度主要受刀具耐用度的限制。因此,在一般情况下,要根据已经选定的切削深度 a_p、进给量 f 及刀具耐用度 T,按式 $v = \dfrac{C_v}{T^m a_p^{x_v} f^{y_v}} K_v$ 计算出切削速度 v,式中的各系数和指数可查阅切削用量手册。切削速度 v 也可以按表 4-10 来选定,在取切削速度 v 时应注意:粗加工时,取小值;精加工时,取大值。

表 4-10 硬质合金外圆车刀切削速度参考值

工件材料	热处理状态	$a_p=0.3～2$ mm $f=0.8～0.3$ mm/r	$a_p=2～6$ mm $f=0.3～0.6$ mm/r	$a_p=6～10$ mm $f=0.6～1$ mm/r
		$v/(m \cdot s^{-1})$		
低碳钢 易切钢	热轧	2.33～3	1.67～2.0	1.17～1.5
中碳钢	热轧	2.17～2.67	1.5～1.83	1.0～1.33
	调质	1.67～2.17	1.17～1.5	0.83～1.17
合金结构钢	热轧	1.67～2.17	1.17～1.5	0.83～1.17
	调质	1.33～1.83	0.83～1.17	0.67～1.0
工具钢	退火	1.5～2.0	1.0～1.33	0.83～1.17
不锈钢		1.17～1.33	1.0～1.17	0.67～1.0
高锰钢			0.17～0.33	0.83～1.17
铜及合金		3.33～4.17	2.0～0.3	0.83～1.0
铝及合金		5.1～10	3.33～6.67	2.5～5.0
铸铝合金		1.67～3.0	1.33～2.5	1.0～1.67

知识模块 3　切削液的选用

1. 切削液的作用

切削液主要通过冷却和润滑作用来改善切削过程,一方面,它能吸收并带走大量切削热,起到冷却作用;另一方面,它能渗入到刀具与零件和切屑的接触表面,形成润滑膜,有效地减小摩擦;切削液还可以起清洗和防锈的作用。合理地选择切削液,可以降低切削力和切削温度,提高刀具耐用度和加工质量。

2. 切削液的种类

常用的切削液有两类。

(1) 水溶液。水溶液(肥皂水、苏打水等)、乳化液等。这类切削液比热容大、流动性好,主要起冷却作用,也有一定的润滑作用。在水类切削液中加入一定量的防锈剂或其他添加剂可以改善其性能。

(2) 油类。油类的主要成分是矿物油,少数采用动植物油或复合油。这类切削液比热容小、流动性差,主要起润滑作用,也有一定的冷却作用。

3. 切削液的选用

切削液的品种很多,性能各异,应根据加工性质、零件材料和刀具材料来选择合理的切削液,才能收到良好的效果。水溶液的主要成分是水,并加入少量的防锈剂等添加剂。它具有良好的冷却作用,可以大大降低切削温度,但润滑性能较差。乳化液是将乳化油用水稀释而成,具有良好的流动性和冷却作用,并有一定的润滑作用。乳化液可根据不同的用途配制成不同的浓度(2%~5%)。低浓度的乳化液用于粗车、磨削;高浓度的乳化液用于精车、精铣、精镗、拉削等。乳化液如果和机床的润滑油混合在一起,会使润滑油发生乳化,从而加速机床运动表面的磨损。凡贵重的或调整起来较复杂的机床,如滚齿机、自动机等,一般都不采用乳化液,而采用不含硫的活性矿物油。切削油润滑作用良好,而冷却作用小,多用以减小摩擦和减小零件表面粗糙度。精加工工序,如精刨、珩磨和超精加工等常使用煤油作切削液,而攻螺纹、精车丝杠可采用菜油之类的植物油等作切削液。使用切削液要根据加工方式、加工精度和零件材料等情况进行选择。例如,粗加工时,切削用量大,切削热多,应选以冷却为主的切削液;精加工时,主要是改善摩擦条件,抑制积屑瘤的产生,常选用切削油或浓度较高的乳化液。切削铜合金和其他有色金属时,不能用硫化油,以免在零件表面产生黑色的腐蚀斑点;加工铸铁和铝合金时,一般不用切削液,精加工时,可使用煤油作切削液,以降低表面粗糙度。

【能力检测】

1. 切削用量三要素是什么?它们的单位是什么?
2. 刀具的工作角度和标注角度有什么区别?影响刀具工作角度的主要因素有哪些?
3. 切削层公称横截面参数包括哪几项内容?
4. 对刀具材料有哪些性能要求?它们对刀具的切削性能有何影响?
5. 试比较普通高速钢和高性能高速钢的性能、用途、主要化学成分,并举出几种常用牌号。

项目四　机械加工
基础知识汇总图

6. 试比较 YG 类与 YT 类硬质合金的性能、用途、主要化学成分,并举出几种常用牌号。

7. 按下列用途选用刀具材料的种类或牌号。
(1)45 钢锻件粗车;(2)HT200 铸件精车;(3)低速精车合金钢蜗杆;(4)高速精车调质钢长轴;(5)高速精密镗削铝合金缸套;(6)中速车削淬硬钢轴;(7)加工 65 HRC 冷硬铸铁。

8. 根据切屑的外形,通常可把切屑分为几种类别?各类切屑对切削加工有何影响?

9. 试述积屑瘤的成因,它对切削加工的影响以及减小或避免这种影响时应采取的主要措施。

10. 什么是刀具耐用度?刀具耐用度与刀具寿命有何关系?

11. 试述前角和后角的大小对切削过程的影响。

12. 试述刃倾角的作用。

13. 切削液的主要作用是什么?常用切削液有哪几种?如何选用?

项目五
外圆表面加工

【项目概述】

图 5-1 所示为轴类零件图,零件的表面主要是内外圆柱面、锥面、平面、螺纹和沟槽。在机械加工中,对外圆柱表面加工常用的方法有车削和磨削等。平面加工常用的方法有铣削、刨削和磨削等,本项目以轴类零件外圆表面加工例,学习车削和磨削加工的相关知识。

图 5-1　轴类零件图

【教学目标】

1. 能力目标:通过本项目的学习,学生可以掌握使用车床和磨床对轴类零件的外圆表面和内孔以及螺纹、锥面进行加工的方法。了解机械传动系统图,并可以对较为简单的传动系统图进行传动分析和计算。了解金属切削机床的分类方法。

2. 知识目标:了解金属切削机床的分类;掌握传动系统图的分析和计算方法;掌握 CA6140、M1432A 的工作原理、工艺范围、操作方法;学会分析零件图,根据要求选择合理的加工方式完成零件加工;了解机械加工中的劳动安全纪律,做到安全生产。

【知识准备】

金属切削机床基础 ⇒ 外圆表面车削加工 ⇒ 外圆表面磨削加工

任务一 了解金属切削机床基础

【知识导图】

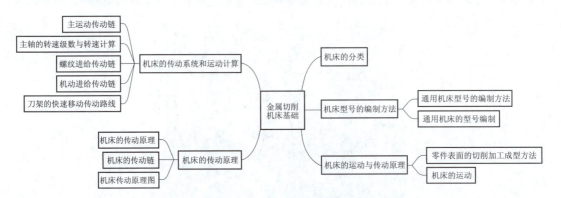

知识模块1 机床的分类

机床主要按加工性质和所用刀具进行分类,机床可分为12大类(见表5-1):车床、钻床、镗床、磨床、齿轮加工机床、螺纹加工机床、铣床、刨插床、拉床、特种加工机床、锯床和其他机床。在每类机床中又可按工艺特性和结构特性的不同细分为若干组,每一组又可细分的若干系(系列)。

除上述基本分类方法外,还可根据其他特征进行分类。

按照工艺范围的宽窄,可分为通用机床(或称为万能机床)、专门化机床和专用机床3类。

按照机床的工作精度,可分为普通精度机床、精密机床和高精度机床。

按照机床质量和尺寸,可分为仪表机床、中型机床(一般机床)、大型机床(质量在10 t以上)、重型机床(质量在30 t以上)和超重型机床(质量在100 t以上)。

按照机床主要工位的数目,可分为单轴、多轴、单刀、多刀机床等。

按照自动化程度,可分为普通、半自动和自动机床。自动机床具有完整的自动工作循环,包括自动装卸工件,能够连续地自动加工出工件。半自动机床也具有完整的自动工作循环,但装卸工件还需人工完成,因此不能连续加工。

知识模块 2 机床型号的编制方法

机床型号是机床产品的代号,机床型号应完整地表示出机床的名称、主要技术参数与性能。目前我国机床型号是按 GB/T 15375—2008 编制的,如图 5-2 所示,即机床型号是由汉语拼音字母和阿拉伯数字按一定的规律组合而成的。型号中的汉语拼音字母按其汉字名称读音。

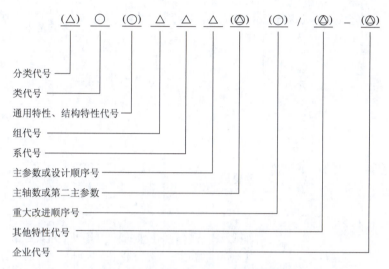

图 5-2 金属切削机床型号的编制方法

( )——可选项,无内容时则不表示,有内容时则不带括号;△——阿拉伯数字;
○——大写汉语拼音字母;⌂——大写汉语拼音字母,或阿拉伯数字,或两者兼有

1. 通用机床型号的编制方法

(1) 类代号。用大写的汉语拼音字母表示,并按汉字名称读音。必要时,每类可分为若干分类,分类代号用阿拉伯数字表示,作为型号的首位,例如,磨床类分为 M、2M、3M 3 个分类。机床类别代号如表 5-1 所示。

表 5-1 通用机床类别代号

类别	车床	钻床	镗床	磨床			齿轮加工机床	螺纹加工机床	铣床	刨插床	拉床	锯床	其他机床
代号	C	Z	T	M	2M	3M	Y	S	X	B	L	G	Q
读音	车	钻	镗	磨	二磨	三磨	牙	丝	铣	刨	拉	割	其他

(2) 机床的组、系代号。组、系代号用两个阿拉伯数字表示,前者表示组,后者表示系。每类机床划分为 10 个组,每组又划分为 10 个系,如表 5-2 所示。

表 5-2 金属切削机床类、组划分

类别 \ 组别		0	1	2	3	4	5	6	7	8	9
车床 C		仪表车床	单轴自动车床	多轴自动、半自动车床	回轮、转塔车床	曲轴及凸轮轴车床	立式车床	落地及卧式车床	仿形及多刀车床	轮、轴、辊、锭及铲齿车床	其他车床
钻床 Z		—	坐标镗钻床	深孔钻床	摇臂钻床	台式钻床	立式钻床	卧式钻床	铣钻床	中心孔钻床	其他钻床
镗床 T		—	—	深孔镗床	—	坐标镗床	立式镗床	卧式铣镗床	精镗床	汽车拖拉机修理用镗床	其他镗床
磨床	M	仪表磨床	外圆磨床	内圆磨床	砂轮机	坐标磨床	导轨磨床	刀具刃磨床	平面及端面磨床	曲轴、凸轮轴、花键轴及轧辊磨床	工具磨床
	2M	—	超精机	内圆珩磨机	外圆及其他珩磨机	抛光机	砂带抛光及磨削机床	刀具刃磨及研磨机床	可转位刀片磨削机床	研磨机	其他磨床
	3M	—	球轴承套圈沟磨床	滚子轴承套圈滚道磨床	轴承套圈超精机	—	叶片磨削机床	滚子加工机床	钢球加工机床	气门、活塞及活塞环磨削机床	汽车、拖拉机修磨机床
齿轮加工机床 Y		仪表齿轮加工机	—	锥齿轮加工机	滚齿机及铣齿机	剃齿及珩齿机	插齿机	花键轴铣床	齿轮磨齿机	其他齿轮加工机	齿轮倒角及检查机
螺纹加工机床 S		—	—	—	套螺纹机	攻螺纹机	—	螺纹铣床	螺纹磨床	螺纹车床	—
铣床 X		仪表铣床	悬臂及滑枕铣床	龙门铣床	平面铣床	仿形铣床	立式升降台铣床	卧式升降台铣床	床身铣床	工具铣床	其他铣床
刨插床 B		—	悬臂刨床	龙门刨床	—	—	插床	牛头刨床	—	边缘及模具刨床	其他刨床
拉床 L		—	—	侧拉床	卧式外拉床	连续拉床	立式内拉床	卧式内拉床	立式外拉床	键槽、轴瓦及螺纹拉床	其他拉床

续表

类别＼组别	0	1	2	3	4	5	6	7	8	9
锯床 G	—	—	砂轮片锯床	—	卧式带锯床	立式带锯床	圆锯床	弓锯床	锉锯床	—
其他机床 Q	其他仪表机床	管子加工机床	木螺钉加工机床	—	刻线机	切断机	多功能机床	—	—	—

(3) 机床的通用特性及结构特性代号。通用特性代号有统一的固定含义,它在各类机床型号中所表示的意义相同。若某类机床除有普通形式外,还有某种通用特性,则在类代号之后加通用特性代号予以区分。机床通用特性代号如表5-3所示。

表5-3 机床通用特性代号

通用特性	高精度	精密	自动	半自动	数控	加工中心（自动换刀）	仿形	轻型	加重型	简式或经济型	柔性加工单元	数显	高速
代号	G	M	Z	B	K	H	F	Q	C	J	R	X	S
读音	高	密	自	半	控	换	仿	轻	重	简	柔	显	速

对主参数相同而结构、性能不同的机床,在型号中加结构特性代号予以区分。结构特性代号在型号中没有统一的含义,它用汉语拼音字母表示,排在类代号之后。当型号中有通用特性代号时,应排在通用特性代号之后。可用作结构特性代号的字母有 A、D、E、L、N、P、R、S、T、U、V、W、X 和 Y；也可将这些字母两两组合起来使用,如 AD、AE 等。

(4) 机床主参数、第二主参数。机床主参数代表机床规格大小,用折算值表示,位于系代号之后。某些通用机床,当其无法用一个主参数表示时,则在型号中用设计顺序号表示。各类主要机床的主参数和折算系数如表5-4所示。

表5-4 各类主要机床的主参数和折算系数

机 床	主 参 数	折 算 系 数
立式车床	最大车削直径	1/100
卧式车床	床身上最大回转直径	1/10
升降台铣床	工作台面宽度	1/10
龙门铣床	工作台面宽度	1/100
牛头刨床	最大刨削长度	1/10
龙门刨床	工作台面宽度	1/100
摇臂钻床	最大钻孔直径	1/1
深孔钻床	最大钻孔直径	1/10
坐标镗床	工作台面宽度	1/10
落地镗床	镗轴直径	1/10

续表

机　床	主　参　数	折　算　系　数
齿轮加工机床	最大工件直径	1/10
拉床	额定拉力	1/10
卧式弓锯床	最大锯削直径	1/10
外圆磨床	最大磨削直径	1/10
内圆磨床	最大磨削孔径	1/10
矩台平面磨床	工作台面宽度	1/10
圆台平面磨床	工作台面直径	1/10

第二主参数（多轴机床的主轴数除外）一般不予表示，它是指最大跨距、最大模数、最大工件长度等。

(5) 机床的重大改进顺序号。当机床的结构、性能有重大改进和变化时，在原机床型号的尾部加改进顺序号，以区别于原型号。顺序号以 A、B、C、…汉语拼音字母的顺序表示。

(6) 其他特性代号。其他特性代号主要用以反映各类机床的特性。如对于数控机床，可用它来反映不同控制系统；对于一般机床，可用它来反映同一型号机床的变型等。其他特性代号可用汉语拼音字母表示，也可用阿拉伯数字表示，还可两者组合起来表示。

(7) 企业代号。企业代号包括机床生产厂及机床研究所单位代号，置于机床型号尾部，用"-"分开。若机床型号无其他特性代号，而仅有企业代号，则不加"-"，直接写在"/"后面。

通用机床型号实例：

例 5.1　型号 MM7132A 表示工作台面宽度为 320 mm，经过第一次重大改进后的精密卧轴矩台平面磨床。

例 5.2　型号 Z3040×16/S2 表示由沈阳第二机床厂生产的最大钻孔直径为 40 mm、最大跨距为 1 600 mm 的摇臂钻床。

例 5.3　型号 THK6180 表示工作台面宽度为 800 mm 的自动换刀数控卧式镗铣床。

2. 专用机床的型号编制

(1) 专用机床型号表示方法。专用机床的型号一般由设计单位代号和设计顺序号组成。

(2) 设计单位代号。它包括机床生产厂和机床研究单位代号，位于型号之首。

(3) 专用机床的设计顺序号。按该单位的设计顺序号（从"001"起始）排列，位于设计单位代号之后，并用"-"隔开，读作"至"。

例如，北京第一机床厂设计制造的第 100 种专用机床为专用铣床，其型号为 B1-100。

知识模块 3　机床的运动与传动原理

1. 零件表面的切削加工成形方法

机械零件的表面有以下几种基本形状：平面、圆柱面、圆锥面以及各种成形面。当精度和表面粗糙度要求较高时,需要在机床上用刀具经切削加工而成。机械零件的任何表面都可看作是一条线(称为母线)沿着另一条线(称为导线)运动的轨迹。如平面可看作是由一条直线(母线)沿着另一条直线(导线)运动而形成,见图5-3(a);圆柱面和圆锥面可看作是由一条直线(母线)沿着一个圆(导线)运动而形成,见图5-3(b)和图5-3(c);普通螺纹的螺旋面可看作是由"八"字形线(母线)沿螺旋线(导线)运动而形成,见图5-3(d);直齿圆柱齿轮的渐开线齿廓表面可看作是由渐开线(母线)沿直线(导线)运动而形成,见图5-3(e),等等。形成表面的母线和导线统称为发生线。

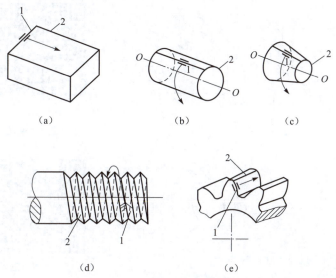

图5-3 零件表面的成形

1—母线;2—导线

(a) 平面;(b) 圆柱面;(c) 圆锥面;(d) 螺纹;(e) 齿槽

车床运动动画

由图5-3可以看出,对于有些表面,其母线和导线可以互换,如平面、圆柱面和直齿圆柱齿轮的渐开线齿廓表面等,称为可逆表面;而另一些表面,其母线和导线不可互换,如圆锥面、螺旋面等,称为不可逆表面。

切削加工中,发生线是由刀具的切削刃和工件的相对运动得到的,由于使用的刀具切削刃形状和采取的加工方法不同,形成发生线的方法可归纳为以下4种。

(1) 轨迹法。它是利用刀具做一定规律的轨迹运动对工件进行加工的方法。切削刃与被加工表面为点接触,发生线为接触点的轨迹线。在图5-4(a)中,母线A_1(直线)和导线A_2(曲线)均由刨刀的轨迹运动形成。采用轨迹法形成发生线需要一个成形运动。

(2) 成形法。它是利用成形刀具对工件进行加工的方法。切削刃的形状和长度与所需形成的发生线(母线)完全重合。在图5-4(b)中,曲线形母线由成形刨刀的切削刃直接形成,直线形的导线则由轨迹法形成。

(3) 相切法。它是利用刀具边旋转边作轨迹运动对工件进行加工的方法。在图5-4(c)中,采用铣刀、砂轮等旋转刀具加工时,在垂直于刀具旋转轴线的截面内,切削刃可看作是点,当切削点绕着刀具轴线做旋转运动B_1,同时刀具轴线沿着发生线的等距线做轨迹运动A_2时,切削点运动轨迹的包络线便是所需的发生线。为了用相切法得到发生线,需要两个成形运动,

173

即刀具的旋转运动和刀具中心按一定规律的运动。

（4）展成法。它是利用工件和刀具做展成切削运动进行加工的方法。切削加工时，刀具与工件按确定的运动关系做相对运动(展成运动或称范成运动)，切削刃与被加工表面相切(点接触)，切削刃各瞬时位置的包络线便是所需的发生线。如图 5-4(d)所示，用齿条形插齿刀加工圆柱齿轮，刀具沿箭头 A_1 方向所做的直线运动形成直线形母线(轨迹法)，而工件的旋转运动 B_{21} 和直线运动 A_{22} 使刀具能不断地对工件进行切削，其切削刃的一系列瞬时位置的包络线便是所需要的渐开线形导线，见图 5-4(e)。用展成法形成发生线需要一个成形运动(展成运动)。

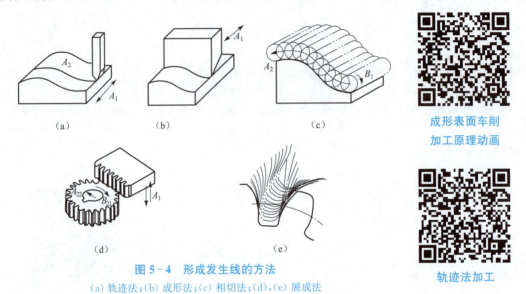

图 5-4 形成发生线的方法
(a) 轨迹法；(b) 成形法；(c) 相切法；(d),(e) 展成法

成形表面车削加工原理动画

轨迹法加工

2. 机床的运动

机床的运动可以分为表面成形运动和辅助运动，其中表面成形运动是形成工件表面所必需的刀具与工件之间的相对运动。

表面成形运动按其组成情况不同，可分为简单的和复合的两种。如果一个独立的成形运动是由单独的旋转运动或直线运动构成的，则此成形运动称为简单成形运动。例如，用尖头车刀车削外圆柱面时(见图 5-5(a))，工件的旋转运动 B_1 和刀具直线运动 A_2 就是两个简单运动；用砂轮磨削外圆柱面时(见图 5-5(b))，砂轮和工件的旋转运动 B_1、B_2，以及工件的直线运动 A_3 也都是简单运动。如果一个独立的成形运动是由两个或两个以上的旋转运动或(和)直线运动，按照某种确定的运动关系组合而成，则称此成形运动为复合成形运动。例如，车削螺纹时(见图 5-5(c))，形成螺旋形发生线所需的刀具和工件之间的相对螺旋轨迹运动，为简化机床结构和较易保证精度，通常将其分解为工件的等速旋转运动 B_{11} 和刀具的等速直线运动 A_{12}。B_{11} 和 A_{12} 不能彼此独立，它们之间必须保持严格的运动关系，即工件每转一转时，刀具直线运动的距离应等于螺纹的导程，从而使 B_{11} 和 A_{12} 这两个单元运动组成一个复合运动。用轨迹法车回转体成形面时(见图 5-5(d))，尖头车刀的曲线轨迹运动通常由相互垂直坐标方向上的、有严格速比关系的两个直线运动 A_{21} 和 A_{22} 来实现，A_{21} 和 A_{22} 也组成一个复合运动。

根据其在切削中所起作用的不同，表面成形运动可分为主运动和进给运动。主运动是指

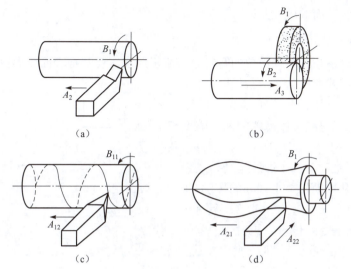

图 5-5 成形运动的组成
(a) 尖头车刀车削外圆柱面；(b) 砂轮磨削外圆柱面；(c) 车削螺纹；(d) 车回旋体成形面

在切削过程中起主要作用的运动,其特点是运动速度高,消耗的机床功率最大,如车床主轴的旋转运动、磨床砂轮的高速回转运动、刨床上刨刀的往复直线运动和镗床镗杆的回转运动。进给运动是指不断将工件投入切削的运动,其特点是速度较低,如车床上刀具的纵向和横向进给运动、刨床上工作台带动工件的进给运动、钻床钻孔时钻头的轴向进给运动。

机床在加工过程中还需要一系列辅助运动,以实现机床的各种辅助动作,为表面成形创造条件。它的种类很多,一般包括切入运动、分度运动、调位运动和各种空行程运动。

知识模块 4　机床的传动原理

1. 机床传动系统的组成

(1) 执行件:执行机床的运动的部件,通常为主轴、刀架、工作台。

(2) 运动源:为执行件提供运动和动力,通常为电动机。

(3) 传动装置:传递运动和动力、变速变向,如齿轮、链轮、丝杠等,另外还有液压和气压传动。

2. 机床的传动链

在机床上,使运动源和执行件以及两个有关执行件之间保持运动联系的一系列顺序排列的传动件,称为传动链。根据传动链性质的不同,传动链可分为内联系和外联系两种。

(1) 内联系传动链。传动链的首、末件之间有严格的运动关系的传动链称为内联系传动链。如在卧式车床上用螺纹车刀车螺纹时,必须保证工件每转一转,螺纹车刀沿工件轴向移动螺纹的一个导程,此时,联系主轴和刀架之间的传动链就是内联系传动链。

(2) 外联系传动链。外联系传动链是联系动力源和机床执行件之间的传动链,它使执行件得到预定速度的运动,并传递一定的动力。它不影响工件表面形状的形成,只影响工件表面粗糙度或加工效率,因此不要求有严格的传动比。如卧式车床主运动传动链的传动比只影响切削速度而不影响表面形状的形成,即使在车螺纹时,主轴的转速大小也只影响车螺纹速度的快慢而不影响螺纹表面的形成。

3. 机床传动原理图

机床传动原理图是用一些简单的符号来表明机床在实现某种表面成形运动时传动联系的示意图。下面以卧式车床为例进行说明。

图5-6所示为卧式车床车螺纹时的传动原理图,图中表示了加工螺纹时所需要的两个表面成形运动,即工件的旋转和刀具的纵向直线运动,以及相应的两条传动链,即主运动和车螺纹运动传动链。其中主运动传动链是从电动机至主轴间的传动,传动路线为:电动机—1—2—u_v—3—4—工件,其中1—2和3—4段为传动比不变的传动机构,换置机构 u_v 代表主变速机构,改变 u_v 的大小即可改变主轴的转速。车螺纹运动传动链是一条内联系传动链,传动路线为:主轴—4—5—u_f—6—7—丝杠螺母副—刀具,换置机构 u_f 代表从主轴到丝杠间的挂轮机构以及滑移齿轮变速机构等,改变 u_f 的大小即可得到不同导程的螺纹。

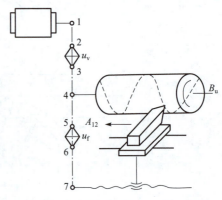

图5-6 卧式车床车螺纹时的传动原理图

知识模块5 机床的传动系统和运动计算

为便于了解和分析机床运动的传递、联系情况,常采用传动系统图,它是表示实现机床全部运动的传动示意图。传动系统图中将每条传动链中的具体传动机构用简单的规定符号(见国家标准GB/T 4460—1984《机械制图—机构运动简图符号》)表示,并标明齿轮和蜗轮的齿数、蜗杆头数、丝杠导程、带轮直径、电动机功率和转速等。传动链的传动机构,按照运动传递或联系顺序依次排列,以展开图形式画在能反映主要部件相互位置的机床外形轮廓中。下面以CA6140传动系统为例,介绍机床传动系统的分析和计算方法。

在机床的加工过程中,需要有多少个运动就应该有多少条传动链,所有这些传动链和它们之间的相互联系就组成了一台机床的传动系统。分析传动系统也就是分析各传动链,分析各传动链时应按下述步骤进行。

(1)根据机床所具有的运动确定各传动链两端件。
(2)根据传动链两端件的运动关系确定计算位移量。
(3)根据计算位移量及传动链中各传动副的传动比列出运动平衡式。
(4)根据运动平衡式推导出传动链的换置公式。

传动链中换置机构的传动比一经确定,即可根据运动平衡式计算出机床执行件的运动速度或位移量。

下面以CA6140型卧式车床传动系统为例进行分析,如图5-7所示。

若要实现机床所需的运动,CA6140型卧式车床的传动系统需具备以下传动链:主传动链、螺纹进给传动链、纵向进给传动链、横向进给传动链和实现刀架快速退离或趋近工件的快速空行程传动链。

卧式车床工作原理

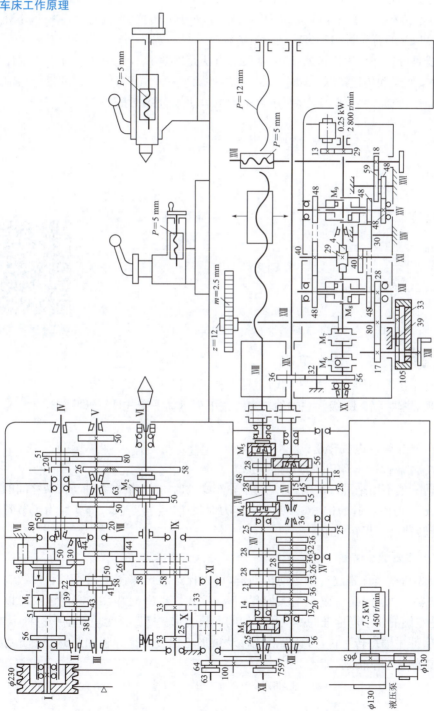

图 5-7 CA6140 传动系统图

1. 主运动传动链

CA6140型卧式车床主运动,是由主电动机经三角带传至主轴箱中的轴Ⅰ,轴Ⅰ上装有一个双向多片式摩擦离合器M_1,用以控制主轴的启动、停止和换向。轴Ⅰ的运动经离合器M_1和轴Ⅱ-Ⅲ变速齿轮传至轴Ⅲ,然后分两路传递给主轴。

(1) 高速传动路线。主轴Ⅵ上的滑移齿轮Z_{50}处于左边位置,运动经齿轮副直接传给主轴。

(2) 中低速传动路线。主轴Ⅵ上的滑移齿轮Z_{50}处于右边位置,且与齿式离合器M_2接合,运动经轴Ⅲ-Ⅳ-Ⅴ的背轮机构和齿轮副传给主轴。

传动路线是分析和认识机床的基础,常用的方法是"抓两端,连中间":首先找到传动链的两端件,然后按照运动传递或联系顺序,从一个端件到另一个端件,依次分析各传动轴之间的传动结构和运动传递关系。图5-8所示为车床主运动传动路线表达式。

图 5-8 车床主运动传动路线表达式

传动系统和典型结构图

2. 主轴的转速级数与转速计算

根据传动系统图和传动路线表达式,主轴正转可获得$2\times3\times(2\times2-1)+2\times3=24$级不同转速。同理,主轴反转12级。主轴的转速可按下列运动平衡式计算,即

$$N_{主}=N_{电机}\times130/230\times i_{Ⅰ-Ⅱ}\times i_{Ⅱ-Ⅲ}\times i_{Ⅲ-Ⅵ}$$

式中　$N_{电机}$——主运动电机转速;

$i_{Ⅰ-Ⅱ},i_{Ⅱ-Ⅲ},i_{Ⅲ-Ⅵ}$——各轴之间的传动比。

主轴反转一般不用来进行车削,而是为了在车螺纹时,使刀架在主轴与刀架之间的传动链不脱开的情况下退回至起始位置,以免下次走刀时发生"乱扣"现象。同时,为了节省退刀时间,主轴反转转速高于正转转速。

3. 螺纹进给运动传动链

CA6140型卧式车床螺纹进给运动传动链,可以保证机床车削米制、英制、模数制和径节制4种标准螺纹。此外,还可以车削大导程、非标准和较精密的螺纹。这些螺纹可以是右旋的,也可以是左旋的。不同标准的螺纹用不同的参数表示其螺距。无论车削哪一种螺纹,都必须在加工中保证主轴每转一转,刀具准确地移动被加工螺纹一个导程的距离。由此可列出螺纹进给传动链的运动平衡式,即

$$1(主轴)\times u_0\times u_x\times L_{丝}=L_{工}$$

由上式可知，被加工螺纹的导程正比于传动链中换置机构的可变传动比。为此，车削不同标准和不同导程的各种螺纹时，必须对螺纹进给传动链进行适当调整，使其传动比根据不同种类螺纹的标准数列做相应改变。米制螺纹是我国常用的螺纹，在国家标准中已规定了其标准螺距值。米制螺纹的标准螺距是按分段等差数列的规律排列的，为此，螺纹进给传动链的变速机构也应按分段等差数列的规律变换其传动比。这一要求是通过适当调整进给箱中的变速机构来实现的。

车削米制螺纹时，进给箱中的离合器 M_3、M_4 脱开，M_5 接合。其运动由主轴Ⅵ经齿轮副、轴Ⅸ-Ⅺ间的左右螺纹换向机构和挂轮传至进给箱的轴Ⅻ，然后再经齿轮副、轴ⅩⅢ-ⅩⅣ间的滑移齿轮变速机构（基本螺距机构）、齿轮副传至轴ⅩⅤ，接下去再经轴ⅩⅤ-ⅩⅦ间的两组滑移齿轮变速机构（增倍机构）和离合器 M_5 传至丝杠ⅩⅧ旋转。合上溜板箱中的开合螺母，使其与丝杠啮合，便带动了刀架的纵向移动。其传动路线表达式如图 5-9 所示。

$$\text{Ⅵ（主轴）}-\frac{58}{58}-\text{Ⅸ}-\left[\begin{array}{c}\frac{33}{33}\text{（右）}\\\frac{33}{25}\times\frac{25}{33}\text{（左）}\end{array}\right]-\text{Ⅺ}-\frac{63}{100}\times\frac{100}{75}-$$

$$-\text{Ⅻ}-\frac{25}{36}-\text{ⅩⅢ}-u_\text{基}-\frac{25}{36}\times\frac{36}{25}-\text{ⅩⅤ}-u_\text{倍}-\text{ⅩⅦ}-M_5-\text{ⅩⅧ（丝杠）}-\text{刀架}$$

图 5-9　CA6140 米制螺纹传动路线表达式

其中，$u_\text{基}$ 为轴ⅩⅧ-ⅩⅣ间变速机构的可变传动比，共 8 种：26/28、28/28、32/28、36/28、19/14、20/14、33/21、36/21，即 6.5/7、7/7、8/7、9/7、9.5/7、10/7、11/7、12/7，它们近似按等差数列的规律排列，是获得各种螺纹导程的基本机构，故通常称为基本螺距机构或基本组。$u_\text{倍}$ 为轴ⅩⅤ-ⅩⅦ间变速机构的可变传动比，共 4 种：28/35×(35/28)、28/35×(15/48)、18/45×(35/28)、18/45×(15/48)，即 1、1/2、1/4、1/8，它们按倍数关系排列，用于扩大机床车削螺纹导程的种数，一般称为增倍机构或增倍组。

根据传动系统图或传动链的传动路线表达式，可列出车削米制螺纹的运动平衡式，即

$$L=kP=1\text{（主轴）}u_\text{基}\ u_\text{倍}\times 12$$

化简得

$$L=7u_\text{基}\ u_\text{倍}$$

由此可得 $8\times 4=32$ 种导程值，其中符合标准的只有 20 种。

由上述内容可知，利用基本组中各传动副传动，可以车削出按等差数列规律排列的基本导程值；经过增倍组后，又可把由基本组得到的 8 种基本导程值按 1∶2∶4∶8 的关系增大或缩小，由两种变速机构的不同组合便可得到常用的、按分段等差数列的规律排列的标准导程（或螺距）的米制螺纹。加工其他不同种类和标准的螺纹时，只要改变离合器不同的离合状态和挂轮适当组合即可。

4. 机动进给传动链

实现一般车削时刀架机动进给的纵向和横向进给传动链，由主轴至进给箱中轴ⅩⅦ的传动路线与车米制或英制常用螺纹的传动路线相同，其后运动经齿轮副传至光杠ⅩⅨ（此时离合器 M_5 脱开，齿轮 Z_{28} 与轴ⅩⅨ齿轮 Z_{56} 啮合），再由光杠经溜板箱中的传动机构分别传至光杠齿轮齿条机构和横向进给丝杠ⅩⅩⅦ，使刀架做纵向或横向机动进给，其纵向机动进给传动路线表

达式如图 5-10 所示。

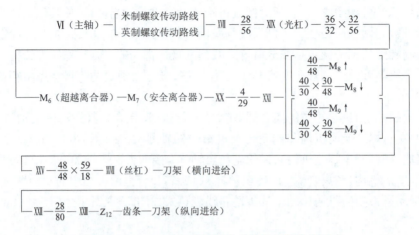

图 5-10　CA6140 机动进给传动链传动路线表达式

溜板箱中的双向牙嵌式离合器 M_8、M_9 和齿轮传动副组成的两个换向机构,分别用于变换纵向和横向进给运动的方向。利用进给箱中的基本螺距机构和增倍机构,以及进给传动链的不同传动路线,可获得纵向和横向进给量各 64 种。由传动分析可知,横向机动进给在其与纵向机动进给传动路线一致时,所得的横向进给量是纵向进给量的一半。

5. 刀架的快速移动传动路线

刀架的快速移动是使刀具机动地快速退离或接近加工部位,以减轻工人的劳动强度和缩短辅助时间。当需要快速移动时,可按下快速移动按钮,装在溜板箱中的快速电动机(0.25 kW,2 800 r/min)的运动便经齿轮副传至轴ⅩⅩ,然后再经溜板箱中与机动进给相同的传动路线传至刀架,使其实现纵向和横向的快速移动。

为了节省辅助时间及简化操作,在刀架快速移动过程中,光杠仍可继续传动而不必脱开进给传动链。这时,为了避免光杠和快速电动机同时传动轴ⅩⅩ而导致其损坏,在齿轮 Z_{56} 及轴ⅩⅩ之间装有超越离合器。

落地车床工作原理动画

任务二 外圆表面车削加工

【知识导图】

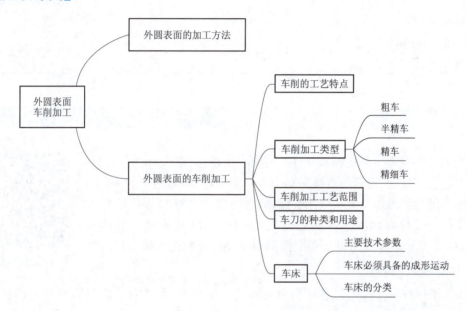

知识模块1　外圆表面的加工方法

具有外圆表面的典型零件有轴类、盘类和套类零件。在外圆表面加工中,根据表面成形方法不同有轨迹法和成形法两种,根据使用加工设备不同有车削、磨削和光整加工三种。其中车削加工常用于外圆表面的粗加工和半精加工;磨削加工用于外圆表面的精加工;而光整加工用于外圆表面的超精加工。在大批量生产中,有的外圆表面还可采用拉削加工,如曲轴外圆表面粗加工。

外圆表面的各种加工方案及其所能达到的公差等级和表面粗糙度如表5-5所示。

表5-5　外圆表面加工方案

序号	加 工 方 法	公 差 等 级	表面粗糙度 $Ra/\mu m$	适 用 范 围
1	粗车	IT11～IT13	12.5～50	适用于淬火钢以外的各种金属
2	粗车—半精车	IT9～IT10	3.2～6.3	
3	粗车—半精车—精车	IT6～IT7	0.8～1.6	
4	粗车—半精车—精车—抛光(滚压)	IT6～IT7	0.02～0.025	

续表

序号	加工方法	公差等级	表面粗糙度 $Ra/\mu m$	适用范围
5	粗车—半精车—磨削	IT6~IT7	0.4~0.8	适用于淬火钢、未淬火钢、钢铁等,不宜加工强度低、韧性大的有色金属
6	粗车—半精车—粗磨—精磨	IT5~IT6	0.2~0.4	
7	粗车—半精车—粗磨—精磨—高精度磨削	IT3~IT5	0.008~0.1	
8	粗车—半精车—粗磨—精磨—研磨	IT3~IT5	0.008~0.01	适用于精度极高的外圆面
9	粗车—半精车—粗磨—精磨—研磨	IT5~IT6	0.025~0.4	适用于有色金属

知识模块 2　外圆表面的车削加工

车削加工外圆表面是机械加工中应用最广的加工方法,车削的主运动为零件的旋转运动,刀具的直线运动为进给运动,特别适用于加工回转面。由于车削比其他加工方法应用普遍,故在一般的机械加工车间中,车床往往占机床总数的 20%~50%,甚至更多。根据加工的需要,车床有很多类型,如卧式车床、立式车床、转塔车床、自动车床和数控车床等。

车削表面动画

1. 车削的工艺特点

(1) 易于保证零件各加工表面的位置精度。车削时,零件各表面具有相同的回转轴线。在一次装夹中加工同一零件的外圆、内孔、端平面和沟槽等,能保证各外圆轴线之间及外圆与内孔轴线之间的同轴度要求。

(2) 生产率较高。除了车削断续表面之外,一般情况下,车削过程是连续进行的,不像铣削和刨削,在一次走刀过程中刀齿多次切入和切出,产生冲击,并且当车刀几何形状、切削深度和进给量一定时,切削层公称横截面积是不变的,切削力变化很小,切削过程可采用高速切削和强力切削,生产效率高。车削加工既适于单件小批量生产,也适于大批量生产。

(3) 生产成本较低。车刀是刀具中最简单的一种,制造、刃磨和安装均较方便,故刀具费用低、车床附件多、装夹及调整时间较短,加之切削生产率高,故车削成本较低。

(4) 适于车削加工的材料广泛。除难以切削的 30 HRC 以上高硬度的淬火钢件外,可以车削黑色金属、有色金属及非金属材料(有机玻璃、橡胶等),特别适合于有色金属零件的精加工。因为某些有色金属零件材料的硬度较低,塑性较大,若用砂轮磨削,软的磨屑易堵塞砂轮,难以得到表面粗糙度低的表面。因此,当有色金属零件表面粗糙度要求较小时,不宜采用磨削加工,而要用车削精加工。

外圆表面车削加工动画

2. 车削加工的种类

车削加工一般可分为 4 种:粗车、半精车、精车和精细车。

（1）粗车。它主要用于零件的粗加工，作用是去除工件上大部分加工余量和表层硬皮，为后续加工做准备，加工余量为 1.5～2 mm，加工后的尺寸公差等级为 IT11～IT13，表面粗糙度为 12.5～50 μm。

（2）半精车。在粗车的基础上对零件进行半精加工，进一步减少加工余量，降低表面粗糙度，加工余量为 0.8～1.5 mm，加工后的尺寸公差等级为 IT8～IT10，表面粗糙度为 3.2～6.3 μm，一般可用作中等精度要求零件的终加工工序。

（3）精车。在半精车的基础上对零件进行精加工，加工余量为 0.5～0.8 mm，加工后的尺寸公差等级为 IT7～IT8，表面粗糙度为 1.6～3.2 μm。

（4）精细车。主要用于有色金属的精加工。加工余量小于 0.3 mm，加工后的尺寸公差等级为 IT6～IT7，表面粗糙度公差等级为 0.002 5～0.4 μm。

3. 车削加工工艺范围

卧式车床的工艺范围相当广泛，可以车削内外圆柱面、圆锥面、环形槽、回转体成形面，车削端面和各种常用的米制、英制、模数制、径节制螺纹，还可以进行钻中心孔、钻孔、扩孔、铰孔、攻螺纹、套螺纹和滚花等工作，图 5-11 所示为车削加工的典型加工表面。

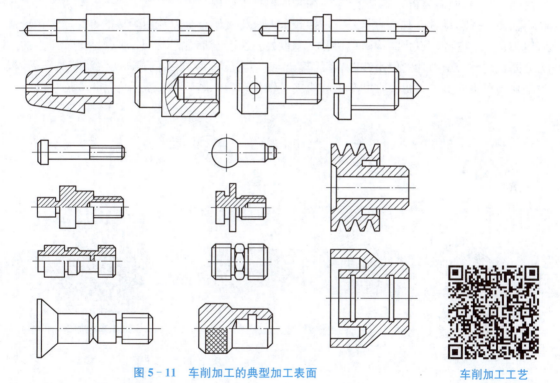

图 5-11 车削加工的典型加工表面

车削加工工艺范围动画

4. 车刀的种类和用途

车刀按用途分为外圆车刀、端面车刀、内孔车刀、切断刀、切槽刀等多种形式。常用的车刀种类及用途如图 5-12 所示。外圆车刀用于加工外圆柱面和外圆锥面，它分为直头和弯头 2 种。弯头车刀通用性较好，可以车削外圆、端面和倒棱。外圆车刀又可分为粗车刀、精车刀和宽刃光刀，精车刀刀尖圆弧半径较大，可获得较小的残留面积，以减小表面粗糙度；宽刃光刀用于低速精车。当外圆车刀的主偏角为 90°时，可用于车削阶梯轴、凸肩、端面及刚度较低的细长轴。外圆车刀按进给方向又分为左偏刀和右偏刀。

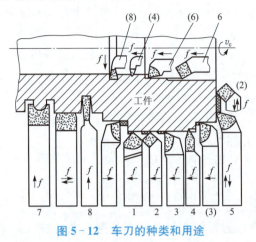

图 5‑12　车刀的种类和用途

车刀在结构上可分为整体式车刀、焊接式车刀和机械夹固式车刀。整体式车刀主要是整体高速钢车刀，截面为正方形或矩形，使用时可根据不同用途进行刃磨。整体式车刀耗用刀具材料较多，一般只用作切槽、切断刀。焊接式车刀是将硬质合金刀片用焊接的方法固定在普通碳钢刀体上。它的优点是结构简单、紧凑、刚性好、使用灵活、制造方便；缺点是焊接产生的应力会降低硬质合金刀片的使用性能，有的甚至会产生裂纹。机械夹固式车刀简称机夹车刀，根据使用情况不同又分为机夹重磨车刀和机夹可转位车刀。图 5‑13 所示为常用车刀类型。

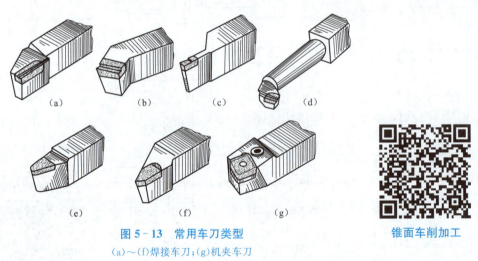

图 5‑13　常用车刀类型
(a)～(f)焊接车刀；(g)机夹车刀

锥面车削加工

5. 车床

(1) 主要技术参数。机床的主要技术参数包括机床的主参数和基本参数。卧式车床的主参数是床身上最大工件回转直径 D。主参数值相同的卧式车床，往往有几种不同的第二主参数，卧式车床的第二主参数是最大工件长度。例如 CA6140 型卧式车床的主参数为 400 mm，第二主参数为 750 mm、1 000 mm、1 500 mm、2 000 mm 4 种。机床的基本参数包括尺寸参数、运动参数和动力参数。

(2) 车床必须具备的成形运动。主运动为工件的旋转运动，进给运动为刀具的直线运动。

进给运动分为3种形式：纵向进给运动、横向进给运动、斜向进给运动。在多数加工情况下，工件的旋转运动与刀具的直线运动为两个相互独立的简单成形运动，而在加工螺纹时，由于工件的旋转与刀具的移动之间必须保持严格的运动关系，因此它们组合成一个复合成形运动——螺纹轨迹运动，习惯上常称为螺纹进给运动。另外，加工回转体成形面时，纵向和横向进给运动也组合成一个复合成形运动，因为刀具的曲线轨迹运动是依靠纵向和横向两个直线运动之间保持严格的运动关系而实现的。

（3）车床的分类。车床的种类很多，按用途和结构的不同，主要分为以下几类。

① 卧式车床。卧式车床的万能性好，加工范围广，是基本的和应用最广的车床。

② 立式车床。立式车床的主轴竖直安置，工作台面处于水平位置，主要用于加工径向尺寸大、轴向尺寸较小的大型、重型盘套类、壳体类工件。

③ 转塔车床。转塔车床有一个可装多把刀具的转塔刀架，根据工件的加工要求，预先将所用刀具在转塔刀架上安装调整好。加工时，通过刀架转位，这些刀具依次轮流工作，转塔刀架的工作行程由可调行程挡块控制。转塔车床适于在成批生产中加工内外圆有同轴度要求的、较复杂的工件。

④ 自动车床和半自动车床。自动车床调整好后能自动完成预定的工作循环，并能自动重复。半自动车床虽具有自动工作循环，但装卸工件和重新开动机床仍需由人工操作。自动和半自动车床适于在大批量生产中加工形状不太复杂的小型零件。

⑤ 仿形车床。仿形车床能按照样板或样件的轮廓，自动车削出形状和尺寸相同的工件。仿形车床适于在大批量生产中加工圆锥形、阶梯形及成形回转面工件。

⑥ 专门化车床。专门化车床是为某类特定零件的加工而专门设计制造的，如凸轮轴车床、曲轴车床和车轮车床等。

立式车床工作动画

三爪卡盘工作原理

四爪卡盘工作原理

卧式转塔车床工作原理

转塔刀架

任务三 外圆表面的磨削加工

磨削加工是利用砂轮作为切削工具,对工件表面进行高速切削的一种加工方法,多用于零件表面的精加工和淬硬表面的加工。

【知识导图】

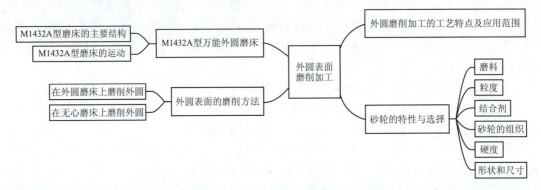

知识模块 1　外圆磨削加工的工艺特点及应用范围

(1) 磨粒硬度高,它能加工一般金属切削刀具所不能加工的工件表面。

(2) 磨削加工能切除极薄、极细的切屑,修正误差的能力强,加工精度高(IT5~IT6),加工表面粗糙度小。

(3) 磨粒在砂轮上随机分布,同时参加磨削的磨粒数相当多,磨痕轨迹纵横交错,容易磨出表面粗糙度小的光洁表面。

(4) 由于大负前角磨粒在切除金属过程中消耗的摩擦功大,再加上磨屑细薄,故切除单位体积金属所消耗的能量,磨削要比车削大得多。

综上分析可知,磨削加工更适于做精加工工作,也可用砂轮磨削带有不均匀铸、锻硬皮的工件;但它不适于加工塑性较大的有色金属材料(如铜、铝及其合金),因为这类材料在磨削过程中容易堵塞砂轮,使其失去切削作用。

知识模块 2　砂轮的特性与选择

砂轮是由磨料、结合剂混合,经过高温、高压制造而成,是由磨料、结合剂、孔隙三要素组成的非均质体,其组织结构如图 5-14 所示。其中,磨具表面无数高硬度的锋利磨粒作为刀具起切削作用,在砂轮高速旋转时,磨粒切除工件上一层薄金属,形成光洁、精确的加工表面;结合剂黏结磨粒使磨具形成适于不同加工要求的各种形状,并在磨削过程中保持形状稳定;孔隙用来容屑、散热，均匀产生自砺效果，避免整块崩落而失去砂轮合适的廓形。磨料、粒度、结合剂、组织、硬度、形状和尺寸是砂轮的六大特性，对砂轮安全有很大影响。

1. 磨料

磨料是指砂轮中磨粒的材料。磨粒构成磨具的主体，在加工中起切削作用。磨料需要具有很高的硬度和锋利度；需要一定的韧性和耐磨性，以便承受剧烈的挤压和摩擦力作用；需要一定的脆性，以便磨钝后及时更新切削锋刃，实现自砺性。常用磨粒主要有以下 3 种。

（1）刚玉类（Al_2O_3）。如棕刚玉（GZ）、白刚玉（GB），适用于磨削各种钢材，如不锈钢、高强度合金钢，退了火的可锻铸铁和硬青铜。

（2）碳化硅类（SiC）。如黑碳化硅（HT）、绿碳化硅（TL），适用于磨削铸铁、激冷铸铁、黄铜、软青铜、铝、硬表层合金和硬质合金。

（3）高硬磨料类。如人造金刚石（JR）、氮化硼（BLD），高硬磨料类具有高强度、高硬度，适用于磨削高速钢、硬质合金、宝石等。各种磨料的性能、代号和用途如表 5-6 所示。

表 5-6 磨料的性能、代号和用途

磨料名称		代号	主要成分	颜色	力学性能	热稳定性	适合磨削范围
刚玉类	棕刚玉	A	$w(Al_2O_3)=95\%$ $w(Ti_2O_2)\%\sim3\%$	褐色	韧性好、硬度大	2 100 ℃熔融	碳钢,合金钢,铸铁
	白刚玉	WA	$w(Al_2O_3)>99\%$	白色			淬火钢,高速钢
碳化硅类	黑碳化硅	C	$w(SiC)>95\%$	黑色		>1 500 ℃氧化	铸铁,黄铜非金属材料
	绿碳化硅	GC	$w(SiC)>99\%$	绿色			硬质合金钢
高硬磨类	氮化硼	CBN	立方氮化硼	黑色	硬度很高	<1 300 ℃稳定	硬质合金钢
	人造金刚石	MBD	碳结晶体	乳白色	硬度最高	>700 ℃石墨化	硬质合金,宝石

2. 粒度

粒度是指磨料的颗粒大小和粗细程度。粒度的确定方法有 2 种。

（1）筛分法。颗粒尺寸大于 50 μm 磨料的粒度是用筛分法确定的，即用磨料通过的筛网在每英寸长度上的网眼数来表示，称为磨粒类。其粒度号直接用阿拉伯数字表示，粒度号大小与磨料的颗粒大小相反。

（2）显微镜分析法。颗粒尺寸小于 50 μm 磨料的颗粒大小直接用显微镜测量，用颗粒的实际尺寸表示粒度，这样确定的磨料称为微粉类。其粒度号用 W 和磨料颗粒尺寸数组合表示。

一个砂轮的磨料通常是由相邻几种粒度号的磨粒混合而成的，砂轮的粒度是由占比例最大的磨粒的粒度号决定的。粒度大小对砂轮的强度、加工精度，以及磨削生产率有很大影响。

3. 结合剂

结合剂是指将磨粒固结在一起形成磨具的黏结材料。结合剂不仅使砂轮成形，而且对磨具的自砺性有很大影响,并直接关系到砂轮的强度和使用的安全。

结合剂应具有良好的黏结性能,保证磨具高速旋转且不破裂;有足够的耐磨性,以承受摩擦和磨削力;有对磨粒适当的把持力,使磨粒锋利时不脱落,磨钝后及时更新,保持磨具良好的磨削性能;具有较好的物理化学性能、一定的抗腐蚀能力,以适应不同的使用环境。常用的结合剂分为无机结合剂和有机结合剂两大类。常用结合剂的性能及适用范围如表5-7所示。

表5-7 常用结合剂的性能及适应范围

结合剂	代号	性能	适用范围
陶瓷	V	耐热、耐蚀,气孔率大,易保持轮廓形状,弹性差	最常用,适用于各类磨削加工
树脂	B	强度比陶瓷高,弹性好,耐热性差	适用于高速磨削、切削、开槽等
橡胶	R	强度比树脂高,更有弹性,气孔率小,耐热性差	适用于切断和开槽

4. 砂轮的组织

砂轮的组织是指组成砂轮的磨料、结合剂和气孔三者的比例关系,表明砂轮结构紧密程度的特性。根据磨粒在砂轮总体积中所占百分比,组织可划分为三挡15个号,如表5-8所示。

表5-8 砂轮的组织分类

类别	紧密				中等				疏松					
组织号	0	1	2	3	4	5	6	7	8	9	10	11	12	13	14
磨料/%	62	60	58	56	54	52	50	48	46	44	42	40	38	36	34

砂轮的组织紧,气孔小,其外形易保持,磨削质量相对较高,但砂轮易堵塞,磨削热较高。它一般用于成形磨、精磨及硬脆材料的磨削。砂轮的组织松,气孔多,有利降低磨削热,避免堵塞砂轮。它一般用于软韧材料和热敏性强材料的磨削,以及粗磨加工。中等组织级砂轮用来磨削淬火钢或用于刀具刃磨。

5. 硬度

砂轮的硬度是结合剂固结磨料紧牢程度的参数,表明在外力作用下,磨料从砂轮表面脱落的难易程度。砂轮硬度不仅影响生产质量,而且与使用安全卫生关系很大。磨具的硬度与磨料本身的硬度是两个不同的概念,磨料的硬度是由组成磨料的材料自身特性决定的。磨具的硬度与下列因素有关:一是结合剂的黏合能力(与结合剂的种类有关);二是结合剂在磨具中的比例;三是磨具的制造工艺等。在同样条件下对同一种结合剂而言,所占比例越大,磨粒越不易脱落,磨具硬度越高;反之则硬度越低。在砂轮组成中,结合剂比例每增加1.5%,砂轮硬度则增高一级。磨具的硬度分7大级、14小级,如表5-9所示。

表5-9 砂轮的硬度等级

大级	超软	软			中软		中		中硬			硬		超硬
小级	超软	软1	软2	软3	中软1	中软2	中1	中2	中硬1	中硬2	中硬3	硬1	硬2	超硬
代号	DEF	G	H	J	K	L	M	N	P	Q	R	S	T	Y

砂轮硬度低，自砺性好，但损耗快，几何形状不易保持，加工精度和质量较差。在干式磨削和砂轮修整时，其粉尘污染较大。但因其切削力小，故产生的磨削热少，工件表面烧伤的可能性小。

砂轮硬度高，磨料不易脱落，工件表面质量较高，但若砂轮硬度太高，自砺性很差，磨粒磨钝后仍不会脱落，与工件表面摩擦、挤压，使磨具表面堵塞，产生很高的磨削热，进而使磨具的磨削性能下降。这样，不仅工件磨削质量低，同时还会严重影响结合剂强度，并且发出很大噪声，甚至引起机床振动。

1. 形状和尺寸

我国磨具的基本形状有40多种，正确地选择砂轮的形状和尺寸，是保证磨削加工质量和安全的重要方面。一般应根据磨床条件、工件形状和加工需要，参考磨削手册选择。

砂轮的非均匀组织结构决定了它的机械性能大大低于同一均匀金属材料构成的其他切削刀具，如果再使用不当，更容易引起砂轮事故的发生。砂轮的磨料、粒度、结合剂、组织、硬度、形状和尺寸等各特性要素，对砂轮的机械强度有不同的影响，如表5-10所示，因此，安全使用砂轮要统筹考虑各因素的综合作用效果。

表5-10 砂轮的磨料、粒度、结合剂、组织、硬度、形状和尺寸等各特性要素对砂轮的机械强度的影响

砂轮特性	结合剂			磨料		粒度		硬度		尺寸(内径/外径)	
	V	B	S	刚玉类	碳化硅类	细	粗	硬	软	比值大	比值小
强度	差	好	好	好	差	好	差	好	差	差	好

砂轮的名称及特性以标记的形式标注，为砂轮的正确使用和管理提供依据。按照GB/T 2484—1994的规定，标记以汉语拼音和数字为代号，按照一定的顺序交叉表示为：砂轮形状-尺寸-磨料-粒度-硬度-组织-结合剂-安全线速度。尺寸标记顺序为：外径×厚度×内径。现举例加以说明。

例如，砂轮标记为"砂轮 1-400×60×75-WA60-L5 V-35 m/s"，则表示外径为400 mm，厚度为60 mm，孔径为75 mm；磨料为白刚玉(WA)，粒度号为60；硬度为L(中软2)；组织号为5，结合剂为陶瓷(V)；最高工作线速度为35 m/s的砂轮。

知识模块3　外圆表面的磨削方法

（1）在外圆磨床上磨削外圆。在外圆磨床上磨削外圆也称为"中心磨法"，工件安装在前、后顶尖上，用拨盘与鸡心夹头来传递动力和运动。常用的磨削方法有纵磨法、横磨法及深磨法3种，如图5-15所示。

① 纵磨法。如图5-15(a)所示，砂轮旋转是主运动，工件做圆周和轴向进给运动，砂轮架水平进给实现径向进给运动，工件往复一次，外圆表面轴向切去一层金属，直到工件尺寸。纵向进给磨削外圆时，因磨削深度小、磨削力小、散热条件好，所以磨削精度较高，表面粗糙度较小，但由于工作行程次数多，故生产率较低，它适于在单件小批生产中磨削较长的外圆表面。

② 横磨法。如图5-15(b)所示，砂轮旋转是主运动，工件做圆周进给运动，砂轮相对工件做连续或断续的横向进给运动，直到磨去全部余量。横向进给磨削的生产效率高，但加工精度

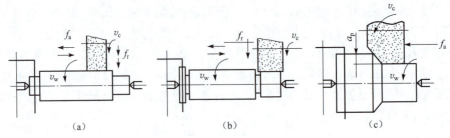

图 5-15 外圆磨削加工方法
(a) 纵磨法；(b) 横磨法；(c) 深磨法

低，表面粗糙度较大，这是因为横向进给磨削时，工件与砂轮接触面积大、磨削力大、发热量多、磨削温度高、工件易发生变形和烧伤，它适用于在大批量生产中加工刚性较好的工件外圆表面，如将砂轮修整成一定形状，还可以磨削成形表面。

③ 深磨法。如图5-15(c)所示，磨削时用较小的纵向进给量（一般为1~2 mm/r）、较大的切削深度（一般为0.1~0.35 mm），在一次行程中磨去全部余量，生产率较高，需要把砂轮前端修整成锥面进行粗磨，直径大的圆柱部分起精磨和修光作用，应修整得精细一些。深磨法只适用于大批量生产中加工刚度较大的短轴。

(2) 在无心磨床上磨削外圆（无心磨削）。磨削时工件放在砂轮与导轮之间的托板上，不用中心孔支承，故称为无心磨削，如图5-16所示。导轮是用摩擦因数较大的橡胶结合剂制作的磨粒较粗的砂轮，其转速很低（20~80 mm/min），靠摩擦力带动工件旋转。无心磨削时，砂轮和工件的轴线总是水平放置的，而导轮的轴线通常要在垂直平面内倾斜一个角度，其目的是使工件获得一定的轴向进给速度。无心磨削的生产效率高，容易实现工艺过程的自动化，但所能加工的零件具有一定的局限性，不能用于磨削带长键槽和平面的圆柱表面，也不能用于磨削同轴度要求较高的阶梯轴外圆表面。

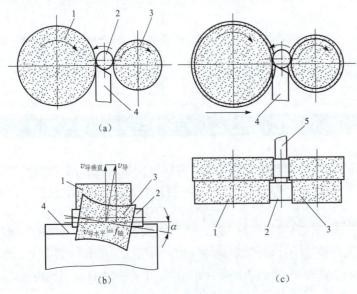

无心外圆磨削加工动画

图 5-16 在无心磨床上磨削外圆
(a) 光轴无心磨削；(b) 光轴无心磨削运动；(c) 台阶轴无心磨削
1—磨削砂轮；2—工件；3—导轮；4—托板；5—挡板

知识模块 4　M1432A 型万能外圆磨床

M1432A 型机床是普通精度级万能外圆磨床，经济精度为 IT6～IT7 级，加工表面的表面粗糙度可控制在 0.08～1.25 μm。万能磨床可用于内外圆柱表面、内外圆锥表面的精加工，虽然生产率较低，但由于其通用性较好，故被广泛用于单件小批量、生产车间、工具车间和机修车间。

1. M1432A 型磨床的主要结构（见图 5－17）

（1）床身。床身 1 是磨床的基础支承件，在它的上面装有砂轮架 5、工作台 7 和 8、头架 1、尾架 6 及横向滑鞍等部件，它能使这些部件在工作时保持准确的相对位置。床身内部用作储存液压油的油池。

（2）头架。头架 1 用于安装及夹持工件，并带动工件旋转，头架 1 在水平面内可按逆时针方向转 90°。

（3）内圆磨具。内圆磨具 3 用于支承磨内孔的砂轮主轴，内圆磨具 3 的主轴由单独的电动机驱动。

（4）砂轮架。砂轮架 5 用于支承并传动高速旋转的砂轮主轴。砂轮架 5 装在滑鞍上，当需磨削短圆锥面时，砂轮架 5 可以在水平面内调整至一定角度的位置（±30°）。

（5）尾架。尾架 6 和头架 1 的顶尖一起支承工件。

（6）滑鞍及横向进给机构。转动横向进给手轮，可以使横向进给机构带动滑鞍及其上的砂轮架 5 做横向进给运动。

（7）工作台。工作台由上下两层组成。上工作台 7 可绕下工作台的水平面内回转一个角度（±10°），用以磨削锥度不大的长圆锥面。上工作台 7 的上面装有头架 1 和尾架 6，它们可随着工作台 7 一起，沿床身导轨做纵向往复运动。

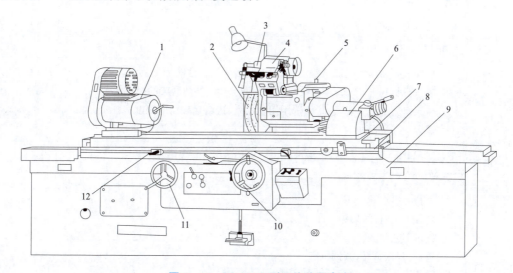

图 5－17　M1432A 型万能外圆磨床

1—头架；2—砂轮；3—内圆磨具；4—磨架；5—砂轮架；6—尾架；7—上工作台；8—下工作台；9—床身；10—横向进给手轮；11—纵向进给手轮；12—换向挡块

2. M1432A 型磨床的运动

（1）主运动。主运动是外圆磨和内圆磨砂轮的旋转运动，通常由电动机驱动。

（2）进给运动。工件的圆周进给运动、工件台带动工件的纵向进给运动、砂轮的横向进给运动，均由磨床的液压系统实现。

（3）辅助运动。砂轮架的快速进退运动、尾架套筒的伸缩运动，均由磨床的液压系统来完成。

【项目实施】

外圆表面加工"做中学"任务单见表 5-11，其机械加工工艺过程卡及记录和评价见表 5-12 和表 5-13。

表 5-11 外圆表面加工"做中学"任务单

任务编号		任务名称	心轴加工	培训对象		学时	
任务说明	1. 载体：心轴。 （心轴零件图：$\phi 38$、$\phi 25_{-0.03}^{0}$、$\phi 36_{-0.05}^{0}$、$\phi 32$、$\phi 30$、$\phi 25_{-0.03}^{0}$；长度 20、5、6、22、10、17，总长 105；$R2$；$Ra16$、$Ra3.2$；倒角 $C2$；0.05 A-B；材料：45钢；名称：心轴） 2. 已知条件：毛坯 $\phi 40 \times 120$，铝件。 3. 工作任务：加工零件						
培训目标	1. 掌握车床结构性能加工范围；掌握外圆磨床结构性能加工范围。 2. 掌握 CA6140 车床的操作规范；掌握 M1432A 外圆磨床的操作规范。 3. 掌握切削用量三要素，正确选用切削速度、进给量和切削深度。 4. 学会查阅机械加工工艺手册。						
使用设备	1. CA6140 车床、车刀、游标卡尺。 2. M1432A 磨床、砂轮。						
操作过程	1. 下料：毛坯 $\phi 40 \times 120$。 2. 划分加工阶段，划分工序，确定工步内容。 3. 确定工艺参数。 4. 选择刀具、量具，调试机床。 5. 熟练操作机床，掌握操作要领。 6. 编制机械加工工艺过程卡。 7. 加工零件。 8. 检测。						

表 5-12 机械加工工艺过程卡

（单位）	机械加工工艺过程卡		产品型号		零(部)件图号			共	页
			产品名称		零(部)件名称			第	页
材料牌号		毛坯种类	毛坯外形尺寸		每毛坯可制件数	每台件数		备注	
工序号	工序名称	工步	工序内容		车间	工段	设备	工艺装备	工时
									准终	单件

表 5-13 工作过程记录及评价

任务编号		任务名称	心轴加工	姓名		成绩	
工作过程记录	1.						
	2.						
	3.						
	4.						
	5.						
	6.						
	7.						
	8.						
工作过程评价							

【能力检测】

1. 金属切削机床型号包含了哪些内容？
2. 说明下列机床型号的含义：
XK5032 C2150×6 YK3180 MK1320E T4163B B2010C
3. 机床传动的三个基本组成部分的作用。
4. 何谓外联系传动链？何谓内联系传动链？试举例说明。
5. 车削加工的工艺范围及工艺特点有哪些？

外圆表面加工思维导图

6. 举例说明砂轮型号的含义。
7. 简述外圆表面的磨削方法及其特点。
8. 加工要求精度高、表面粗糙度值小的纯铜或铝合金轴的外圆时,应选用哪种加工方法?

项目六
内圆表面加工

【项目概述】

图6-1所示为某发动机箱体零件图,该零件的主要加工表面是平面和孔系。在机械加工中,对孔的加工常用的方法有钻孔、扩孔、铰孔、镗孔、拉孔和磨孔等,对于精度要求高的孔,最后还需经珩磨或研磨及滚压等精密加工。本项目以箱体零件图孔加工为例,学习内圆表面加工的相关知识。针对实际零件加工,根据零件加工精度要求,选用合适的孔加工方案,做到在保证加工质量的前提下降低加工成本。

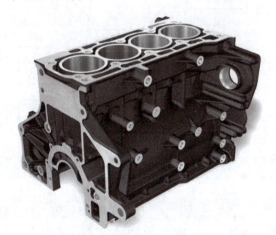

图6-1 发动机箱体零件图

【教学目标】

(1)能力目标:通过本项目的学习,掌握内圆表面的加工的方法,学生可以针对孔的不同的加工要求,选用适合的加工方案。可以使用钻床进行钻孔、扩孔和铰孔;可以使用磨床对孔进行磨削加工。了解孔系的加工方法,对镗孔加工的适用范围有一个初步认识,有条件的话可以进行镗孔操作。

(2)知识目标:了解钻床、镗床、内圆磨床的分类、工作原理和加工范围;掌握钻孔、扩孔、铰孔和磨孔的方法;了解麻花钻、铰刀的结构、分类及刃磨方法了解砂轮的结构、分类和选用方法;学会分析零件图,根据要求选择合理的加工方案完成孔类零件的加工;了解机械加工中劳动安全纪律,做到安全生产。

【知识准备】

孔加工特点 → 孔加工方法 → 孔的精加工方法 → 孔加工方案

任务一　孔的加工方法

【知识导图】

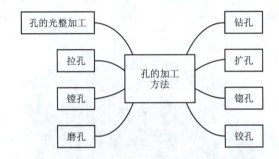

知识模块1　内圆表面加工特点

内圆面的加工方法有钻孔、扩孔、铰孔、镗孔、拉孔和磨孔等。对于精度要求高的孔，最后还需经珩磨或研磨及滚压等精密加工。内圆面(孔)的加工与外圆面的加工相比，具有以下特点。

(1) 孔加工所用的刀具(或磨具)尺寸受被加工孔的直径的限制，刀具的刚性差，容易产生弯曲变形及振动。孔的直径越小，深度越大，这种影响越显著。

(2) 大部分孔加工刀具为定尺寸刀具，孔的直径往往取决于刀具的直径，刀具的制造误差及磨损将直接影响孔的加工精度。

(3) 加工孔时，切削区在工件的内部，排屑条件、散热条件都差。因此，孔的加工精度和表面质量都不容易控制。

知识模块2　内圆表面加工方案

由于内圆面加工的工作条件比外圆面加工差得多，因此，加工内圆面要比加工同样要求的外圆面困难些。当一个零件要求内圆面与外圆面必须保持某一正确关系时，一般总是先加工内圆面，然后再以内圆面定位加工外圆面，这样更容易达到加工要求。内圆面的加工方案、经济精度和表面粗糙度如表6-1所示。

表6-1 内圆面加工方案、经济精度和表面粗糙度

序号	加工方案	经济精度	表面粗糙度 $Ra/\mu m$	适用范围
1	钻	IT11～IT12	12.5	加工未淬火钢及铸铁的实心毛坯,也可用于加工有色金属(但表面粗糙度稍大,孔径小于15 mm)
2	钻—铰	IT9	1.6～3.2	
3	钻—铰—精铰	IT7～IT8	0.8～1.6	
4	钻—扩	IT10～IT11	6.3～12.5	加工未淬火钢及铸铁的实心毛坯,也可用于加工有色金属(孔径大于20 mm)
5	钻—扩—铰	IT8～IT9	1.6～3.2	
6	钻—扩—粗铰—精铰	IT7	0.8～1.6	
7	钻—扩—机铰—手铰	IT6～IT7	0.1～0.4	
8	钻—扩—拉	IT7～IT9	0.1～1.6	大批量生产(精度由拉刀的精度而定)
9	粗镗(或扩孔)	IT11～IT12	6.3～12.5	除淬火钢外各种材料,毛坯有铸出孔或锻出孔
10	粗镗(粗扩)—半精镗(精扩)	IT8～IT9	1.6～3.2	
11	粗镗(扩)—半精镗(精扩)—精镗(铰)	IT7～IT8	0.8～1.6	
12	粗镗(扩)—半精镗(精扩)—精镗—浮动镗刀精镗	IT6～IT7	0.4～0.8	
13	粗镗(扩)—半精镗—磨孔	IT7～IT8	0.2～0.8	主要用于淬火钢,也可用于未淬火钢,但不宜用于有色金属
14	粗镗(扩)—半精镗—粗磨—精磨	IT6～IT7	0.1～0.2	
15	粗镗—半精镗—精镗—金刚镗	IT6～IT7	0.05～0.4	主要用于精度要求高的有色金属加工
16	钻—(扩)—粗铰—精铰—珩磨;钻—(扩)—拉—珩磨;粗镗—半精镗—精镗—珩磨;粗镗—半精镗—粗镗—精镗—珩磨	IT6～IT7	0.25～0.2	精度要求很高的孔
17	以研磨代替上述方案中的珩磨	IT6级以上		

知识模块3 常用的孔加工方法

1. 孔加工方法

常用的孔加工方法有钻、扩、铰、镗、磨、拉、滚、研磨、珩磨、线切割等。下面介绍几种常用的孔加工方法。

1) 钻孔

钻孔主要用于在实体材料上加工孔,是粗加工工序,加工精度一般可达 IT10~IT12,表面粗糙度可达 12.5~50 μm,所用刀具一般都采用麻花钻。由于加工精度不高,故主要用于加工要求不高的孔或精加工孔的预孔。刀具结构如图 6-2 所示。

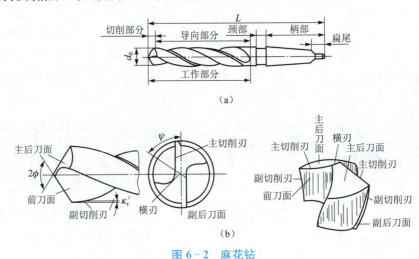

图 6-2 麻花钻
(a) 锥柄麻花钻;(b) 麻花钻切削部分

2) 扩孔

扩孔主要用于对已有的孔进行再加工,从而扩大孔径。扩孔后,孔的精度可达 IT9~IT10 级,表面粗糙度可达 6.5~12.5 μm。扩孔是半精加工工序,通常作为铰孔前的预加工工序或者精度要求不高的孔的最终加工工序。常用的刀具为扩孔钻,其结构如图 6-3 所示。

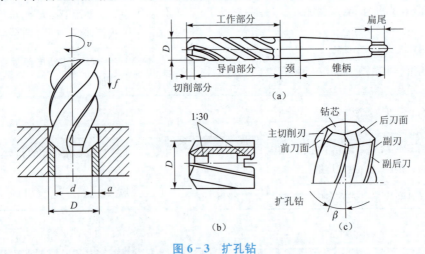

图 6-3 扩孔钻
(a) 锥柄扩孔钻;(b);(c) 扩孔钻切削部分结构

3) 锪孔

锪孔主要用于在已加工的孔的基础上加工出圆柱形和锥形沉头孔以及端面凸台。常用的刀具为锪钻,其结构和加工原理如图 6-4 所示。

4) 铰孔

铰孔主要用于中小孔的精加工和半精加工,其加工精度可达 IT6～IT9,表面粗糙度可达 0.2～3.2 μm。其主要加工方法有手铰与机铰两大类,如图 6-5～图 6-7 所示。

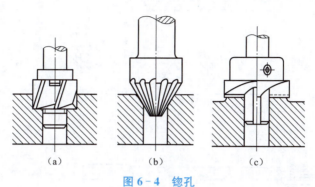

图 6-4 锪孔

(a) 锪圆孔;(b) 锪锥孔;(c) 锪平台

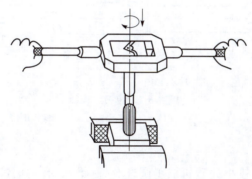

图 6-5 手铰

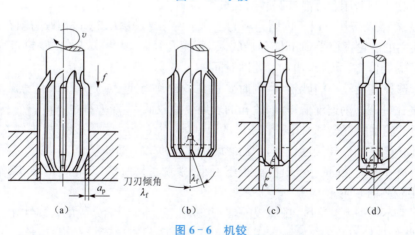

图 6-6 机铰

(a) 铰孔;(b) 铰刀头;(c) 铰通孔;(d) 铰盲孔

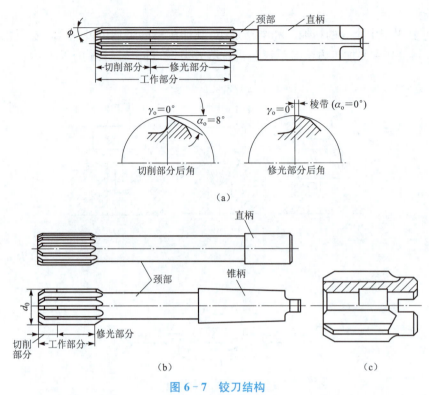

图 6-7 铰刀结构
(a) 手用铰刀；(b) 直柄、锥柄机用铰刀；(c) 套式机用铰刀

5) 磨孔

内圆磨削是指用直径较小的砂轮加工圆柱孔、圆锥孔、孔端面和特殊形状内孔表面的方法，其加工可在内圆磨床和万能外圆磨床上进行。

(1) 工艺特点及应用。由于内圆磨削的工作条件比外圆磨削差，故内圆磨削有以下特点。

① 磨孔用的砂轮直径受到工件孔径的限制，为孔径的 0.5~0.9 倍，砂轮直径小则磨耗快，因此经常需要修整和更换，增加了辅助时间。

② 由于选择直径较小的砂轮，磨削时要达到砂轮圆周速度 25~30 m/s 是很困难的。因此，磨削速度比外圆磨削速度低得多，故孔的表面质量较低，生产效率也不高。

③ 由于砂轮轴的直径受到孔径和长度的限制，同时又采用悬臂安装，故刚性差，容易弯曲和变形，产生内圆磨削砂轮轴的偏移，从而影响加工精度和表面质量。

④ 砂轮与孔的接触面积大，单位面积压力小，砂粒不易脱落，砂轮显得硬，工件易发生烧伤，故应选用较软的砂轮。

⑤ 切削液不易进入磨削区，排屑较困难，容易堵塞砂轮，影响砂轮的切削性能。

⑥ 磨削时，砂轮与孔的接触长度需经常改变。当砂轮有一部分超出孔外时，其接触长度较短，切削力较小，砂轮主轴所产生的压移量比磨削孔的中部时小，此时被磨去的金属层较多，从而形成"喇叭口"。为了减小或消除误差，加工时应控制砂轮超出孔外的长度不大于 1/3 砂轮宽度。内圆磨削精度可达 IT7，表面粗糙度可达 0.2~0.4 μm。

由于以上原因，内圆磨削生产率较低，加工精度不高，一般可达 IT7~IT8，粗糙度可达 0.2~1.6 μm。磨孔一般适用于淬硬工件孔的精加工。磨孔与铰孔、拉孔相比，能校正原孔的轴线偏斜,提高孔的位置精度,但生产率比铰孔、拉孔低,在单件、小批量生产中应用较多。

(2) 内圆磨削方法。

① 中心内圆磨削。它通常在普通内圆磨床或万能磨床上进行,磨削方法如图6-8所示。

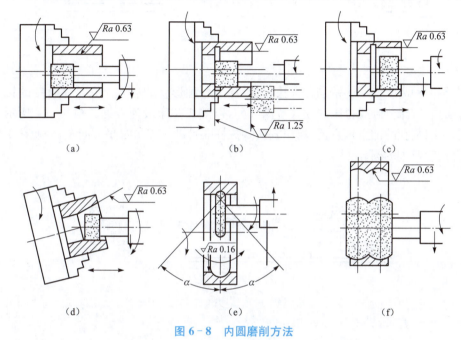

图6-8 内圆磨削方法
(a)、(c) 磨内孔;(b) 磨端面;(d) 磨内锥面;(e)、(f) 磨成形面

② 无心内圆磨削。它通常在无心内圆磨床上进行,被加工工件多为薄壁件,不宜用夹盘夹紧,工件的内外圆同轴度要求较高。这种磨削方法多用于磨削轴承环类型的零件,其工艺特点是精度高,要求机床具有高精度、高自动化程度和高生产率,以适应大批量生产,如图6-9所示。

6) 镗孔

镗孔是在工件已有的孔上进行扩大孔径的加工工艺方法。镗孔和钻→扩→铰工艺相比,孔径尺寸不受刀具尺寸的限制,且镗孔具有较强的误差修正能力,可通过多次走刀来修正原孔轴线偏斜误差,而且能使所镗孔与定位表面保持较高的位置精度。

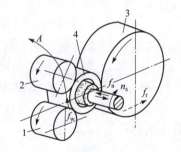

图6-9 无心内圆磨床磨削
1—滚轮;2—压紧轮;3—导轮;4—工件

镗孔和车外圆相比,由于刀杆系统的刚性差、变形大、散热排屑条件不好、工件和刀具的热变形比较大,因此,镗孔的加工质量和生产效率都不如车外圆高。综合以上分析可知,镗孔工艺范围广,可加工各种不同尺寸和不同精度等级的孔,对于孔径较大、尺寸和位置精度要求较高的孔和孔系,镗孔几乎是唯一的加工方法。镗孔的加工精度可达IT7~IT9,表面粗糙度可达$0.5\sim3.2~\mu m$。镗孔可以在镗床、车床、铣床等机床上进行(见图6-10),具有机动灵活的优点。在单件或成批生产中,镗孔是经济易行的方法。在大批量生产中,为提高效率,常使用镗模。

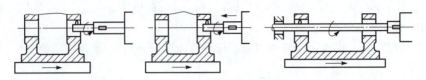

图 6-10　镗床上镗孔加工

7）拉孔

拉孔是一种高生产率的精加工方法，可以加工各种形状的通孔。它是用特制的拉刀在拉床上进行的。拉床分卧式拉床和立式拉床 2 种，以卧式拉床最为常见。图 6-11 所示为在卧式拉床上拉削圆孔的加工示意图，液压缸活塞拉杆 3 带动拉刀 7 水平方向左移，便在工件内拉削出符合精度要求的圆孔。

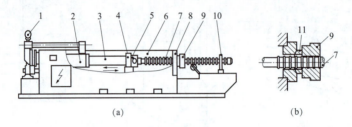

图 6-11　卧式拉床上拉孔示意图

1—压力表；2—液压缸；3—活塞拉杆；4—随动支架；5—夹头；6—床身；7—拉刀；
8—靠板；9—工件；10—滑动托架；11—球面支承垫圈

(1) 拉削的工艺特征及应用范围。

① 拉刀是多刃刀具，在一次拉削行程中就能顺序完成孔的粗加工、精加工和精整、光整加工工作，生产效率高。

② 拉孔精度主要取决于拉刀的精度，在通常条件下，拉孔精度可达 IT7～IT9，表面粗糙度可达 1.6～6.3 μm。

③ 拉孔时工件以被加工孔自身定位，拉孔不易保证孔与其他表面的相互位置精度。对于内外圆表面具有同轴度要求的回转体零件的加工，往往都是先拉孔，然后以孔为定位基准加工其他表面。

④ 拉刀不仅能加工圆孔，而且能加工成形孔、花键孔。

⑤ 拉刀是定尺寸刀具，形状复杂、价格昂贵，不适合加工大孔。

综上所述，拉孔常用在大批量生产中加工孔径为 10～80 mm、孔深不超过孔径 5 倍的中小零件上的通孔。

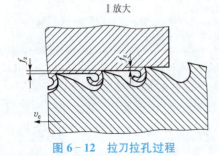

图 6-12　拉刀拉孔过程

(2) 拉削参量。图 6-12 所示为拉刀刀齿尺寸逐齿增大切下金属的过程。图中 f_z 是相邻两刀齿半径上的高度差，即齿升量。齿升量一般根据被加工材料、拉刀类型、拉刀及工件刚性等因素选取，用普通拉刀拉削钢件圆孔时，粗切刀齿的齿升量为 0.03～0.15 mm/齿，精切刀齿的齿升量为 0.005～0.015 mm/齿。刀齿切下的切屑落在两齿间的空间内，此空间称为容屑槽。拉刀上同时工作的刀齿数一般应不少于 3 个,否则拉刀工作不平稳,容易在工件表面产生环状波纹。为了避免产生过大的拉削力而使拉刀断裂,拉刀工作时,同时工作的刀齿数一般不应超过 6~8 个。

(3) 拉刀。根据工件截面形状的不同,存在多种形式的拉刀。圆孔拉刀是常用的拉削刀具,结构如图 6-13 所示。

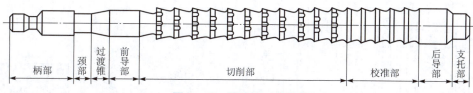

图 6-13 圆孔拉刀的结构

① 柄部。夹持刀具、传递动力的部分。
② 颈部。连接头部与其后各部分,也是打标记的地方。
③ 过渡锥部。使拉刀前导部易于进入工件孔中,起对准中心的作用。
④ 前导部。工件以前导部定位进行切削。
⑤ 切削部。担负切削工作,包括粗切齿、过渡齿与精切齿 3 部分。
⑥ 校准部。校准和刮光已加工表面。
⑦ 后导部。当拉刀工作即将结束时,由后导部继续支承住工件,防止因工件下垂而损坏刀齿和碰伤已加工表面。
⑧ 支托部。当拉刀又长又重时,为防止拉刀因自重下垂,增设支托部,由它将拉刀支承在滑动托架上,使托架与拉刀一起移动。

知识模块 4　孔的光整加工方法

当孔的精度要求很高时,可以采用精细镗、珩磨、研磨、滚压加工等光整加工方法。

(1) 精细镗孔。精细镗孔的方法与一般的镗孔方法基本相同,刀具是金刚石镗刀,故又称金刚镗。它主要用于有色金属及铸铁件上孔的终加工,还可以作为珩磨和滚压加工的预加工工序。现在精细镗孔刀具一般采用可调镗刀头,刀具尺寸可以精确地调整,故加工精度高。微调镗刀头结构如图 6-14 所示。

(2) 珩磨。珩磨是一种低速大面积磨削加工方法。其工作原理与一般内孔磨削基本相同,主要用于加工气缸孔、细长孔、导套孔、模板孔、外形不便旋转的大型零件上的孔等,主要适用的加工材料是各种淬火钢件、铸件等,不能用于韧性好的工件加工,原因是易堵塞油石。

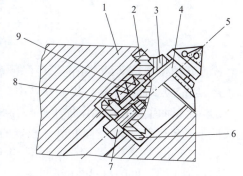

图 6-14 微调镗刀头
1—镗杆;2—套筒;3—刻度盘;4—微调刀杆;
5—刀片;6—垫圈;7—夹紧螺钉;8—弹簧;9—键

珩磨采用的刀具是珩磨头,珩磨头由几根粒度很细的油石构成。加工中珩磨头的运动有

3个，分别是旋转运动、径向加压运动和直线往复运动。如图6-15所示，由于磨粒在工件表面所划痕迹是一种相互交叉但不重合的网纹，所以表面粗糙度很小。

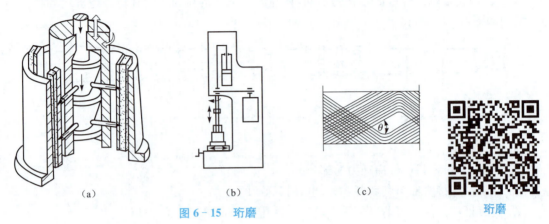

图6-15 珩磨
(a)珩磨加工原理；(b)珩磨机；(c)工件表面形成的网纹

珩磨

(3) 内孔研磨。内孔研磨的工作原理与外圆柱面的研磨方法相同。内孔研磨的研具通常是用铸铁制造的心棒，心棒上开有槽，用来存放研磨剂。图6-16所示为研孔用研具，图6-16(a)所示为铸铁粗研具，心棒的直径可用螺钉调节；图6-16(b)所示为精研孔用研具，用低碳钢制成。

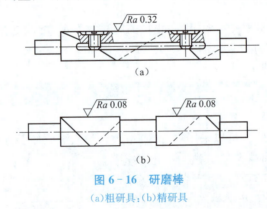

图6-16 研磨棒
(a)粗研具；(b)精研具

研磨孔的位置精度只能由前工序保证，生产率较低。研磨前孔必须经过磨削、精铰或精镗等工序，尽量减少加工余量以提高生产率。对于中小尺寸孔，研磨加工余量为0.025 mm。

(4) 滚压加工。孔的滚压加工原理与滚压外圆相同。由于滚压加工效率高，近年来已采用滚压工艺来代替珩磨工艺，并收到较好的效果。孔经滚压后精度在0.01 mm以内，表面粗糙度为0.16 μm或更小，表面硬化耐磨，生产效率比珩磨提高数倍。

滚压加工对工件的材料性能要求很高，通常要求工件的塑性要好，因此，脆性材料不适用于此法，如铸件的硬度不均匀、表面疏松、气孔和砂眼等缺陷，对滚压有很大影响。因此，选用珩磨工艺。对于淬硬套筒的孔的精加工，也不宜采用滚压。

图6-17所示为一液压缸滚压头，滚压头表面的圆锥形滚柱3支承在锥套5上，滚压时，圆锥形滚柱与工件有30′～1°的斜角，使工件能逐渐恢复弹性，避免工件孔壁的表面变得较粗糙。

孔滚压前，通过调节螺母11调整滚压头的径向尺寸，旋转调节螺母可使其相对心轴1沿轴向移动，向左移动时推动过渡套10、推力轴承9、衬套8及套圈6经销子4，使圆锥形滚柱3沿锥套5

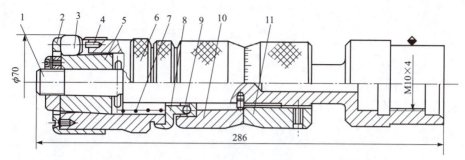

图6-17 液压缸滚压头

1—心轴；2—盖板；3—圆锥形滚柱；4—销子；5—锥套；6—套圈；
7—压缩弹簧；8—衬套；9—推力轴承；10—过渡套；11—调节螺母

的表面向左移,结果使滚压头的径向尺寸缩小。当调节螺母向右移动时,由压缩弹簧7压衬套,经推力轴承使过渡套始终紧贴在调节螺母的左端面,当衬套右移时,带动套圈,经盖板2使圆锥形滚柱也沿轴向右移,从而使滚压头的径向尺寸增大。滚压头径向尺寸应根据滚压过盈量确定,通常钢材的滚压过盈量为0.1～0.12 mm,滚压后孔径增大0.02～0.03 mm。滚压加工用量 $v=$ 60～80 m/min,进给量 $f=0.25～0.35$ mm/r。切削液一般选用50%硫化油加50%柴油或煤油。

【**项目实施**】

内圆表面加工"做中学"任务单见表6-2,其工作过程记录及评价见表6-3。

表6-2 内圆表面加工"做中学"任务单

任务编号		任务名称	孔加工	培训对象		学时	
任务说明	1. 载体:推件板。 推件板 2. 已知条件:毛坯 160 mm×130 mm×40 mm,45钢板料。 3. 工作任务:钻、扩、铰加工零件上的四个孔							

续表

任务编号		任务名称	孔加工	培训对象		学时	
培训目标		1. 掌握孔加工的基础知识。 2. 具备内圆表面加工刀具、工装及切削用量的选择能力。 3. 具备内圆表面钻削加工工艺规程的编制能力。 4. 具备检测零件尺寸和形位公差精度的能力。 5. 严谨细致、开拓创新、经验分享、团队协作				
使用设备		Z3040 钻床、钻头、扩孔钻、铰刀、游标卡尺等					
操作过程		1. 下料：毛坯 160 mm×130 mm×40 mm,45 钢板料。 2. 划分加工阶段,划分工序,确定工步内容。 3. 确定工艺参数。 4. 选择刀具、量具,调试机床。 5. 熟练操作机床,掌握操作要领。 6. 钻削加工零件。 7. 检测					

表 6-3　工作过程记录及评价

任务编号		任务名称	心轴加工	姓名		成绩	
工作过程记录	1.						
	2.						
	3.						
	4.						
	5.						
	6.						
	7.						
	8.						
工作过程评价							

【能力检测】

1. 内孔加工方法有哪些？如何选用？
2. 简述麻花钻的组成、几何参数及特点。
3. 简述拉削的工艺特点及应用。
4. 试述圆孔拉刀的结构及各部分的作用。
5. 磨削为什么能达到较高的精度和较小的表面粗糙度？
6. 内圆磨削的精度和生产率为什么低于外圆磨削？表面粗糙度 Ra 值为什么也略大于外圆磨削？

项目七 平面加工

【项目概述】

图7-1所示为一平板零件图,该零件的主要加工表面是平面。在机械加工中对平面加工的常用方法有铣削、刨削、磨削和拉削等。本项目以该零件图六个表面加工为例,学习平面加工的相关知识。在实际零件加工中,根据零件加工精度要求,选用合适的平面加工方案,做到在保证加工质量的前提下降低加工成本。

图7-1 平板零件图

【教学目标】

1. 能力目标:通过本项目的学习,掌握平面加工的方法,学生可以针对不同的加工要求,选用适合的加工方案。如可以使用铣床进行平面的粗加工和半精加工、可以使用磨床对平面进行磨削精加工等。

2. 知识目标:了解铣床、平面磨床的分类、工作原理、加工范围;掌握铣削加工平面和磨削加工平面的方法;了解铣刀的结构、分类及刃磨方法;了解砂轮的结构、分类和选用方法;学会分析零件图,根据要求选择合理的加工方案完成平面加工;了解机械加工中的劳动安全纪律,做到安全生产。

【知识准备】

```
平面铣削加工 → 平面刨削加工 → 平面磨削加工
```

任务一  平板类零件加工

【知识导图】

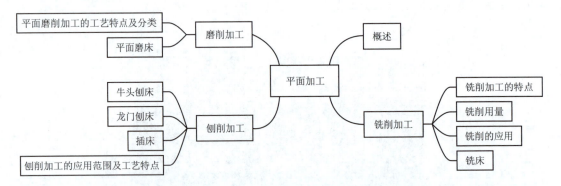

知识模块1　概述

平面加工常用的加工方法有铣削加工、磨削加工、刨削加工、拉削加工和研磨等,其中铣削加工与磨削加工应用最多。铣削加工主要用于未淬硬工件的粗加工和半精加工;磨削加工主要用于硬件的精加工;刨削加工的生产率低,加工精度也低,因此,一般用于修配车间加工平面;拉削加工的生产率和加工精度都较高,一般用于大批量生产;研磨主要用于降低零件的表面粗糙度,是一种光整加工方法。

由于平面作用不同,其技术要求也不同,故应采用不同的加工方案,以保证平面质量。表7-1所示为平面加工常用方案。

表7-1 平面加工常用方案

序号	加工方案	经济精度	表面粗糙度 $Ra/\mu m$	适用范围
1	粗车—半精车	IT9	3.2～6.3	回转体零件的端面
2	粗车—半精车—精车	IT3～IT7	0.8～1.6	
3	粗车—半精车—磨削	IT6～IT8	0.2～0.8	

续表

4	粗刨（或粗铣）—精刨（或精铣）	IT8～IT10	1.6～6.3	精度要求不太高的不淬硬平面
5	粗刨（或粗铣）—精刨（或精铣）—刮研	IT6～IT7	0.1～0.8	精度要求较高的不淬硬平面
6	粗刨（或粗铣）—精刨（或精铣）—磨削	IT7	0.2～0.8	精度要求高的淬硬平面或不淬硬平面
7	粗刨（或粗铣）—精刨（或精铣）—粗磨—精磨	IT6～IT7	0.02～0.4	
8	粗铣—拉	IT7～IT9	0.2～0.8	大量生产的较小的平面（精度视拉刀精度而定）
9	粗铣—精铣—磨削—研磨	IT5 以上	0.006～0.1	高精度平面

知识模块 2　铣削加工

1. 铣削加工的特点

（1）铣刀是一种多齿刀具，在铣削时，铣刀的每个刀齿不像车刀和钻头那样连续地进行切削，而是间歇地进行切削。铣刀的散热和冷却条件好，耐用度高，切削速度可以提高。

（2）铣削时经常是多齿进行切削，可采用较大的切削用量。与刨削相比，铣削有较高的生产率，在成批及大量生产中，铣削几乎已全部代替了刨削。

（3）由于铣刀刀齿的不断切入、切出，铣削力不断地变化，故铣削容易产生振动，加工精度不高。

2. 铣削用量

铣削用量包括切削速度、进给量、铣削深度和铣削宽度4个要素。其铣削用量如图 7-2 所示。

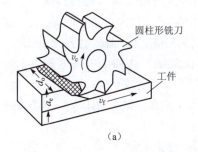
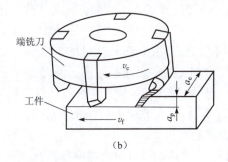

图 7-2　铣削运动及铣削用量
(a) 在卧铣上铣平面；(b) 在立铣上铣平面

平面铣削加工

（1）切削速度 v_c。切削速度是指铣刀最大直径处的线速度，可由下式计算，即

$$v_c = \frac{\pi d n}{1\,000}$$

式中　v_c——切削速度(m/min)；
　　　d——铣刀直径(mm)；

n——铣刀每分钟转数(r/min)。

(2) 进给量 f。铣削时,进给量是指工件在进给运动方向上相对于刀具的移动量。由于铣刀为多刃刀具,故在计算时按单位时间不同,有以下3种度量方法。

① 每齿进给量 f_z,指铣刀每转过一个刀齿,工件沿进给方向移动的距离,单位为 mm/z。

② 每转进给量 f,指铣刀每转一转,工件沿进给方向移动的距离,单位为 mm/r。

③ 每分钟进给量 v_f,又称进给速度,指工件每分钟沿进给方向移动的距离,单位为 mm/min。

上述三者的关系为

$$v_f = fn = f_z zn$$

式中　z——铣刀齿数;

　　　n——铣刀每分钟转数(r/min)。

(3) 铣削深度 a_p。铣削深度是指平行于铣刀轴线方向测量的切削层尺寸(切削层是指工件上正被刀刃切削着的那层金属),单位为 mm。因周铣与端铣时相对于工件的方位不同,故铣削深度的标示也有所不同。

(4) 铣削宽度 a_c。铣削宽度是指垂直于铣刀轴线方向测量的切削层尺寸,单位为 mm。

铣削用量选择的原则:通常粗加工为了保证必要的刀具耐用度,应优先采用较大的铣削深度或铣削宽度,其次是加大进给量,最后才是根据刀具耐用度的要求选择适宜的切削速度。这样选择是因为切削速度对刀具耐用度影响最大,进给量次之,铣削深度或铣削宽度影响最小。精加工时,为了减小工艺系统的弹性变形,同时为了抑制积屑瘤的产生,必须采用较小的进给量。对于硬质合金铣刀,应采用较高的切削速度;对于高速钢铣刀,应采用较低的切削速度,如果铣削过程中不产生积屑瘤,也应采用较大的切削速度。

3. 铣削的应用

铣床的加工范围很广,可以加工平面、斜面、垂直面、各种沟槽和成形面(如齿形),如图 7-3 所示,还可以利用分度头进行分度工作。孔的钻、镗加工也可在铣床上进行,如图 7-4 所示。铣床的加工精度一般为 IT8~IT9,表面粗糙度一般为 1.6~6.3 μm。

(1) 逆铣。铣削时铣刀旋转切入工件的方向与工件的进给方向相反,称为逆铣,反之为顺铣。如图 7-5(a)所示,当切削厚度从0开始并逐渐增大,致使实际前角出现负值时,刀齿在加工表面失去切削功能不能进行切削,而只是对加工表面形成挤压和滑行,加剧后刀面的磨损,降低使用寿命,增大工件加工后的表面粗糙度。同时由于逆铣时铣刀施加于工件上的纵向分力 F_f 总是与工件台的进给方向相反,故工作台丝杠与螺母之间无间隙,始终保持良好的接触,从而使进给运动平稳。但是垂直方向的分力的大小是变化的,且方向向上,引起工件产生振动,从而影响工件表面的粗糙度。

(2) 顺铣。如图 7-5(b)所示,刀齿的切削厚度从大到小,避免了挤压、滑行,而且垂直分力的方向始终压向工作台,从而使切削过程平稳,提高了铣刀的使用寿命和工件的表面质量。但是纵向分力只与进给方向相同,致使工作台丝杠与螺母之间出现间隙从而发生窜动,使铣削进给量不均,严重时会损坏铣刀。只有铣床具有顺铣机构时才能使用。

端铣有对称端铣、不对称逆铣和不对称顺铣3种,如图 7-6 所示。端铣时,端面铣刀与被加工表面接触弧比周铣长,参加切削的刀齿数多,故切削平稳,加工质量好。

(1) 对称端铣。如图 7-6(a)所示,铣刀位于工件对称中心线处,切入为逆铣,切出为顺铣。切入和切出的厚度相同,有较大的平均切削厚度,故端铣时多用此法。它特别适用于加工淬硬钢。

（2）不对称逆铣。如图7-6(b)所示，铣刀位置偏于工件对称中心线一侧，切削厚度在切入时最小、切出时最大，故切入冲击力小，切削过程平稳，适用于加工普通碳钢和高强度低合金钢。其刀具寿命长，加工表面质量好。

（3）不对称顺铣。如图7-6(c)所示，铣刀位置偏于工件对称中心线一侧，切削厚度在切入时最大、切出时最小，故适用于加工不锈钢等中等强度的材料和高塑性材料。

相切法表面成形

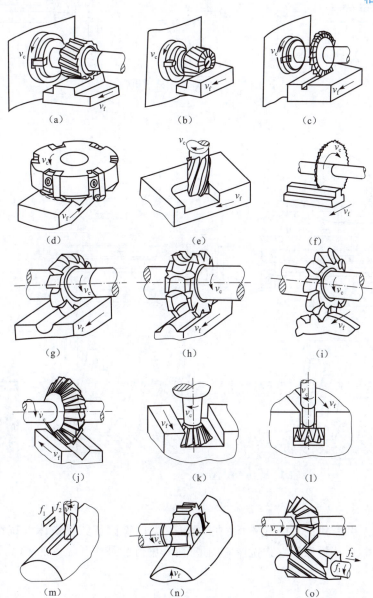

图7-3 铣削加工的应用范围

(a) 圆柱铣刀铣平面；(b) 套式铣刀铣台阶面；(c) 三面刃铣刀铣直角槽；(d) 端铣刀铣平面；
(e) 立铣刀铣凹平面；(f) 锯片铣刀切断；(g) 凸半圆铣刀铣凹圆弧面；(h) 凹半圆铣刀铣凸圆弧面；
(i) 齿轮铣刀铣齿轮；(j) 角度铣刀铣V形槽；(k) 燕尾槽铣刀铣燕尾槽；(l) T形槽铣刀铣T形槽；
(m) 键槽铣刀铣键槽；(n) 半圆键槽铣刀铣半圆键槽；(o) 角度铣刀铣螺旋槽

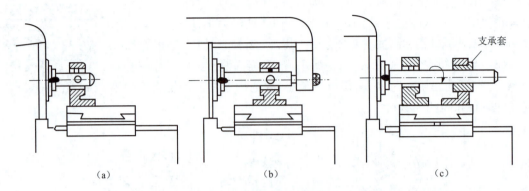

图 7-4 在卧式铣床上镗孔

(a) 卧式铣床上镗孔；(b) 卧式铣床上镗孔用吊架；(c) 卧式铣床上镗孔用支承套

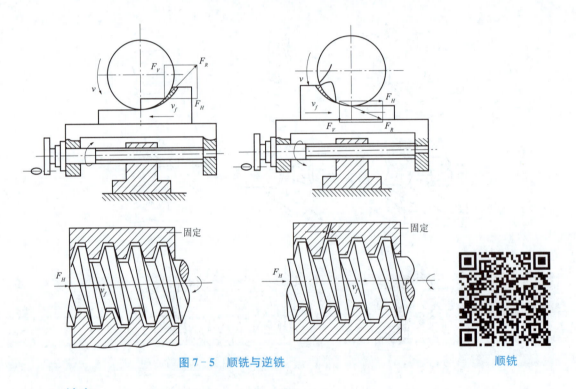

图 7-5 顺铣与逆铣

顺铣

4. 铣床

铣床种类很多，常用的有卧式铣床、立式铣床、龙门铣床和数控铣床及铣镗加工中心等。在一般的工厂里，卧式铣床和立式铣床应用最广，其中万能卧式升降台铣床（简称万能铣床）应用最多，特加以介绍。

1) 万能卧式升降台铣床

万能卧式升降台铣床简称万能铣床，是铣床中应用最广的一种，其主轴是水平的，与工作台面平行。下面以 X6132 铣床为例，介绍万能铣床型号以及组成部分和作用。

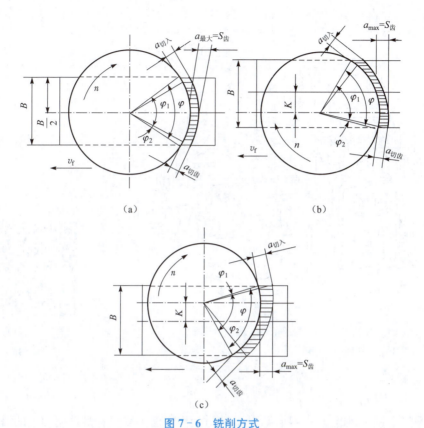

图 7-6 铣削方式
(a)对称端铣;(b)不对称逆铣;(c)不对称顺铣

(1) 铣床的型号含义。

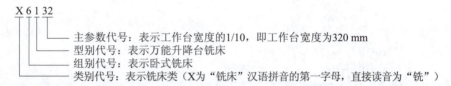

(2) X6132 万能卧式升降台铣床的主要组成部分及作用,如图 7-7 所示。

① 床身。它用来固定和支承铣床上的所有部件。

② 横梁。它的上面安装吊架,用来支承刀杆外伸的一端,以加强刀杆的刚性。

③ 主轴。主轴是空心轴,前端有 7:24 的精密锥孔,其用途是安装铣刀刀杆并带动铣刀旋转。

④ 纵向工作台。它带动台面上的工件做纵向进给。

⑤ 横向工作台。它带动台面上的工件做横向进给。

⑥ 转台。它的作用是能将纵向工作台在水平面内扳转一定的角度,以便铣削螺旋槽。

⑦ 升降台。它可以使整个工作台沿床身的垂直导轨上下移动,以调整工作台面到铣刀的距离,并做垂直进给。由于 X6132 铣床的工作台除了能做纵向、横向和垂直方向进给外,还能在水平面内左右扳转 45°,因此称为万能卧式升降台铣床。

213

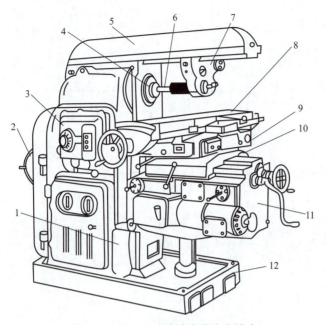

图 7-7 X6132 万能卧式升降台铣床

1—床身；2—电动机；3—主轴交流机构；4—主轴；5—横梁；6—刀杆；
7—刀杆支架；8—工作台；9—回转盘；10—床鞍；11—升降台；12—底座

铣床结构及工作
原理动画

2）立式升降台铣床

立式升降台铣床，如图 7-8 所示，其主轴与工作台面垂直。有时根据加工的需要，可以将立铣头（主轴）偏转一定的角度。

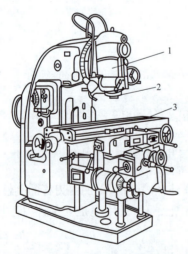

图 7-8 立式升降台铣床

1—立铣头；2—主轴；3—工作台

铣床的基本原理

3）龙门铣床

龙门铣床属于大型机床之一，图 7-9 所示为四轴龙门铣床外形。它一般用来加工卧式、立式铣床不能加工的大型工件。

214

4)铣刀的分类

铣刀的分类方法很多,根据铣刀安装方法的不同可分为两大类,即带孔铣刀和带柄铣刀。带孔铣刀多用在卧式铣床上,带柄铣刀多用在立式铣床上。带柄铣刀又分为直柄铣刀和锥柄铣刀。

(1)常用的带孔铣刀有圆柱铣刀、圆盘铣刀、角度铣刀和成形铣刀等。

(2)常用的带柄铣刀有立铣刀、键槽铣刀、T形槽铣刀和镶齿端铣刀等。

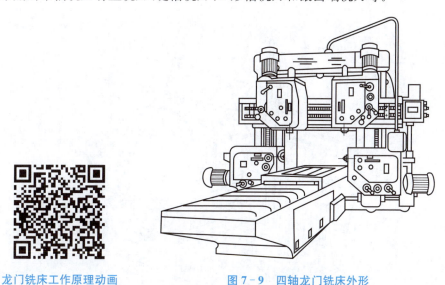

龙门铣床工作原理动画　　图7-9　四轴龙门铣床外形

知识模块3　刨削加工

在生产中常用的刨床有牛头刨床和龙门刨床,前者用于加工中、小型板件,后者用于大型板件的加工。刨削加工一般用于单件或小批量生产,加工精度为IT7~IT9,表面粗糙度为1.6~12.5 μm,故一般用于粗加工,生产率比铣削低。刨削加工示意图如图7-10所示。

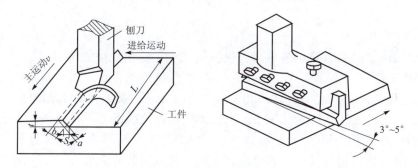

图7-10　刨削加工示意图

1. 牛头刨床

牛头刨床主要由床身、滑枕、刀架、工作台和横梁等组成,如图7-11所示,因其滑枕和刀架形似牛头而得名。牛头刨床工作时,装有刀架2的滑枕3由床身4内部的摆杆带动,沿床身4顶部的导轨做直线往复运动,使刀具实现切削过程的主运动,通过调整变速手柄5可以改变滑枕3的运动速度,行程长度则可通过滑枕行程调节柄6调节。刀具安装在刀架2前端的抬刀板上,转动刀架上方的手轮可使刀架2沿滑枕3前端的垂直导轨上下移动。刀架2还可沿水平轴偏转,用以刨削侧面和斜面。滑枕3回程时,抬刀板可将刨刀朝前上方抬起,以免刀具擦伤已加工表面。夹具或工件则安装在工作台1上,并可沿横梁8上的导轨做间歇的横向移动,以实现切削过程的进给运动。横梁8还可沿床身4的竖直导轨上、下移动,以调整工件与刨刀的相对位置。

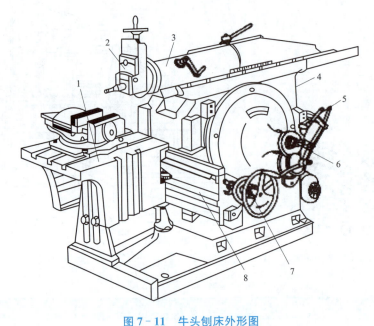

图 7-11 牛头刨床外形图

1—工作台;2—刀架;3—滑枕;4—床身;
5—变速手柄;6—滑枕行程调节柄;7—手轮;8—横梁

牛头刨床的主参数是最大刨削长度,它适于单件小批生产或机修车间,用来加工中、小型工件。

2. 龙门刨床

图 7-12 所示为龙门刨床的外形,因它有一个"龙门"式框架而得名。

龙门刨床工作时,工件装夹在工作台9上,随工作台9沿床身10的导轨做直线往复运动,以实现切削过程的主运动。装在横梁2上的立刀架5、6可沿横梁2的导轨做间歇的横向进给运动,用以刨削工件的水平面,立刀架5、6上的溜板还可使刨刀上下移动,做切入运动或刨竖直平面。此外,刀架溜板还能绕水平轴调整至一定的角度位置,以加工斜面。装在左、右立柱3、7上的侧刀架1、8可沿立柱3、7的导轨做垂直方向的间歇进给运动,以刨削工件的竖直平面。横梁2还可沿立柱3、7的导轨升降,以便根据工件的高度调整刀具的位置。另外,各个刀架都有自动抬刀装置,在工作台9回程时,自动将刀板抬起,避免刀具擦伤已加工表面。龙门刨床的主参数是最大刨削宽度。与牛头刨床相比,其形体大、结构复杂、刚性好、传动平稳、工作行程长,主要用来加工大型零件的平面,或同时加工数个中、小型零件,加工精度和生产率都比牛头刨床高。

刨削加工所用刀具种类较多,常用刨刀种类如图 7-13 所示。

项目七
平面加工

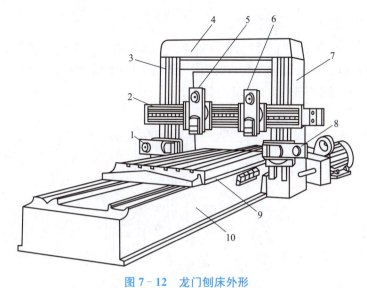

图 7-12 龙门刨床外形

1,8—侧刀架;2—横梁;3,7—立柱;4—顶梁;
5,6—立刀架;9—工作台;10—床身

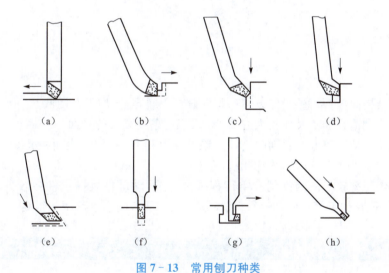

图 7-13 常用刨刀种类

(a) 平面刨刀;(b) 台阶偏刀;(c) 普通偏刀;(d) 台阶偏刀;
(e) 角度刀;(f) 切刀;(g) 弯切刀;(h) 割槽刀

3. 插床

插床实质上是立式刨床,如图 7-14 所示。加工时,滑枕 5 带动刀具沿立柱 6 的导轨做直线往复运动,以实现切削过程的主运动。工件安装在圆工作台 4 上,圆工作台 4 可实现纵向、横向和圆周方向的间歇进给运动。圆工作台 4 的旋转运动,除了做圆周进给外,还可进行圆周分度。滑枕 5 还可以在垂直平面内相对立柱 6 倾斜 0°~8°,以便加工斜槽和斜面。插床的主参数是最大插削长度,主要用于单件、小批量生产中加工工件的内表面,如方孔、各种多边形孔和键槽等,特别适合加工不通孔或有台阶的内表面。

217

4. 刨削加工的应用范围及工艺特点

刨削主要用于加工平面和直槽,如果对机床进行适当的调整或使用专用夹具,还可用于加工齿条、齿轮、花键以及以母线为直线的成形面等。刨削加工精度一般为 IT7~IT8,表面粗糙度为 1.6~6.3 μm。刨削加工的工艺特点如下。

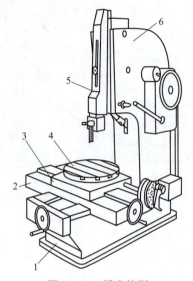

图 7-14 插床外形
1—床身;2—横滑板;3—纵滑板;4—圆工作台;5—滑枕;6—立柱

(1) 刨床结构简单,调整、操作方便;刀具制造、刃磨容易,加工费用低。

(2) 刨削特别适宜加工尺寸较大的 T 形槽、燕尾槽及窄长的平面。

(3) 刨削加工精度较低。粗刨的尺寸公差等级为 IT11~IT13,表面粗糙度为 12.5 μm;精刨的尺寸公差等级为 IT7~IT9,表面粗糙度为 1.6~3.2 μm,直线度为 0.04~0.08 mm/m。

(4) 刨削生产率较低。因刨削有空行程损失,主运动部件反向惯性力较大,故刨削速度低、生产率低。但在加工窄长面和进行多件或多刀加工时,刨削生产率却很高。

知识模块 4 磨削加工

1. 平面磨削的加工工艺特点及分类

对于精度要求高的平面以及淬火零件的平面加工,一般需要采用平面磨削的方法。平面磨削主要在平面磨床上进行。平磨时,对于简单的铁磁性材料,可用电磁吸盘装夹工件。对于形状复杂或非铁磁性材料,可先用精密平口虎钳或专用夹具装夹,再用电磁吸盘或真空吸盘吸牢。

平面磨削按砂轮工作面的不同分为两大类:周磨和端磨。周磨如图 7-15(a)和图 7-15(b)所示,它采用的是砂轮的圆周面进行磨削加工,工件与砂轮的接触面少,磨削力小,磨削热少,且冷却和排屑条件好,工件表面加工质量好。端磨如图 7-15(c)和图 7-15(d)所示,它采用的是砂轮的端面进行磨削加工,工件与砂轮的接触面大,磨削力大,磨削热多,且冷却和排屑条件较差,工件变形大,工件表面加工质量差。

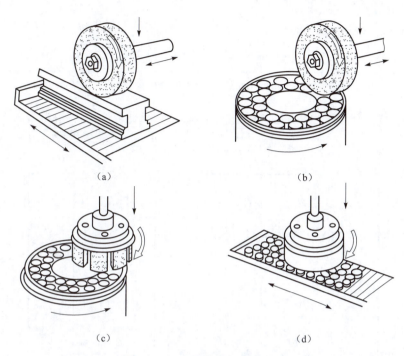

图 7‑15 平面磨削加工示意图
(a)卧轴矩台平面磨床磨削；(b)卧轴圆台平面磨床磨削；
(c)立轴圆台平面磨床磨削；(d)立轴矩台平面磨床磨削

2. 平面磨床

磨削工件平面或成形表面的磨床主要有卧轴矩台平面磨床、立轴圆台平面磨床、卧轴圆台平面磨床、立轴矩台平面磨床和各种专用平面磨床。

(1) 卧轴矩台平面磨床：工件由矩形电磁工作台吸住或夹持在工作台上，并做纵向往复运动。砂轮架可沿滑座的燕尾导轨做横向间歇进给运动。滑座可沿立柱的导轨做垂直间歇进给运动。通常用砂轮周边磨削工件，磨削精度较高。

(2) 立轴圆台平面磨床：竖直安置的砂轮主轴以砂轮端面磨削工件，砂轮架可沿立柱的导轨做间歇的垂直进给运动。工件装在旋转的圆工作台上可连续磨削，生产效率较高。为了便于装卸工件，圆工作台还能沿床身导轨做纵向移动。

(3) 卧轴圆台平面磨床：用于磨削圆形薄片工件，并可利用工作台倾斜磨出厚薄不等的环形工件。

(4) 立轴矩台平面磨床：由于砂轮直径大于工作台宽度，磨削面积较大，故适用于高效磨削。

平面加工夹紧
变形处理办法

【项目实施】

平面加工"做中学"任务单见表7-2,其工作过程记录及评价见表7-3。

表7-2 平面加工"做中学"任务单

任务编号		任务名称	平面加工	培训对象		学时	
任务说明	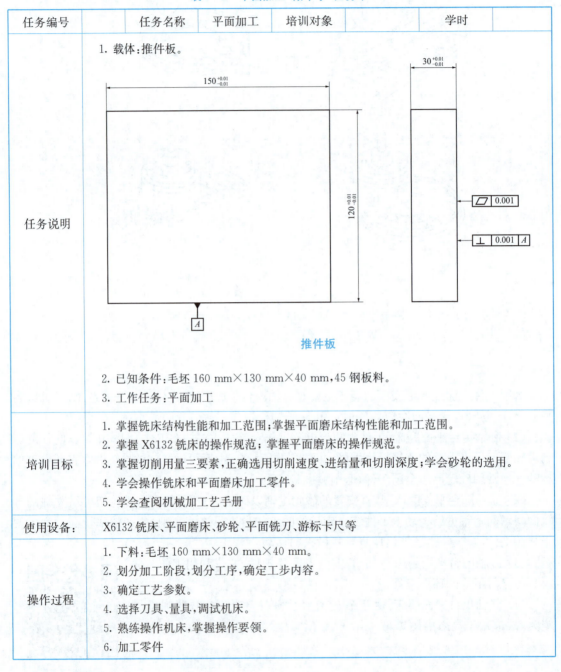 推件板 2. 已知条件:毛坯 160 mm×130 mm×40 mm,45 钢板料。 3. 工作任务:平面加工						
培训目标	1. 掌握铣床结构性能和加工范围;掌握平面磨床结构性能和加工范围。 2. 掌握 X6132 铣床的操作规范;掌握平面磨床的操作规范。 3. 掌握切削用量三要素,正确选用切削速度、进给量和切削深度;学会砂轮的选用。 4. 学会操作铣床和平面磨床加工零件。 5. 学会查阅机械加工艺手册						
使用设备:	X6132 铣床、平面磨床、砂轮、平面铣刀、游标卡尺等						
操作过程	1. 下料:毛坯 160 mm×130 mm×40 mm。 2. 划分加工阶段,划分工序,确定工步内容。 3. 确定工艺参数。 4. 选择刀具、量具,调试机床。 5. 熟练操作机床,掌握操作要领。 6. 加工零件						

表7-3 工作过程记录及评价

任务编号		任务名称	心轴加工	姓名		成绩	
工作过程记录	1.						
	2.						
	3.						
	4.						
	5.						
	6.						
	7.						
	8.						
工作过程评价							

【能力检测】

1. 试述刨削加工的工艺特点及应用。
2. 试述铣削的工艺特点及应用范围。
3. 绘图说明何为顺铣和逆铣,有何特点,以及其如何应用。
4. 若用周铣法铣削带黑皮铸件或锻件上的平面,为减少刀具磨损,应采用顺铣还是逆铣?为什么?
5. 采用端磨法和周磨法磨削平面,各有何特点?

平面加工思维导图

项目八 圆柱齿轮加工

【项目概述】

图 8-1 所示为在机械中使用的各种形状的圆柱齿轮,作为传动件,齿轮在机械中得到了广泛的应用。齿轮加工需要采用特殊的加工原理和加工方法。各种形状的齿轮加工方法不同,本项目以圆柱齿轮加工为例,讨论常用的圆柱齿轮加工方法。圆柱齿轮零件的加工一般分为齿坯加工和齿圈的加工,其中齿坯加工主要就是内外圆柱表面加工和平面加工以及键槽加工。对于齿圈加工要用专用的刀具和机床,采用成形法或范成法加工齿圈,主要方法包括铣齿、滚齿、磨齿、剃齿、珩齿等。本项目主要讲述圆柱齿轮的加工方法。

图 8-1 圆柱齿轮

【教学目标】

1. 能力目标:通过本项目的学习,掌握圆柱齿轮的加工方法,学生可以针对齿轮不同的加工要求选用适合的齿轮加工方案,如可以使用铣床用成形法加工齿轮、可以使用滚齿机对齿轮进行范成法加工、可以使用插齿机进行内齿轮加工;了解齿轮的精加工原理和方法。

2. 知识目标:了解滚齿机和插齿机的分类、工作原理、加工范围;理解齿轮成形法加工原理和范成法加工原理;了解滚刀的结构及刃磨方法、成形刀具的种类及选用方法;掌握不同精度要求齿轮加工方案的选用原则和加工路线。

【知识准备】

项目八 圆柱齿轮加工

任务一 圆柱齿轮加工方法

【知识导图】

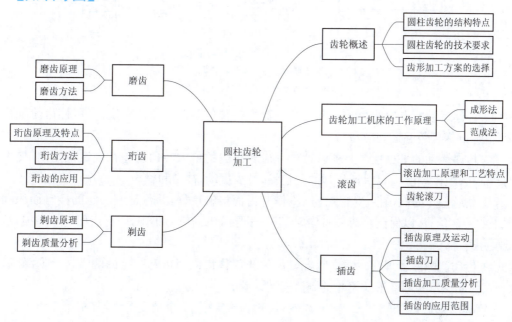

知识模块1　齿轮概述

齿轮传动广泛应用于机床、汽车、飞机、船舶及精密仪器等行业中,因此,在机械制造中,齿轮生产占有极其重要的位置,其功用是按规定的速比传递运动和动力。

1. 圆柱齿轮的结构特点

圆柱齿轮的结构因使用要求的不同而有所差异。按照工艺角度,可以分为齿圈和轮体;按照齿圈上轮齿的分布形式,可以分为直齿、斜齿、人字齿等;按照轮体的结构形式,可以分为盘类齿轮、套类齿轮、轴类齿轮、齿条等。如图8-2所示。

圆柱齿轮的结构形式直接影响齿轮加工工艺的制定。普通单齿圈齿轮的工艺性最好,可以采用任何一种加工齿形的方法加工齿轮;双联或三联等多齿圈齿轮小齿圈的加工受其轮缘间轴向距离的限制,其齿形加工方法的选择也受到限制,加工工艺性较差。

2. 圆柱齿轮的技术要求

齿轮制造精度的高低直接影响到机器的工作性能、承载能力、噪声和使用寿命,因此,根据齿轮的使用要求,对齿轮传动提出4个方面的精度要求。

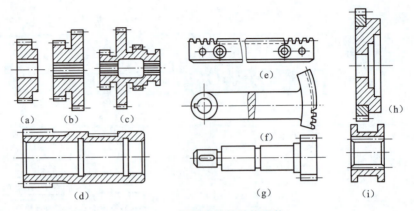

图 8-2 圆柱齿轮的结构形状

(a),(b),(c) 单联、双联、三联齿轮;(d) 套筒齿轮;
(e) 齿条;(f) 扇形齿轮;(g) 连轴齿轮;(h) 装配式齿轮;(i) 内齿轮

(1) 传递运动的准确性。要求齿轮在一转中的转角误差不超过一定范围,使齿轮副传动比变化小,以保证传递运动准确。

(2) 传递运动的平稳性。要求齿轮在一齿转角内的最大转角误差在规定范围内,使齿轮副的瞬时传动比变化小,以保证传动的平稳性,减少振动、冲击和噪声。

(3) 载荷分布的均匀性。要求齿轮工作时齿面接触良好,并保证有一定的接触面积和符合要求的接触位置,以保证载荷分布均匀,不至于导致齿面应力集中,引起齿面过早磨损,从而降低使用寿命。

(4) 传动侧隙的合理性。要求啮合轮齿的非工作齿面间留有一定的侧隙,便于存储润滑油,补偿弹性变形和热变形及齿轮的制造安装误差。

国家标准 GB/T 13924—2008 对齿轮、齿轮副规定了 12 个精度等级,其中第 1 级最高,第 12 级最低。

3. 齿形加工方案的选择

齿形加工方案主要取决于齿轮的精度等级、结构形状、生产类型、热处理方法和生产条件。常用齿形加工方案有以下几种:

(1) 8 级精度以下齿轮。调质齿轮用滚齿或插齿就能满足要求。淬硬齿轮采用滚(插)齿—齿端加工—淬火—校正孔的加工方案,但在淬火前齿形精度应提高一级。

(2) 6~7 级精度齿轮。采用滚(插)齿—齿端加工—剃齿—淬火—校正基准—珩齿的加工方案。此方案生产率高、设备简单、成本较低,适用于成批或大批量生产齿面需淬硬的齿轮。

(3) 5 级以上精度的齿轮。采用粗滚齿—精滚齿—齿端加工—淬火—校正基准—粗磨齿—精磨齿的加工方案。此方案最高精度可达 3~4 级。

知识模块 2　齿轮加工机床的工作原理

齿轮加工机床的种类繁多,构造各异,加工方法也各不相同,按齿面加工原理来分,有成形法和展成法。

1. 成形法

成形法是利用仿照与被切齿轮齿槽形状相符的盘状铣刀或指状铣刀切出齿形的方法，如图 8‑3 所示。在铣床上加工齿形的方法属于成形法。

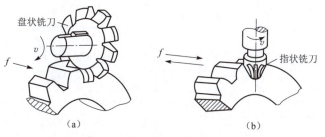

图 8‑3　用盘状铣刀和指状铣刀加工齿轮
(a) 盘状铣刀铣齿轮；(b) 指状铣刀铣齿轮

采用成形法加工齿轮

铣削时，常用分度头和尾架装夹工件，如图 8‑4 所示。通常可用盘状铣刀在卧式铣床上铣齿，见图 8‑3(a)，也可用指状铣刀在立式铣床上铣齿，见图 8‑3(b)。

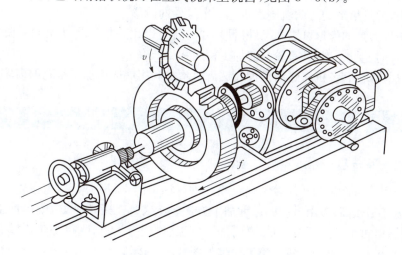

图 8‑4　分度头和尾架装夹工件

成形法加工的特点如下。

(1) 设备简单，只用普通铣床即可，刀具成本低。

(2) 由于铣刀每切一齿槽都要重复消耗一段切入、退刀和分度的辅助时间，因此生产率较低。

(3) 加工出的齿轮精度较低，只能达到 9～11 级。这是因为在实际生产中，不可能为每加工一种模数、一种齿数的齿轮就制造一把成形铣刀，而只能将模数相同且齿数不同的铣刀编成号数，每号铣刀有它规定的铣齿范围，每号铣刀的刀齿轮廓只与该号范围的最小齿数齿槽的理论轮廓相一致，对其他齿数的齿轮只能获得近似齿形。

根据同一模数而齿数在一定的范围内，可将铣刀分成 8 把一套和 15 把一套的两种规格。8 把一套适用于铣削模数为 0.3～8 的齿轮，15 把一套适用于铣削模数为 1～16 的齿轮，15 把一套的铣刀加工精度较高。铣刀号数小，加工的齿轮齿数少，反之能加工的齿数就多。8 把一套规格如表 8‑1 所示，15 把一套规格如表 8‑2 所示。

225

表 8-1　模数齿轮铣刀刀号选择表

铣刀号数	1	2	3	4	5	6	7	8
齿数范围	12～13	14～16	17～20	21～25	26～34	35～54	55～134	135 以上

表 8-2　模数齿轮铣刀刀号选择表

铣刀号数	1	1.5	2	2.5	3	3.5	4	4.5
齿数范围	12	13	14	15～16	17～18	19～20	21～22	23～25
铣刀号数	5	5.5	6	6.5	7	7.5	8	
齿数范围	26～29	30～34	35～41	42～54	55～79	80～134	135	

根据以上特点,成形法铣齿一般多用于修配或单件制造某些转速低、精度要求不高的齿轮。在大批量生产中或精度要求较高的齿轮,都在专门的齿轮加工机床上加工。

2. 展成法

用展成法加工齿轮时,刀具与工件模拟一对齿轮(或齿轮与齿条)做啮合运动(展成运动),在运动过程中,刀具齿形的运动轨迹逐步包络出工件的齿形。

展成法切齿刀具的齿形可以和工件齿形不同,且可以用一把刀具切出同一模数而齿数不同的齿轮,加工时连续分度,具有较高的加工精度和生产率。

滚齿机、插齿机、剃齿机和弧齿锥齿轮铣齿机均是利用展成法加工齿轮的齿轮加工机床。

知识模块 3　滚齿

1. 滚齿加工原理和工艺特点

滚齿是应用一对螺旋圆柱齿轮的啮合原理进行加工的,所用刀具称为齿轮滚刀。滚齿是齿形加工中生产率较高、应用最广的一种加工方法。滚齿加工通用性好,既可加工圆柱齿轮,又可加工蜗轮;既可加工渐开线齿形,又可加工圆弧、摆线等齿形;既可加工小模数、小直径齿轮,又可加工大模数、大直径齿轮。滚齿原理如图 8-5 所示。

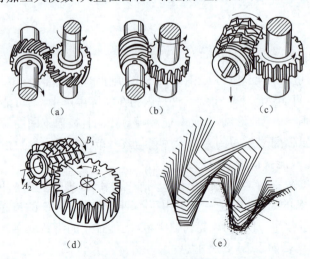

图 8-5　滚齿原理

滚齿加工

滚齿加工动画

滚齿的加工精度等级一般为6～9级,对于8、9级精度齿轮,可直接滚齿得到;对于7级精度以上的齿轮,通常滚齿可作为齿形的粗加工或半精加工。当采用AA级齿轮滚刀和高精度滚齿机时,可直接加工出7级精度以上的齿轮。

2. 齿轮滚刀

齿轮滚刀一般是指加工渐开线齿轮所用的滚刀,它是按螺旋齿轮啮合原理加工齿轮的。由于被加工齿轮是渐开线齿轮,所以它本身也应具有渐开线齿轮的几何特性。

齿轮滚刀从其外形看并不像齿轮,实际上它仅有一个齿(或两个、三个齿),即齿很长而螺旋角又很大的斜齿圆柱齿轮,可以绕滚刀轴线转好几圈,因此,从外形上看,它很像一个蜗杆,如图8-6所示。

图8-6 齿轮滚刀

为了使这个斜齿圆柱齿轮能起切削作用,须沿其长度方向开出许多容屑槽,因此把斜齿圆柱齿轮上的螺纹割成许多较短的刀齿,并产生了前刀面和切削刃,每个刀齿有一个顶刃和两个侧刃。为了使刀齿有后角,还要用铲齿的方法铲出侧后面和顶后刀面。

标准齿轮滚刀精度分为4级,即AA级、A级、B级、C级,加工时按照齿轮精度的要求,选用相应的齿轮滚刀。AA级齿轮滚刀可以加工6～7级齿轮;A级齿轮滚刀可以加工7～8级齿轮;B级齿轮滚刀可加工8～9级齿轮;C级齿轮滚刀可加工9～10级齿轮。

知识模块4　插齿

1. 插齿原理及运动

(1) 从插齿原理上分析,插齿刀与工件相当于一对平行轴的圆柱直齿轮啮合,如图8-7所示。

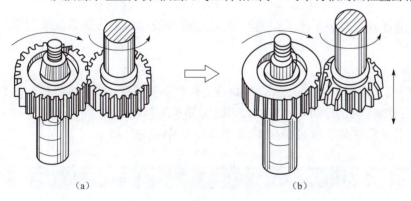

图8-7 插齿原理
(a) 齿轮啮合;(b) 插齿加工

插齿加工原理动画

(2) 插齿的主要运动有以下几种:

① 切削运动。即插齿刀的上下往复运动。

② 展成运动。插齿刀与工件间应保证正确的啮合关系。插齿刀每往复运动一次,工件相对刀具在分度圆上的转动为加工时的圆周进给运动。

③ 径向进给运动。插齿时,为逐步切至全齿深,插齿刀应该有径向进给运动。

④ 让刀运动。插齿刀做上下往复运动时,向下是工作行程。为了避免刀具擦伤已加工的齿面并减少刀齿的磨损,在插齿刀向上运动时,工作台带动工件退出切削区一段距离,在插齿刀工作行程时,工件恢复原位。

2. 插齿刀

插齿刀的形状很像齿轮:直齿插齿刀像直齿齿轮,斜齿插齿刀像斜齿齿轮。直齿插齿刀分为3种结构形式,图8-8所示为插齿刀的类型。

图 8-8 插齿刀的类型
(a) 盘形插齿刀;(b) 碗形插齿刀;(c) 锥柄插齿刀

3. 插齿加工质量分析

(1) 传动准确性。齿坯安装时的几何偏心使工件产生径向位移,进而使得齿圈产生径向跳动;工作台分度蜗轮的运动偏心使工件产生切向位移,导致公法线长度变动;插齿刀的制造齿距累积误差和安装误差也会导致插齿的公法线变动。

(2) 传动平稳性。插齿刀设计时没有近似误差,所以插齿的齿形误差比滚齿小。

(3) 载荷均匀性。机床刀架刀轨对工作台回转中心的平行度造成工件产生齿向误差;插齿刀的上下往复频繁运动使刀轨磨损,加上刀具刚性差,因此插齿的齿向误差比滚齿大。

(4) 表面粗糙度。插齿后的表面粗糙度比滚齿小,这是因为插齿过程中包络齿面的切削刃数较多。

4. 插齿的应用范围

插齿的应用范围广泛,它能加工内外啮合齿轮、扇形齿轮齿条和斜齿轮等。但是加工齿条时需要附加齿条夹具,并在插齿机上开洞;加工斜齿轮时需要螺旋刀轨,所以插齿适合于加工模数较小、齿宽较小、工作平稳性要求较高、运动精度要求不高的齿轮。

知识模块 5　剃齿

1. 剃齿原理

剃齿是根据一对轴线交叉的斜齿轮啮合时,沿齿向有相对滑动而建立的一种加工方法,如图8-9所示。

剃齿时,剃齿刀和齿轮是无侧隙双面啮合,剃齿刀刀齿的两侧面都能进行切削。当工件旋向不同或剃齿刀正反转动时,刀齿两侧切削刃的切削速度是不同的。为了使齿轮的两侧都能获得较好的剃削质量,剃齿刀在剃齿过程中应交替地进行正反转动。

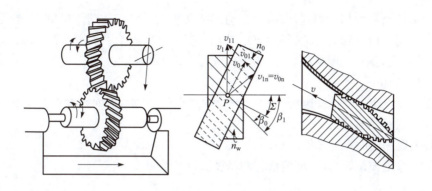

图 8-9 剃齿工作原理

2. 剃齿质量分析

剃齿是一种利用剃齿刀与齿轮做自由啮合进行展成加工的方法,剃齿刀与齿轮间没有强制性的啮合运动,所以对齿轮传递运动的准确性精度提高不大,但对传动的平稳性和接触精度有较大的提高,齿轮表面粗糙度值明显减小。

剃齿是在滚齿之后,对未淬硬齿轮的齿形进行精加工的一种常用方法。由于剃齿的质量较好、生产率高、所用机床简单、调整方便、剃齿刀耐用度高,所以汽车、拖拉机和机床中的齿轮多用这种加工方法来进行精加工。

知识模块 6　珩齿

1. 珩齿原理及特点

珩齿是热处理后的一种光整加工方法。珩齿的运动关系和所用机床与剃齿相似,珩轮与工件是一对斜齿轮副无侧隙地自由紧密啮合,所不同的是珩齿所用刀具是由磨料、环氧树脂等原料混合后在铁芯上浇铸而成的塑料齿轮。切削是在珩轮与被加工齿轮的自由啮合过程中,靠齿面间的压力和相对滑动来进行的,如图 8-10 所示。

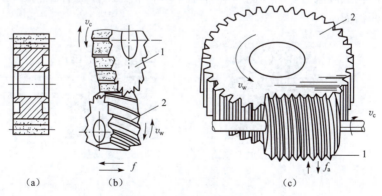

图 8-10　珩轮珩磨原理
(a) 珩轮;(b) 珩轮珩齿;(c) 蜗杆状珩轮珩齿
1—珩轮;2—工件

珩齿的运动与剃齿基本相同,即珩轮带动工件高速正反转,工件沿轴向的往复运动及工件的径向进给运动。所不同的是,其径向进给是在开车后一次进给到预定位置。因此,珩齿开始时,齿面压力较大,随后逐渐减小,直至压力消失时珩齿便结束。

珩齿的特点如下。

（1）珩齿过程实际上是低速磨削、研磨和抛光的综合过程,齿面不会产生烧伤和裂纹,所以珩齿后齿的表面质量较好。

（2）珩齿后的表面粗糙度值减小。

（3）珩齿修正误差能力低,珩前齿轮的精度要求高。

2. 珩齿方法

珩齿方法有外啮合珩齿、内啮合珩齿和蜗杆状珩轮珩齿 3 种。

3. 珩齿的应用

珩齿主要用于去除热处理后齿面上的氧化皮及毛刺,可使表面粗糙度值从 $1.6~\mu m$ 左右降到 $0.4~\mu m$ 以下。

由于珩齿加工具有齿面的表面粗糙度值小、效率高、成本低、设备简单、操作方便等优点,故是一种很好的齿轮光整加工方法,一般可加工 6～8 级精度的齿轮。

知识模块 7　磨齿

（1）磨齿原理。磨齿是齿形加工中加工精度最高的一种方法,对于淬硬的齿面,要纠正热处理变形,获得高精度齿廓。磨齿是目前最常用的加工方法。磨齿使用强制性的传动链,因此它的加工精度不直接决定于毛坯精度。磨齿可使齿轮精度最高达到 3 级,表面粗糙度值可以达到 $0.2～0.8~\mu m$,但加工成本高、生产率较低。

（2）磨齿方法。磨齿方法很多,根据磨齿原理的不同可以分为成形法和展成法两类。成形法是一种用成形砂轮磨齿的方法,目前生产中应用较少,但它已经成为磨削内齿轮和特殊齿轮时必须采用的方法。展成法是一种利用齿轮与齿条啮合原理进行加工的方法,这种方法是将砂轮的工作面构成假象齿条的单侧或双侧齿面,在砂轮与工件的啮合运动中,砂轮的磨削平面包络出渐开线齿面。

采用加工中心加工齿轮

齿轮全自动加工

项目八 圆柱齿轮加工

【项目实施】

圆柱齿轮加工"做中学"任务单见表8-3,其机械加工工艺过程卡、工作过程记录及评价见表8-4和表8-5。

表8-3 圆柱齿轮加工"做中学"任务单

任务编号		任务名称	齿轮加工	培训对象		学时	
任务说明	1. 载体:圆柱齿轮。 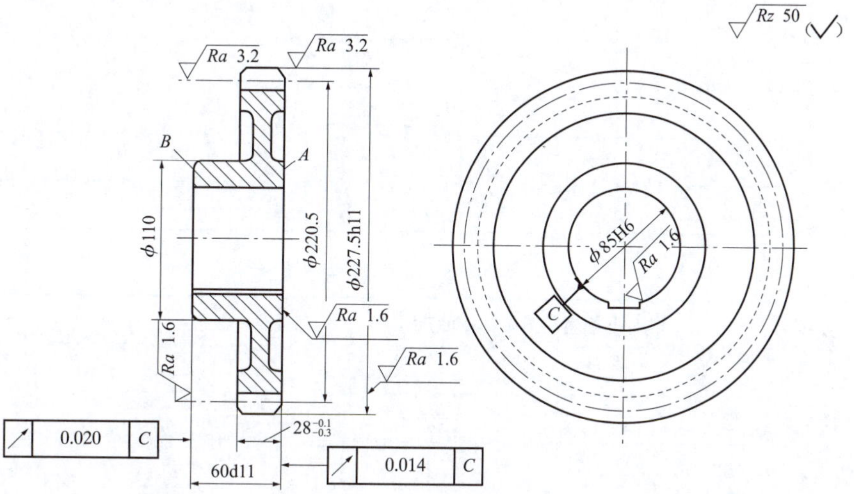 （零件图：$\sqrt{Ra\ 3.2}$、$\sqrt{Ra\ 1.6}$、$\sqrt{Rz\ 50}$，$\phi110$、$\phi220.5$、$\phi227.5h11$、$\phi85H6$、$60d11$、$28^{-0.1}_{-0.3}$，形位公差 0.020 C、0.014 C，基准B、A、C） 2. 已知条件:铸件毛坯。 3. 工作任务:编制加工路线,填写工艺过程卡						
培训目标	1. 掌握齿轮加工的基础知识。 2. 掌握齿轮加工刀具、工装及切削用量的选择能力。 3. 具备齿轮加工工艺规程的编制能力。 4. 具备检测零件尺寸和形位公差精度的能力。 5. 严谨细致、开拓创新、经验分享、团队协作						
操作过程	1. 分析零件图和产品装配图。 2. 对零件图和装配图进行工艺审查。 3. 由产品的年生产纲领研究确定零件生产类型。 4. 确定毛坯。 5. 拟订工艺路线。 6. 确定各工序所用机床设备和工艺装备。 7. 确定各工序的加工余量,计算工序尺寸及公差。 8. 确定各工序的技术要求及检验方法。 9. 确定各工序的切削用量和工时定额。 10. 编制工艺文件						

表 8-4　机械加工工艺过程卡

工序号	工序名称	车间	工段	设备	工艺装备	工时	
						准终	单件

8-5　工作过程记录及评价

任务编号		任务名称	心轴加工	姓名		成绩	
工作过程记录	1.						
	2.						
	3.						
	4.						
	5.						
	6.						
	7.						
	8.						
工作过程评价							

【能力检测】

1. 齿轮的齿形加工有哪两大类？各有什么特点？
2. 比较滚齿和插齿的区别。
3. 简述剃齿、珩齿和磨齿的区别。
4. 范成法加工齿轮的工作原理是什么？

圆柱齿轮加工思维导图

项目九
机械加工工艺规程的制定

【项目概述】

机械加工工艺过程是生产过程的重要组成部分,它是采用机械加工的方法,直接改变毛坯的形状、尺寸和性能,使之成为合格的产品的过程。拟订加工工艺规程是根据生产条件,规定工艺过程和操作方法,编写工艺文件。工艺文件是进行生产准备、生产作业计划、组织产品生产、制定劳动定额及工人操作和技术检验等工作的主要依据。本项目以减速器传动轴加工工艺的编制为例,学习机械加工工艺规程的编制原则和方法。图 9-1 所示为减速器零件图,技术要求如图所示,材料为 45 钢。试编制该传动轴的机械加工工艺规程。

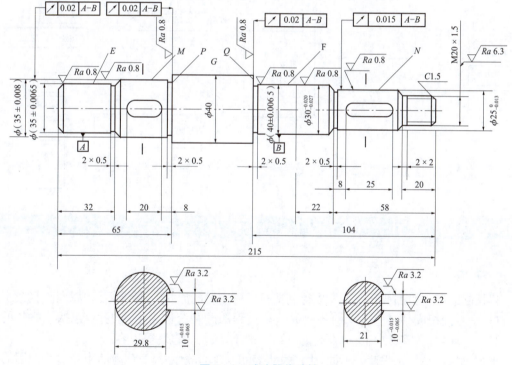

图 9-1 减速器传动轴

【教学目标】

1. 能力目标:通过本项目的学习,学生可以掌握机械加工工艺规程编制的基本原则和方法,能够对不同条件下各种零件编制合适的工艺规程。

2. 知识目标:掌握生产过程、工艺过程、机械加工工艺过程、工序、工步、走刀、工位、安装、生产类型等概念;掌握工序、工步、走刀的划分原则和方法,以及机械加工工艺规程的制定方法;了解轴类、套类、盘类、箱体类零件的常用加工方案。

【知识准备】

任务一 了解机械加工工艺过程与工艺规程

【知识导图】

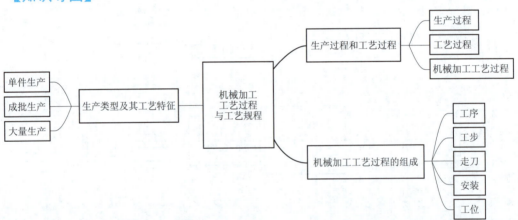

知识模块1　生产过程和工艺过程

1. 生产过程

机械制造厂一般都从其他工厂取得制造机械所需要的原材料或半成品,从原材料(或半成品)进厂一直到把成品制造出来的各有关劳动过程的总和统称为生产过程,包括原材料的运输、保管、毛坯生产、零件加工、机器装配、检验、试车、涂装和包装等内容。

根据机械产品复杂程度的不同,生产过程又可按车间分为若干车间的生产过程。因为某一车间的原材料或半成品可能是另一车间的成品,而它的成品又可能是其他车间的原材料或半成品。例如锻造车间的成品是机械加工车间的原材料或半成品;机械加工车间的成品又是装配车间的原材料或半成品。

2. 工艺过程

在生产过程中直接改变了生产对象的尺寸、形状、位置以及性能的过程,统称为工艺过程。

工艺过程又可分为铸造、锻造、冲压、焊接、机械加工、热处理及装配等工艺过程。"机械制造基础"课中所研究的工艺过程是机械加工工艺过程和装配工艺过程。

一个技术要求相同的零件,可以采用几种不同的工艺过程来加工,但其中总有一种工艺过程在给定的条件下是最合理的,人们把工艺过程的有关内容用文件的形式固定下来,用以指导生产,这个文件称为工艺规程。

3. 机械加工工艺过程

机械加工工艺过程是指利用切削加工、磨削加工、电加工、超声波加工、电子束及离子束加工等机械、电的加工方法,直接改变毛坯的形状、尺寸、相对位置和性能,使其转变为合格零件的过程。把零件装配成部件或成品并达到装配要求的过程称为装配工艺过程。机械加工工艺过程直接决定零件和产品的质量,对产品的成本和生产周期都有较大的影响,是机械产品整个工艺过程的主要组成部分。

知识模块 2　机械加工工艺过程的组成

机械加工工艺过程是由一个或若干个顺次排列的工序组成的,而每一个工序又可分为一个或若干个安装、工位、工步和走刀。

1. 工序

一个工人或一组工人,在一个工作地对同一个工件或同时对几个相同的工件所连续完成的那一部分工艺内容,称为工序。

只要操作者、工作地点或机床、加工对象中的一个发生变动或者加工过程不是连续完成,就不能划分成一道工序。同一零件、同样的加工内容也可以安排在不同的工序中完成。每道工序所包含内容的多少由生产类型决定。

2. 工步

一个工序中可能需要加工若干个表面,也可能只需要加工一个表面,但要用若干把不同的刀具轮流加工,或只用一把刀具但要在加工表面上切多次,而每次切削所选用的切削用量不完全相同,这样就要把一个工序划分为几个工步。

在同一个工序中,在加工表面、切削刀具和切削用量不变的情况下所完成的那部分工艺过程称为一个工步。当构成工步的任一因素改变后,即成为新的工步。一个工序可以包括一个工步或几个工步。在机械加工中为提高生产效率,有时会出现用几把不同的刀具同时加工一个零件的几个表面的工步,称为复合工步,如图 9-2 所示。在铣床上用组合铣刀铣平面,则可视为一个复合工步。

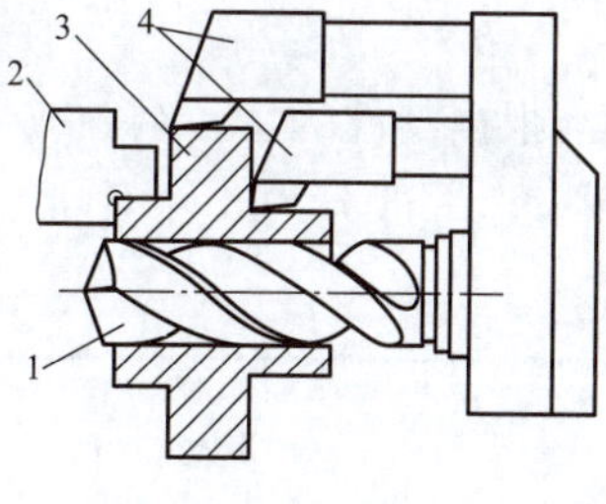

图 9-2　复合工步实例
1—钻头；2—夹具；3—零件；4—工具

3. 走刀

在一个工步中,如果要切掉的金属层很厚,则可以分几次切削,每切削一次,就称为一次走刀。一个工步可包括一次或几次走刀。

4. 安装

零件在加工之前,必须将其正确地安装在机床上。在一个工序中,零件可能安装一次,也可能需要安装几次,但是应尽量减少安装次数,以免产生不必要的安装误差及增加装卸零件的辅助时间。

5. 工位

为了减少安装次数,常采用转位(移位)夹具、回转或移动工作台,使零件在一次安装中先后处于几个不同的加工位置进行加工。零件在机床上所占据的每一个加工位置称为一个工位。图 9-3 所示为在回转工作台上一次完成零件的装卸、钻孔、扩孔和铰孔 4 个工位的加工实例。采用这种多工位加工方法,可以提高加工精度和生产效率。

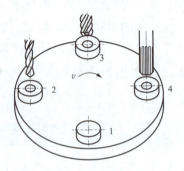

图 9-3 回转工作台上多工位加工
1—装卸;2—钻孔;3—扩孔;4—铰孔

知识模块 3　生产类型及其工艺特征

机械加工工艺受到生产类型的影响,生产类型是指产品生产的专业化程度。企业在计划期内应当生产的产品产量和进度计划称为生产纲领。计划期为一年的生产纲领称为年生产纲领,也称年生产总量。机械产品中某零件的年生产纲领 N 可按式(9-1)计算:

$$N = Qn(1+a)(1+b) \tag{9-1}$$

式中　Q——机器的年生产纲领;
　　　n——每台机器中某零件的个数;
　　　a——备品率;
　　　b——废品率

根据零件的生产纲领或生产批量可以划分出不同的生产类型,它反映了企业生产专业化的程度,一般分为 3 种不同的生产类型,即单件生产、成批生产、大量生产,如表 9-1 所示。

表 9-1　加工零件的生产类型

生产类型		同种零件的年生产纲领		
		重型零件	中型零件	轻型零件
单件生产		<5	<20	<100
成批生产	小批	5~100	20~200	100~500
	中批	100~300	200~500	500~5 000
	大批	300~1 000	500~5 000	5 000~50 000
大量生产		>1 000	>5 000	>50 000

1. 单件生产

单件生产的特点是生产的产品品种繁多,每种产品仅制造一个或少数几个,很少重复生产。重型机械制造、专用设备制造、新产品试制等都属于单件生产。不同产品的零件质量类别见表 9-2。

表 9-2 不同产品的零件质量类别

机械产品类别	加工零件的质量/kg		
	轻型零件	中型零件	重型零件
机床	<15	15~50	>30
电子工业机械	<4	4~30	>50
重型机械	<100	100~3 000	>2 000

2. 成批生产

特点是一年中分批次生产相同的零件,生产呈周期性重复。机床、工程机械、液压传动装置等许多标准通用产品的生产都属于成批生产。

3. 大量生产

基本特征是同一产品的生产数量很大,通常是在同一工作地长期进行同一种零件的某一道工序的加工,如汽车、拖拉机、轴承等的生产都属于大量生产。

不同的生产类型具有不同的工艺特征,如表 9-3 所示。在制定零件机械加工工艺规程时,必须首先确定生产类型,生产类型确定之后工艺过程即可确定下来。

表 9-3 各种生产类型的工艺特征

项目	单件生产	成批生产	大量生产
加工对象	经常变换	周期性变换	固定不变
工艺规程	工艺路线卡	较详细的工艺规程	详细的工艺规程
毛坯制造方法及加工余量	木模手工或自由锻,毛坯精度低,余量大	金属模造型或模锻,毛坯精度高,余量小	金属模造型或模锻,毛坯精度高,余量小
机床设备	通用机床	通用机床,高效机床	专用机床,自动机床
夹具	通用夹具	采用夹具,组合夹具	专用夹具
刀具与量具	通用型	专用型	高效刀具、量具
工人	技术水平要求高	熟练工人	技术水平要求低
互换性	无	多数可互换	好
加工成本	高	中	低
生产率	低	较高	高

任务二 机械加工工艺过程的拟订

【知识导图】

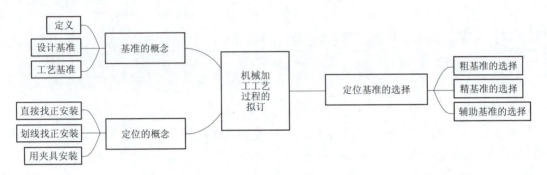

知识模块 1　基准的概念

1. 定义

用来确定零件上的点、线、面的位置所依据的那些点、线、面,称为基准。基准可分为设计基准和工艺基准两大类;工艺基准又可分为工序基准、定位基准、测量基准和装配基准等。

2. 设计基准

设计基准是在零件图上用于标注尺寸和表面间相互位置关系的基准,它是标注设计尺寸的起点。如图9-4所示的3个零件,在图9-4(a)中,A平面与B平面互为设计基准,即对于A平面,B是它的设计基准,对于B平面,A是它的设计基准;在图9-4(b)中,C平面是D平面的设计基准;在图9-4(c)中,虽然尺寸E与F之间没有直接的联系,但它们有同轴度的要求,因此E的轴线是F的设计基准。

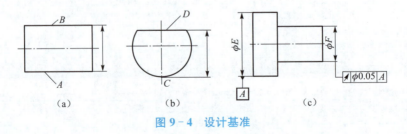

图 9-4　设计基准

3. 工艺基准

在零件加工、测量和装配过程中所使用的基准叫工艺基准。工艺基准又可分为定位基准、测量基准、装配基准和工序基准。

(1) 定位基准是指零件在加工过程中,用于确定零件在机床或夹具上的位置的基准,它是零件上与夹具定位元件直接接触的点、线或面。如图 9-5 所示,精车齿轮的大外圆时,为了保证它们对孔轴线的圆跳动要求,零件以精加工后的孔定位安装在锥度心轴上,孔的轴线为定位基准。在零件制造过程中,定位基准很重要。

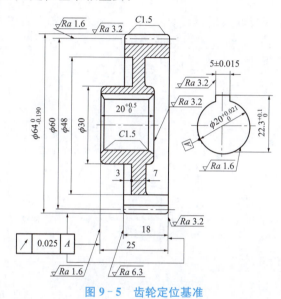

图 9-5 齿轮定位基准

(2) 测量基准是测量已加工表面的尺寸及各表面之间位置精度的基准,主要用于零件的检验。

(3) 装配基准是指机器装配时用以确定零件或部件在机器中正确位置的基准。

(4) 工序基准是用来确定本工序所加工表面加工后的尺寸、形状和位置的基准。

上述各种基准应尽可能使之重合。在设计机器零件时,应尽量选用装配基准作为设计基准;在编制零件的加工工艺规程时,应尽量选用设计基准作为工序基准;在加工及测量零件时,应尽量选用工序基准作为定位基准及测量基准,以消除由于基准不重合引起的误差。

知识模块 2　定位的概念

加工时,首先要把零件安放在机床的工作台或夹具上,使它和刀具之间具有正确的相对位置,这个过程称为定位。零件定位后,在加工过程中要保持正确的位置不变,才能得到所要求的尺寸精度,因此必须把零件夹住,这就是夹紧。零件从定位到夹紧的整个过程称为零件的安装。定位保证零件的位置正确,夹紧保证零件的正确位置不变。正确的安装是保证零件加工精度的重要条件。零件的安装方法可以分为直接找正安装、划线找正安装和用夹具安装等。

1. 直接找正安装

零件的定位是由操作工人利用仪器仪表等工具直接找正某些表面,以保证被加工表面位置的精度。直接找正安装因其生产率低,故一般多用于单件、小批量生产。定位精度与找正所用的工具精度有关,定位精度要求特别高时往往用精密量具来直接找正安装。图 9-6(a)所示为用四爪单动卡盘装夹套筒,先用百分表按工件外圆 A 进行找正后,再夹紧工件进行外圆 B 的车削,以保证套筒 A、B 圆柱面的同轴度。

2. 划线找正安装

先在零件上划出将要加工表面的位置,安装零件时按划线用划针找正并夹紧[见图 9-6(b)]。按划线找正安装生产率低,定位精度也低,多用于单件、小批量生产。对尺寸与质量较大的铸件和锻件,使用夹具成本很高,可按划线找正安装;对于精度要求较低的铸件或锻件毛坯,无法使用夹具,也可用划线找正安装,不致使毛坯报废。

直接找正法装夹工件

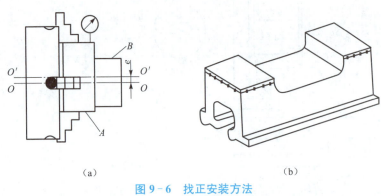

(a)　　　　　　　　　(b)

图 9-6　找正安装方法
(a)直接找正；(b)划线找正

划线找正动画

试切法加工

3. 用夹具安装

将零件直接装在夹具的定位元件上并夹紧,这种方法安装迅速方便,定位可靠,广泛应用于成批和大量生产中。例如加工套筒类零件时,即可以零件的外圆定位,用三爪自定心卡盘夹紧进行加工,由夹具保证零件外圆和内孔的同轴度。目前对于单件、小批量生产,已广泛使用组合夹具安装。

知识模块 3　定位基准的选择

在实际生产的第一道工序中,只能用毛坯表面作为定位基准,这种定位基准称为粗基准,在以后的工序中,则可用已加工过的表面作为定位基准,这种定位基准称为精基准。有时,当零件上没有合适的表面作为定位基准时,就需要在零件上专门加工出定位面,称为辅助基准,如轴类零件上的中心孔等。

六点定位原理

1. 粗基准的选择

选择粗基准时,主要是保证各加工表面有足够的余量,使不加工表面的尺寸、位置符合要求。一般要遵循以下原则。

(1) 如果必须保证零件上加工表面与不加工表面之间的位置要求,则应选择不需要加工的表面作为粗基准。若零件上有多个不加工表面,则要选择其中与加工表面的位置精度要求较高的表面作为粗基准。如图9-7所示,以不加工的外圆表面作为粗基准,可以在一次装夹中把大部分要加工的表面加工出来,并保证各表面间的位置精度。

(2)如果必须保证零件某重要表面的加工余量均匀,则应以该表面为粗基准。如图9-8所示机床导轨的加工,在铸造时,导轨面向下放置,使其表层金属组织细致均匀,没有气孔、夹砂等缺陷,加工时要求只切除一层薄而均匀的余量,保留组织细密耐磨的表层,且达到较高的加工精度。因此,先以导轨面为粗基准加工床脚平面,然后以床脚平面为精基准加工导轨面。

(3)如果零件上所有的表面都需要进行机械加工,则应以加工余量最小的加工表面作粗基准,以保证加工余量最小的表面有足够的加工余量。

(4)为了保证零件定位稳定、夹紧可靠,应尽可能选用面积较大、平整光洁的表面作粗基准,应避免使用有飞边、冒口或其他缺陷的表面作粗基准。

(5)粗基准一般只能用一次,重复使用容易导致较大的基准位移误差。

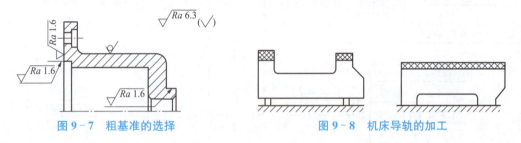

图9-7 粗基准的选择　　　　　图9-8 机床导轨的加工

2. 精基准选择

精基准选择应保证零件的加工精度,一般要遵循以下原则:

(1)基准重合原则。即选择设计基准作为定位基准,主要考虑减少由于基准不重合而引起的定位误差,尤其是在最后的精加工中。

(2)基准统一原则。为减少设计和制造夹具的时间与费用,避免因基准频繁变化所带来的定位误差,提高各加工表面的位置精度,应尽可能选用同一个表面作为各个加工表面的定位基准。如轴类零件用两个顶尖孔作精基准、齿轮等圆盘类零件用其端面和内孔作精基准等。

(3)互为基准原则。为了获得小而均匀的加工余量和较高的位置精度,通常反复加工且互为基准。如图9-4所示的齿轮,在进行精密加工时,采用先以齿面为基准磨削齿轮内孔,再以磨好的内孔为基准磨齿面,从而保证磨齿面余量均匀,且内孔与齿面又有较高的位置精度。

(4)自为基准原则。为了保证精加工或光整加工工序加工表面本身的精度,选择加工表面本身作为定位基准进行加工。采用自为基准原则,不能校正位置精度,只能保证被加工表面的余量小而均匀,因此,表面的位置精度必须在前面的工序中予以保证。

3. 辅助基准

在精加工过程中,如定位基准面过小,或者基准面和被加工表面位置错开了一个距离,定位不可靠时,常采用辅助基准。辅助支承和辅助基准虽然都是在加工时起增加零件刚性的作用,但两者是有本质区别的。辅助支承仅起支承作用,辅助基准既起支承作用,又起定位作用。

套类件夹紧变形及对策

任务三 机械加工工艺规程的拟订

【知识导图】

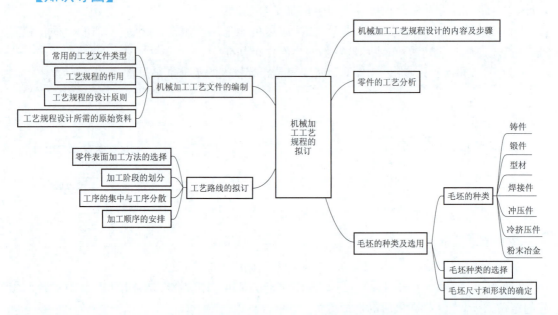

知识模块 1　机械加工工艺规程设计的内容及步骤

（1）分析零件图和产品装配图。设计工艺规程时，首先应分析零件图和该零件所在部件或机器的装配图，了解该零件在部件或机器中的位置和功用以及部件或机器对该零件提出的技术要求，分析其主要技术要求和应采取的工艺措施，形成工艺规程设计的总体构思。

（2）对零件图和装配图进行工艺审查。审查图样上的视图、尺寸公差和技术要求是否正确、统一、完整，对零件设计的结构工艺性进行评价，如发现有不合理之处应及时提出，并同有关设计人员商讨图样修改方案，报主管领导审批。

（3）由产品的年生产纲领研究确定零件的生产类型。

（4）确定毛坯。提高毛坯制造质量，可以减少机械加工劳动量，降低机械加工成本，但同时可能会增加毛坯的制造成本，要根据零件生产类型和毛坯制造的生产条件综合考虑。

（5）拟订工艺路线。其主要内容包括：选择定位基准，确定各表面加工方法，划分加工阶段，确定工序集中和分散程度，确定工序顺序等。在拟订工艺路线时，需同时提出几种可能的加工方案，然后通过技术、经济的对比分析，最后确定一种最为合理的工艺方案。

（6）确定各工序所用机床设备和工艺装备（含刀具、夹具、量具、辅具等），对需要改装或重新设计的专用工艺装备要提出设计任务书。

(7) 确定各工序的加工余量,计算工序尺寸及公差。
(8) 确定各工序的技术要求及检验方法。
(9) 确定各工序的切削用量和工时定额。
(10) 编制工艺文件。

知识模块 2　零件的工艺分析

　　拟订工艺规程时,必须分析零件图以及产品装配图,充分了解产品的用途、性能和工作条件,熟悉该零件在产品中的位置和功用,分析对该零件提出的技术要求,找出技术关键,以便在拟订工艺规程时采取适当的工艺措施加以保证。同时要审查零件的尺寸精度、形状精度、位置精度、表面质量等技术要求,以及零件的结构是否合理,在现有生产条件下能否达到,以便与设计人员共同研究探讨,通过改进设计的方法达到经济合理的要求。同样零件材料的选择不仅要考虑实用性能及材料成本,还要考虑加工需要。

1. 切削加工对零件结构的要求

　　零件的结构工艺性是指零件所具有的结构是否便于制造、装配和拆卸,它是评价零件结构设计好坏的一个重要指标。结构工艺性良好的零件能够在一定的生产条件下,高效低耗地制造生产。因此机械零件的结构的工艺性包括零件本身结构的合理性与制造工艺的可能性两个方面的内容。机械产品设计在满足产品使用要求外,还必须满足制造工艺的要求,否则就有可能影响产品的生产效率和产品成本,严重时甚至无法生产。

　　切削加工对零件结构的一般要求如下。

　　(1) 加工表面的几何形状应尽量简单,并布置在同一平面、同一母线或同一轴线上,以减少机床的调整次数。

　　(2) 尽量减少加工表面面积,不需要加工的表面不要设计成加工面,要求不高的面不要设计成高精度、低粗糙度的表面,以便降低加工成本。

　　(3) 零件上必要的位置应设有退刀槽、越程槽,以便于进刀和退刀,保证加工和装配质量。

　　(4) 避免在曲面和斜面上钻孔、钻斜孔及在箱体内设计加工表面,以免造成加工困难。

　　(5) 零件上的配合表面不宜过长,轴头要有导向用倒角,以便于装配。

　　(6) 零件上需用成形和标准刀具加工的表面,应尽可能设计成同一尺寸,以减少刀具的种类。

2. 机械零件结构加工工艺性典型实例

　　零件的结构工艺性直接影响着机械加工工艺过程,使用性能相同而结构不同的两个零件,它们的加工方法和制造成本有较大的差别。在拟订机械零件的工艺规程时,应该充分地研究零件工作图,对其进行认真分析,审查零件的结构工艺是否良好、合理,并提出相应的修改意见,如表 9-4 所示。

表 9-4 机械零件结构加工工艺性典型实例

序号	结构工艺性差的零件	结构工艺性好的零件	说 明
1	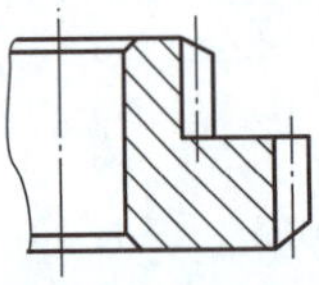	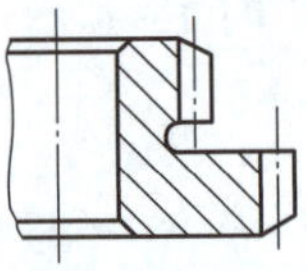	双联齿轮中间必须设计有越程槽
2	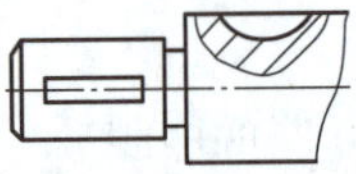	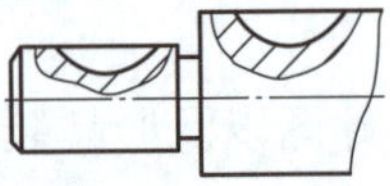	原设计的两个键槽,需要在轴用虎钳上装夹两次,改进后只需要装夹一次
3	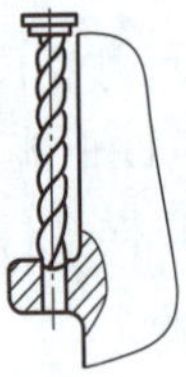	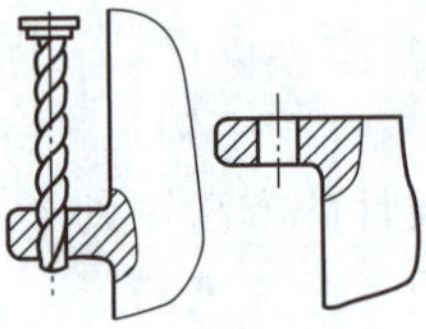	底座上的小孔离箱壁太近,钻头向下引进时,钻床主轴碰到箱壁。改进后底板上的小孔与箱壁留有适当的距离
4	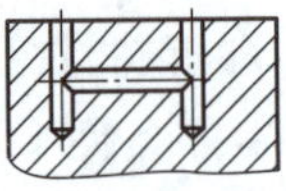	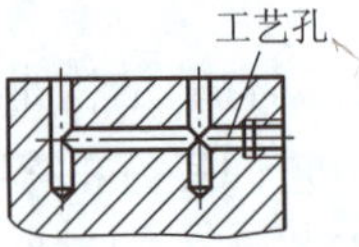	当从功能需要出发设计如图示的水平孔时,必须增加工艺孔才能加工,打通后再堵上
5	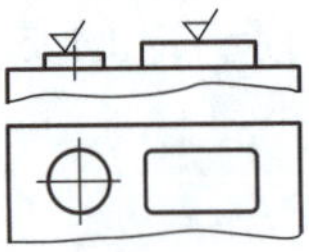	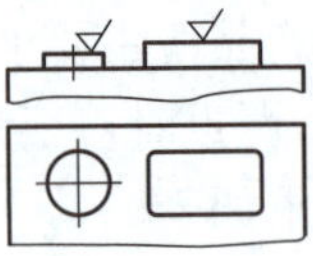	结构凸台表面尽可能在一次走刀中加工完毕,以减少机床的调整次数
6	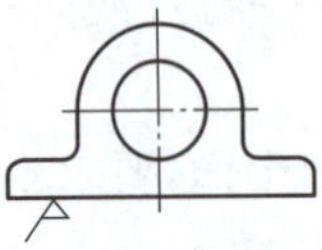	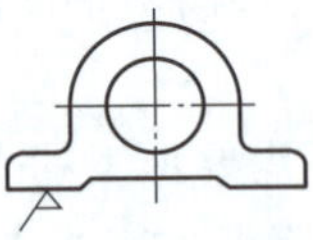	加工面减少刀具的消耗,节省工时,且易保证平面度要求
7	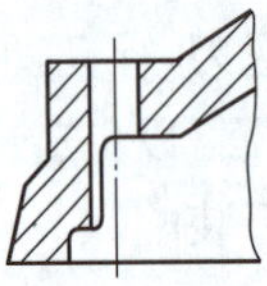	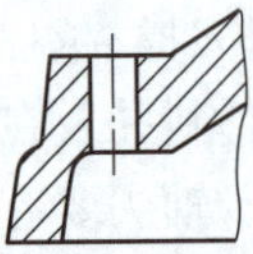	加工孔时,钻头容易引偏
8	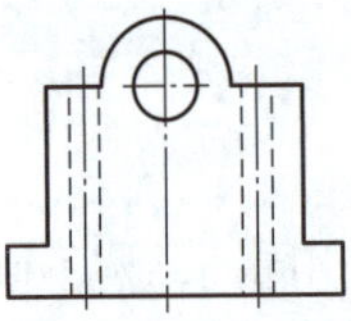	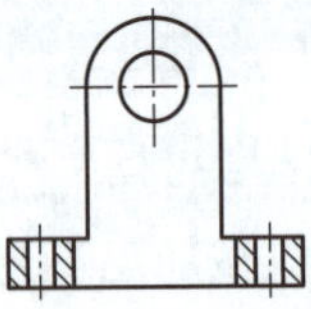	减少孔的加工深度,避免深孔加工,同时也节约了材料
9	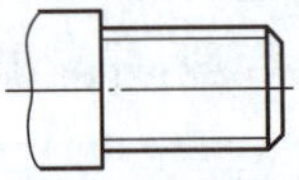	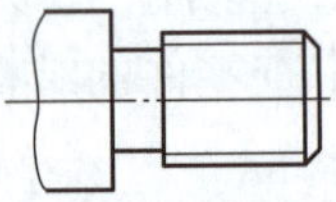	方便加工,螺纹应有退刀槽
10	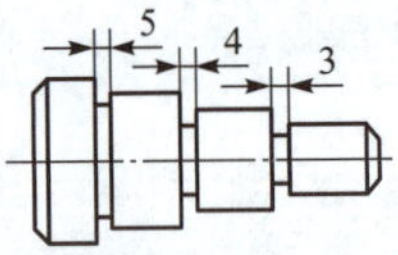	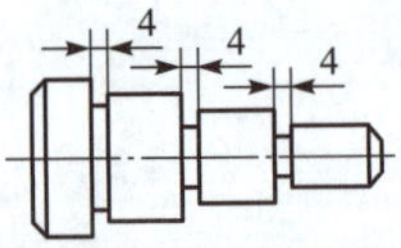	为了减少刀具种类,轴上的砂轮退刀槽宽度尽可能一致

续表

序号	结构工艺性差的零件	结构工艺性好的零件	说　明
11			内螺纹的孔口应有倒角,以便顺利引入螺纹刀具

知识模块 3　毛坯的种类及选用

1. 毛坯的种类

毛坯的种类很多,同一种毛坯又有多种制造方法。机械制造中常用的毛坯有以下几种。

1) 铸件

形状复杂的毛坯,宜用铸造方法制造。根据铸造方法不同,铸件又可分为以下几种类型。

① 砂型铸造的铸件。这是应用最为广泛的一种铸件,它又有木模手工造型和金属模机器造型之分。木模手工造型铸件精度低,加工表面需留较大的加工余量,手工造型生产效率低,适用于单件小批生产或大型零件的铸造。金属模机器造型生产效率高,铸件精度也高,但设备费用高,铸件的重量也受限制,适用于大批量生产的中小型铸件。砂型铸造铸件材料不受限制,以铸铁应用最广,铸钢、有色金属铸造也有应用。

② 金属型铸造的铸件。将熔融的金属浇注到金属模具中,依靠金属自重充满金属铸造型腔而获得的铸件。这种铸件比砂型铸造铸件精度高,表面质量和力学性能好,生产率也较高,但需专用的金属型腔模,适用于大批量生产中尺寸不大的有色金属铸件。

③ 离心铸造铸件。将熔融金属注入高速旋转的铸型内,在离心力作用下,金属液充满型腔而形成的铸件。这种铸件结晶细,金属组织致密,零件的力学性能好,外圆精度及表面质量高,但内孔精度差,需要专门的离心浇注机,适用于批量较大的黑色金属和有色金属的旋转体铸件。

④ 压力铸造铸件。将熔融的金属,在一定压力作用下,以较高速度注入金属型腔内而获得的铸件。这种铸件精度高,可达 IT11～IT13,表面粗糙度值小,可达 $Ra3.2\sim0.4~\mu m$,铸件的力学性能好,同时可铸造各种结构较复杂的零件,铸件上的各种孔眼、螺纹、文字及花纹图案均可铸出。但需要一套昂贵的设备和型腔模,适用于批量较大、形状复杂、尺寸较小的有色金属铸件。

⑤ 精密铸造铸件。将石蜡通过型腔模压制成与工件一样的腊制件,再在腊制工件周围粘上特殊型砂,凝固后将其烘干焙烧,腊被蒸化而放出,留下工件形状的模壳,用来浇铸。

精密铸造铸件精度高,表面质量好。一般用来铸造形状复杂的铸钢件,可节省材料、降低成本,是一项先进的毛坯制造工艺。

2) 锻件

机械强度要求高的钢制件,一般要用锻件毛坯。锻件有自由锻造锻件和模锻件两种。

自由锻造锻件是在锻锤或压力机上用手工操作而成形的锻件。它的精度低,加工余量大,生产率也低,适于单件小批生产及大型锻件。

模锻件是在锻锤或压力机上,通过专用锻模而锻制成形的锻件。它的精度和表面质量均比自由锻造好,可以使毛坯形状更接近工件形状,加工余量小。同时由于模锻件的材料纤维组织分布好,故锻制件的机械强度高。模锻的生产效率高,但需要专用的模具,且锻锤的吨位也要比自由锻造大,主要适用于批量较大的中小型零件。

3) 型材

型材按截面形状可分为圆钢、方钢、六角钢、扁钢、角钢、槽钢及其他特殊截面的型材。型材有冷拉和热轧两种。热轧的精度低,价格较冷拉的便宜,用于一般零件的毛坯。冷拉的尺寸较小,精度高,易于实现自动送料,但价格贵,多用于批量较大且在自动机床上进行加工的情况。

4) 焊接件

焊接件是将型钢或钢板焊接成所需的结构,适于单件小批生产中制造大型毛坯,其优点是制造简便,周期短,毛坯质量轻;缺点是焊接件抗震性差,由于内应力重新分布引起的变形大,因此在进行机械加工前需经时效处理。

5) 冲压件

冲压件是在冲床上用冲模将板料冲制而成。冲压件的尺寸精度高,可以不再进行加工或只进行精加工,生产效率高,适于批量较大而零件厚度较小的中小型零件。

6) 冷挤压件

在压力机上通过挤压模挤压而成,生产效率高。冷挤压毛坯精度高,表面粗糙度值小,可以不再进行机械加工。但要求材料塑性好,主要为有色金属和塑性好的钢材,适于大批量生产中制造形状简单的小型零件,如仪表上和航空发动机中的小型零件。

7) 粉末冶金

以金属粉末为原料,在压力机上通过模具压制成形后经高温烧结而成;生产效率高,零件的精度高,表面粗糙度值小,一般可不再进行精加工,但金属粉末成本较高,适于大批大量生产中压制形状较简单的小型零件。

2. 毛坯种类的选择

毛坯的种类和制造方法对零件的加工质量、生产率、材料消耗及加工成本都有影响。提高毛坯精度,可减少机械加工的劳动量,提高材料利用率,降低机械加工成本,但毛坯制造成本增加,两者是相互矛盾的。选择毛坯应综合考虑下列因素。

(1) 零件的材料及对零件力学性能的要求。例如零件的材料是铸铁或青铜,只能选铸造毛坯,不能用锻造。若材料是钢材,当零件的力学性能要求较高时,不管形状是简单还是复杂,都应选锻件;当零件的力学性能无过高要求时,可选型材或铸钢件。

(2) 零件的结构形状与外形尺寸。钢质一般用途的阶梯轴,如台阶直径相差不大,可用棒料;若台阶直径相差大,则宜用锻件,以节约材料和减少机械加工工作量。大型零件,受设备条件限制,一般只能用自由锻和砂型铸造;中小型零件根据需要可选用模锻和各种先进的铸造方法。

(3) 生产类型大批大量生产时,应选毛坯精度和生产率都较高的先进的毛坯制造方法,使毛坯的形状、尺寸尽量接近零件的形状、尺寸,以节约材料,减少机械加工工作量,由此而节约的费用会远远超出毛坯制造所增加的费用,获得好的经济效益。单件小批生产时,采用先进的毛坯制造方法所节约的材料和机械加工成本,相对于毛坯制造所增加的设备和专用工艺装备费用就得不偿失了,故应选毛坯精度和生产率均比较低的一般毛坯制造方法,如自由锻和手工木模造型等方法。

(4) 生产条件选择毛坯时,应考虑现有生产条件,如现有毛坯的制造水平和设备情况、外协的可能性等。可能时,应尽可能组织外协,实现毛坯制造的社会专业化生产,以获得好的经济效益。

(5) 充分考虑利用新工艺、新技术和新材料随着毛坯制造专业化生产的发展,目前毛坯制造方面的新工艺、新技术和新材料的应用越来越多,如精铸、精锻、冷轧、冷挤压、粉末冶金和工程塑料的应用日益广泛,这些方法可大大减少机械加工量,节约材料,有十分显著的经济效益,我们在选择毛坯时应予以充分考虑,在可能的条件下尽量采用。

3. 毛坯尺寸和形状的确定

零件的形状与尺寸基本上决定了毛坯的形状和尺寸,二者的关系是毛坯的尺寸等于零件尺寸加上一个加工余量。加工余量就是将毛坯加工成成品的过程中从毛坯上切除下来的金属层的厚度。加工余量的大小直接影响机械加工的加工量的大小和原材料的消耗量,从而影响产品的制造成本。因此,在选择毛坯形状和尺寸时应尽量与零件达到一致,力求做到少切削或者无切削加工。毛坯尺寸及其公差与毛坯制造的方法有关,实际生产中可查有关手册或专业标准。精密毛坯还需根据需要给出相应的形位公差。确定了毛坯的形状和尺寸后,还要考虑毛坯在制造中机械加工和热处理等多方面的工艺因素。如图9-9所示的零件,由于结构形状的原因,在加工时,装夹不稳定,则在毛坯上制造出工艺凸台。工艺凸台只是在零件加工中使用,一般加工完成后要切掉,对于不影响外观和使用性能的也可保留。对于一些特殊的零件如滑动轴承、发动机连杆和车床开合螺母等,常做成整体毛坯,加工到一定阶段再切开,如图9-10所示。

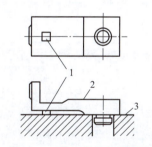

图9-9 带工艺凸台的零件
1—工艺凸台;2—加工表面;3—定位表面

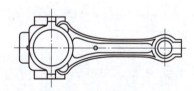

图9-10 连杆体的毛坯

知识模块4　工艺路线的拟定

1. 零件表面加工方法的选择

确定零件表面的加工方法时,在保证零件质量和技术要求的前提下,要兼顾生产率和经济性。因此,加工方法的选择是以加工经济精度和其相应的表面粗糙度为依据的。加工经济精度是指在正常加工条件下(即采用符合质量标准的设备、工艺装备和标准技术等级的操作者,不延长加工时间)所能保证的加工精度,相应的粗糙度称为经济粗糙度。在选用加工方法时,要综合考虑零件材料、结构形状、尺寸大小、热处理要求、加工经济性、生产效率、生产类型和企业生产条件等各个方面的情况。外圆表面的加工方案如表 9-5 所示,内圆表面的加工方案如表 9-6 所示,平面加工方案如表 9-7 所示。

表 9-5　外圆表面的加工方案

序号	加工方案	经济精度等级	表面粗糙度 Ra/μm	适用范围
1	粗车	IT11 以下	12.5～50	适用于淬火钢以外的各种金属
2	粗车—半精车	IT8～IT10	3.2～6.3	
3	粗车—半精车—精车	IT6～IT8	0.8～1.6	
4	粗车—半精车—精车—滚压（或抛光）	IT5～IT7	0.025～0.2	
5	粗车—半精车—磨削	IT6～IT8	0.4～0.8	主要用于淬火钢,也可用于未淬火钢,但不宜加工有色金属
6	粗车—半精车—粗磨—精磨	IT5～IT7	0.1～0.4	
7	粗车—半精车—粗磨—精磨—超精加工	IT5～IT7 以上	0.012～0.2	
8	粗车—半精车—精车—金刚石车	IT5～IT7	0.025～0.4	用于要求较高的有色金属的加工
9	粗车—半精车—粗磨—精磨—超精磨或镜面磨	IT5 以上	0.006～0.025	高精度的外圆加工
10	粗车—半精车—粗磨—精磨—研磨	IT5～IT7	0.006～0.1	

表 9-6　内圆表面的加工方案

序号	加工方案	经济精度等级	表面粗糙度 Ra/μm	适用范围
1	钻	IT8～IT10	12.5	加工未淬火钢及铸铁的实心毛坯,也可用于加工有色金属（但表面粗糙度稍大,孔径小于 15～20 mm）
2	钻—铰	IT7～IT8	1.6～3.2	
3	钻—粗铰—精铰	IT7～IT8	0.8～1.6	
4	钻—扩	IT8～IT10	6.3～12.5	加工未淬火钢及铸铁的实心毛坯,也可用于加工有色金属（孔径大于 15～20 mm）
5	钻—扩—铰	IT7～IT8	1.6～3.2	
6	钻—扩—粗铰—精铰	IT7～IT8	0.8～1.6	
7	钻—扩—机铰—手铰	IT5～IT7	0.1～0.4	
8	钻—扩—拉	IT5～IT8	0.1～1.6	大批量生产,加工精度由拉刀的精度决定

续表

序号	加工方案	经济精度等级	表面粗糙度 $Ra/\mu m$	适用范围
9	粗镗(或扩孔)	IT8～IT10	6.3～12.5	除淬火钢以外的各种钢和有色金属毛坯的铸出孔或锻出孔
10	粗镗(粗扩)—半精镗(精扩)	IT7～IT8	1.6～3.2	
11	粗镗(扩)—半精镗(精扩)—精镗(铰)	IT6～IT8	0.8～1.6	
12	粗镗(扩)—半精镗(精扩)—精镗—浮动镗刀精镗	IT6～IT8	0.4～0.8	
13	粗镗(扩)—半精镗—磨孔 粗镗(扩)—半精镗—粗磨	IT6～IT8	0.4～0.8	主要用于淬火钢,也用于未淬火钢,但不宜用于有色金属加工
14	粗镗(扩)—半精镗—粗磨—精磨	IT5～IT7	0.11～0.2	
15	粗镗—半精镗—精镗—金刚镗	IT5～IT7	0.05～0.4	主要用于精度要求高的有色金属加工
16	钻—(扩)—粗铰—精铰—珩磨	IT5～IT7 以上	0.025～0.2	用于精度要求很高的孔
17	以研磨代替上述方案中的珩磨	IT6 以上	0.025～0.2	

表 9-7 平面加工方案

序号	加工方案	经济精度等级	表面粗糙度 $Ra/\mu m$	适用范围
1	粗车—半精车	IT7～IT10	3.2～6.3	主要用于端面加工
2	粗车—半精车—精车	IT6～IT8	0.8～1.6	
3	粗车—半精车—磨削	IT6～IT8	0.2～0.8	
4	粗刨(或粗铣)—精刨(或精铣)	IT7～IT10	1.6～6.3	非淬硬件的加工
5	粗刨(或粗铣)—精刨(或精铣)—刮研	IT5～IT8	0.1～0.8	精度要求较高的非淬硬平面加工,批量较大时宜采用宽刃精刨方案加工
6	粗刨(或粗铣)—精刨(或精铣)—宽刃精刨	IT6～IT8	0.2～0.8	
7	粗刨(或粗铣)—精刨(或精铣)—磨削	IT6～IT8	0.2～0.8	精度要求较高的淬硬平面或不淬硬平面加工
8	粗刨(或粗铣)—精刨(或精铣)—粗磨—精磨	IT5～IT7	0.025～0.4	
9	粗刨—拉	IT6～IT8	0.2～0.8	大量生产
10	粗铣—精铣—磨削—研磨	IT5～IT7 以上	0.006～0.1	高精度平面

2. 加工阶段的划分

零件的加工不可能在一道工序内完成所有表面的全部加工内容,零件的整个加工工艺过程可以分成以下几个加工阶段。

(1) 粗加工阶段。切除各加工面的大部分加工余量,并加工出精基准,主要考虑尽可能大地提高生产率。

(2) 半精加工阶段。切除粗加工后可能产生的缺陷,为表面的精加工做准备,要求达到一定的加工精度,保证适当的精加工余量,同时完成次要表面的加工。

(3) 精加工阶段。在此阶段采用大的切削速度、小的进给量和切削深度,切除上道工序所留下的精加工余量,使零件表面达到图样的技术要求。

(4) 光整加工阶段。可降低表面粗糙度值或强化加工表面,主要用于表面粗糙度要求很高($Ra \leqslant 0.32~\mu m$)的表面加工。

(5) 超精密加工阶段。加工精度在 $0.1 \sim 0.01~\mu m$、表面粗糙度值 $Ra \leqslant 0.001~\mu m$ 的加工阶段。主要的加工方法有:金刚石刀具精密切削、精密和镜面磨削、精密研磨和抛光等。

将零件划分为加工阶段的主要目的有以下几点。

(1) 保证加工质量。粗加工阶段切削用量大,产生的切削力大,切削热多,所需夹紧力也较大,故零件残余内应力和工艺系统的受力变形、受热变形、应力变形都较大,所产生的加工误差可通过半精加工和精加工逐步消除,从而保证加工精度。

(2) 合理地使用设备。粗加工要求功率大、刚性好、生产率高、精度要求不高的设备;精加工则要求精度高的设备。划分加工阶段后,即可充分发挥粗、精加工设备的长处,做到合理使用设备。

(3) 便于安排热处理工序。例如,粗加工后零件残余应力大,可安排时效处理,消除残余应力,热处理引起的变形又可在精加工中消除等。

(4) 便于及时发现问题。毛坯的各种缺陷如气孔、砂眼和加工余量不足等,在粗加工后即可发现,便于及时修补或决定是否报废,避免后续工序完成后才发现,造成工时浪费,增加生产成本。

3. 工序的集中与工序分散

在选定了各表面的加工方法和划分加工阶段之后,就可以按工序集中原则和工序分散原则拟定零件的加工工序。

(1) 工序集中原则。每道工序加工的内容较多,工艺路线短,零件的加工被最大限度地集中在少数几个工序中完成。其特点如下:

① 减少了零件安装次数,有利于保证表面间的位置精度,还可以减少工序间的运输量,缩短加工周期。

② 工序数少,可以采用高效机床和工艺装备,生产率高。

③ 减少了设备数量以及操作者和占地面积,节省人力、物力。

④ 所用设备的结构复杂,专业化程度高,一次性投入高,调整和维修较困难,生产准备工作量大。

(2) 工序分散原则。每道工序的加工内容很少,工艺路线很长,甚至一道工序只含一个工步。其特点如下:

① 设备和工艺装备比较简单，便于调整，生产准备工作量少，又易于平衡工序时间，容易适应产品的变换。

② 可以采用最合理的切削用量，减少机动时间。

③ 对操作者的技术要求较低。

④ 所需设备和工艺装备的数目多，操作者多，占地面积大。

在实际生产中，要根据生产类型、零件的结构特点和技术要求、机械设备等实际条件进行综合分析，决定采用工序集中还是工序分散原则来安排工艺过程。一般情况下，大批量生产时，既可以采用多刀、多轴等高效、自动机床，将工序集中，也可以将工序分散后组织流水线生产；单件小批生产时宜采用工序集中，在一台普通机床上加工出尽量多的表面。而重型零件，为了减少零件装卸和运输的劳动量，工序应适当集中；对于刚性差且精度高的精密零件，则工序应适当分散。例如汽车连杆零件加工采用工序分散。但从技术发展方向来看，随着数控技术和柔性制造系统的发展，今后多采用工序集中的原则来组织生产。

4. 加工顺序的安排

在安排加工顺序时要满足以下原则：

（1）基准先行。用作精基准的表面，要先加工出来，然后以精基准定位加工其他表面。在精加工之前，有时还需对精基准进行修复，以确保定位精度。例如采用中心孔作为统一基准的精密轴，在每一加工阶段都要修正中心孔。

（2）先粗后精。整个零件的加工工序应首先进行粗加工，再进行半精加工，最后安排精加工和光整加工。

（3）先主后次。先安排主要表面的加工，后进行次要表面的加工。因为主要表面加工容易出废品，故应放在前阶段进行，以减少工时浪费；次要表面的加工一般安排在主要表面的半精加工之后、精加工或光整加工之前进行，也有放在精加工后进行加工的。

（4）先面后孔。先加工平面，后加工内圆表面。如箱体类、支架类等零件，平面所占轮廓尺寸较大，用它作为精基准定位稳定，而且在加工过的平面上加工内圆表面，刀具的工作条件较好，有利于保证内圆表面与平面的位置精度。

在机械加工过程中，热处理工艺的安排遵循以下原则。如正火、退火、时效处理和调质等预备热处理常安排在粗加工前后，其目的是改善加工性能，消除内应力和为最终热处理做好组织准备；淬火、回火、渗碳淬火、渗氮等最终热处理一般安排在精加工（磨削）之前，或安排在精加工之后，其目的是提高零件的硬度和耐磨性。为了保证加工质量，在机械加工工艺中还要安排检验、表面强化和去毛刺、倒棱、去磁、清洗、动平衡、防锈和包装等辅助工序。

知识模块 5　机械加工工艺文件的编制

1. 常用的工艺文件

（1）机械加工工艺过程卡片。其主要列出了零件加工所经过的工艺路线（包括毛坯制造、机械加工、热处理等），是制定其他工艺文件的基础，也是生产技术准备、编制作业计划和组织生产的依据。由于这种卡片对各工序的说明不够具体，一般不能直接指导操作者操作，而多作为生产管理方面使用。在单件小批生产中，通常不编制其他较详细的工艺文件，只用它指导操作者操作。其格式见表 9-11。

(2) 机械加工工艺卡。以工序为单位详细说明具体的工序、工步的顺序和内容等整个工艺过程的工艺文件。它用来指导操作者操作和帮助管理人员及技术人员掌握零件加工过程,广泛用于成批生产的零件和小批生产的重要零件。其格式见表 9-12。

(3) 机械加工工序卡片。其是用来指导生产的一种详细的工艺文件,详细地说明了该工序中每个工步的加工内容、工艺参数、操作要求、所用设备和工艺装备等。一般都有工序简图,注明了该工序的加工表面和应达到的尺寸公差、形位公差和表面粗糙度值等。它主要用于大批大量生产。其格式见表 9-13。

2. 工艺规程的作用

(1) 工艺规程是工厂进行生产准备工作的主要依据。产品在投入生产之前要做大量的生产准备工作,包括原材料和毛坯的供应、机床的配备和调整、专用工艺装备的设计制造、核算生产成本以及配备人员等,所有这些工作都要根据工艺规程进行。

(2) 工艺规程是企业组织生产的指导性文件。工厂管理人员根据工艺规程规定的要求,编制生产作业计划,组织工人进行生产,并按照工艺规程要求验收产品。

(3) 工艺规程是新建和扩建机械制造厂(或车间)的重要技术文件,新建和扩建机械制造厂(或车间)须根据工艺规程确定机床和其他辅助设备的种类、型号规格和数量,厂房面积,设备布置,生产工人的工种、等级及数量等。

3. 工艺规程的设计原则

(1) 所设计的工艺规程必须保证机器零件的加工质量和机器的装配质量,达到设计图样上规定的各项技术要求。

(2) 工艺过程应具有较高的生产效率,使产品能尽快投放市场。

(3) 尽量降低制造成本。

(4) 注意减轻工人的劳动强度,保证生产安全。

4. 工艺规程设计所需原始资料

设计工艺规程必须具备以下原始资料:

(1) 产品装配图、零件图。

(2) 产品验收质量标准。

(3) 产品的年生产纲领。

(4) 毛坯材料与毛坯生产条件。

(5) 制造厂的生产条件,包括机床设备和工艺装备的规格、性能和当前的技术状态,工人的技术水平,工厂自制工艺装备的能力以及工厂供电、供气的能力等有关资料。

(6) 工艺规程设计、工艺装备设计所用设计手册和有关标准。

(7) 国内外有关制造技术资料等。

任务四 减速器传动轴机械加工工艺过程的编制

【知识导图】

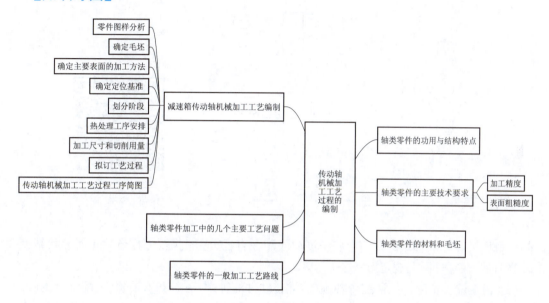

知识模块 1　轴类零件的功用与结构特点

轴类零件主要用来支承传动零件、传递运动和扭矩,其长度大于直径,加工表面通常有内外圆柱面、圆锥面以及螺纹、花键、键槽、横向孔、沟槽等。根据结构形状特点,可将轴分为光滑轴、阶梯轴、空心轴和异形轴(包括曲轴、凸轮轴、偏心轴和十字轴等),如图 9-11 所示。若按轴的长度和直径的比例来分,又可分为刚性轴($L/d<15$)和挠性轴或细长轴($L/d>15$)。

知识模块 2　轴类零件的主要技术要求

1. 加工精度

(1) 尺寸精度。轴类零件的尺寸精度主要是指直径和长度的精度。直径方向的尺寸,若有一定配合要求,比其长度方向的尺寸要求严格得多。因此,对于直径的尺寸常常规定有严格的公差。主要轴颈的直径尺寸精度根据使用要求通常为 IT6~IT9,甚至为 IT5。至于长度方向的尺寸要求则不那么严格,通常只规定其基本尺寸。

(2) 几何形状精度。轴颈的几何形状精度是指圆度和圆柱度。这些误差将影响其与配合

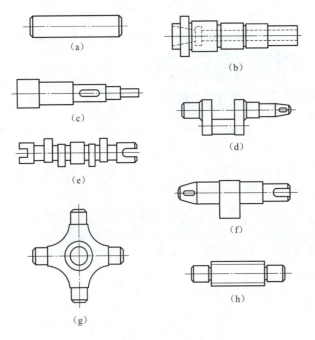

图 9-11 轴的种类

(a) 光轴；(b) 空心轴；(c) 阶梯轴；(d) 曲轴；(e) 凸轮轴；
(f) 偏心轴；(g) 十字轴；(h) 花键轴

轴类件单件生产加工工艺

件的接触质量。一般轴颈的几何形状精度应限制在直径公差范围之内，当对几何形状精度要求较高时，要在零件图上规定形状公差。

(3) 相互位置精度。保证配合轴颈（装配传动件的轴颈）对于支承轴颈（装配轴承的轴颈）的同轴度，是轴类零件相互位置精度的普遍要求，其次对于定位端面与轴心线的垂直度也有一定要求。这些要求都是根据轴的工作性能制定的，在零件图上注出位置公差。普通精度的轴，配合轴颈对支承轴颈的径向圆跳动一般为 0.01～0.03 mm，高精度轴为 0.001～0.005 mm，端面圆跳动为 0.005～0.01 mm。

2. 表面粗糙度

随着机器运转速度的增快和精密等级的提高，轴类零件的表面粗糙度要求也越来越高。一般支承轴颈的表面粗糙度为 Ra 为 0.16～0.63 μm，配合轴颈的表面粗糙度 Ra 为 0.63～2.5 μm。

知识模块 3　轴类零件的材料和毛坯

(1) 轴类零件的材料。一般轴类零件常用 45 钢，并根据工作条件不同采用不同的热处理工艺。对于中等精度、转速较高的轴类零件，可选用 40Cr 等合金结构钢。精度较高的轴，有时还用轴承钢 GCr15 和弹簧钢 65Mn 等材料。对于在高转速、重载荷等条件下工作的轴，可选用 20CrMnTi、20Mn2B、20Cr 等低碳合金钢或 38CrMnAlA 等氮化钢。

(2) 轴类零件的毛坯。轴类零件最常用的毛坯是圆棒料和锻件，只有某些大型的、结构复杂的轴才采用铸件。

知识模块 4　轴类零件的一般加工工艺路线

轴类零件的主要表面是各个轴颈的外圆表面,空心轴的内孔精度一般要求不高,而精密主轴上的螺纹、花键、键槽等次要表面的精度要求也比较高。因此,轴类零件的加工工艺路线主要是考虑外圆的加工顺序,并将次要表面的加工合理地穿插其中。下面是生产中常用的不同精度、不同材料轴类零件的加工工艺路线:

(1) 一般渗碳钢的轴类零件加工工艺路线:备料→锻造→正火→打顶尖孔→粗车→半精车、精车→渗碳(或碳氮共渗)→淬火、低温回火→粗磨→次要表面加工→精磨。

(2) 一般精度调质钢的轴类零件加工工艺路线:备料→锻造→正火(退火)→打顶尖孔→粗车→调质→半精车、精车→表面淬火、回火→粗磨→次要表面加工→精磨。

(3) 精密氮化钢轴类零件的加工工艺路线:备料→锻造→正火(退火)→打顶尖孔→粗车→调质→半精车、精车→低温时效→粗磨→氮化处理→次要表面加工→精磨→光磨。

(4) 整体淬火轴类零件的加工工艺路线:备料→锻造→正火(退火)→打顶尖孔→粗车→调质→半精车、精车→次要表面加工→整体淬火→粗磨→低温时效→精磨。

一般精度轴类零件,最终工序采用精磨就足以保证加工质量。精密轴类零件,除了精加工外,还应安排光整加工。对于除整体淬火之外的轴类零件,其精车工序可根据具体情况不同,安排在淬火热处理之前进行,或安排在淬火热处理之后、次要表面加工之前进行。应该注意的是经淬火后的部位,不能用一般刀具切削,所以一些沟、槽、小孔等须在淬火之前加工完。

知识模块 5　轴类零件加工中的几个主要工艺问题

1. 锥堵和锥堵心轴的使用

对于空心轴类零件,在深孔加工完后,为了尽可能使各工序的定位基准统一,一般采用锥堵或锥堵心轴的顶尖孔作为定位基准。当轴件锥孔锥度小时,适于采用锥堵;锥孔锥度较大时,应采用锥堵心轴。图 9-12 和图 9-13 所示为锥堵和锥堵心轴的简图。使用锥堵或锥堵心轴时应注意:

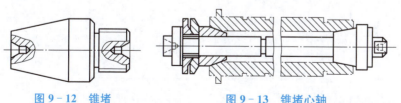

图 9-12　锥堵　　　　　图 9-13　锥堵心轴　　　　　冷校直动画

(1) 中途不更换或重新安装,以避免多次更换或安装引起的误差。

(2) 用锥堵心轴时,两个锥堵的锥面要求同轴,否则螺母拧紧后会使工件变形。

(3) 安装锥堵或者锥堵心轴时,不能用力过大,尤其是对壁厚较薄的空心主轴,以免引起变形。使用塑料或尼龙制的心轴有良好的效果。

2. 顶尖孔的研磨

两端顶尖孔的质量好坏对加工精度影响很大,应尽量做到两端顶尖孔轴线相互重合,孔的锥角要准确,它与顶尖的接触面积要大,表面粗糙度值小。保证两端顶尖孔的质量,是轴件加工中的关键之一。顶尖孔在使用过程中的磨损及热处理后产生的变形都会影响加工精度。因此,在热处理之后、磨削加工之前,应安排修研顶尖孔工序,以消除误差。

调整法加工

知识模块 6　传动轴机械加工工艺实例

台阶轴的加工工艺较为典型,反映了轴类零件加工的大部分内容与基本规律。下面就以减速箱中的传动轴为例,介绍一般台阶轴的加工工艺。

(1) 零件图样分析。图 9-14 所示零件为减速器中的传动轴,它属于台阶轴类零件,由圆柱面、轴肩、螺纹、螺尾退刀槽、砂轮越程槽和键槽等组成。轴肩一般用来确定安装在轴上零件的轴向位置,各环槽的作用是使零件装配时有一个正确的位置,并使加工中磨削外圆或车螺纹时退刀方便;键槽用于安装键,以传递转矩;螺纹用于安装各种锁紧螺母和调整螺母。根据工作性能与条件,该传动轴图样(见图 9-14)规定了主要轴颈 E、F,外圆 M、N 以及轴肩 P、Q 有较高的尺寸、位置精度和较小的表面粗糙度值,并有热处理要求。这些技术要求必须在加工中给予保证。因此,该传动轴的关键工序是轴颈 E、F 和外圆 M、N 的加工。

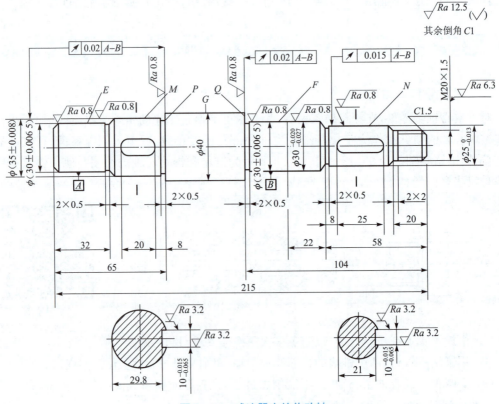

图 9-14　减速器中的传动轴

(2) 确定毛坯。该传动轴材料为 45 钢,因其属于一般传动轴,故选 45 钢即可满足其要求。本例中的传动轴属于中、小传动轴,并且各外圆直径尺寸相差不大,故选择 $\phi 50$ mm 的热轧圆钢作毛坯。

(3) 确定主要表面的加工方法。传动轴大多是回转表面,主要采用车削与外圆磨削成形。由于该传动轴的主要表面 M、N、E、F 的公差等级(IT6)较高,表面粗糙度 Ra 值($Ra=0.8$ μm)较小,故车削后还需磨削。外圆表面的加工方案:粗车→半精车→磨削。

(4) 确定定位基准。合理地选择定位基准,对于保证零件的尺寸和位置精度有着决定性的作用。由于该传动轴的几个主要配合表面(M、N、E、F)及轴肩面(P、Q)对基准轴线 $A-B$ 均有径向圆跳动和端面圆跳动的要求,它又是实心轴,所以应选择两端中心孔为基准,采用双顶尖装夹方法,以保证零件的技术要求。

粗基准采用热轧圆钢的毛坯外圆。中心孔加工采用三爪自定心卡盘装夹热轧圆钢的毛坯外圆,车端面、钻中心孔。但必须注意,一般不能用毛坯外圆装夹两次钻两端中心孔,而应该以毛坯外圆作粗基准,先加工一个端面,钻中心孔,车出一端外圆;然后以已车过的外圆作基准,用三爪自定心卡盘装夹(有时在上工步已车外圆处搭中心架),车另一端面,钻中心孔。如此加工中心孔才能保证两中心孔同轴。

(5) 划分阶段。对精度要求较高的零件,其粗、精加工应分开,以保证零件的质量。该传动轴加工划分为三个阶段:粗车(粗车外圆、钻中心孔等),半精车(半精车各处外圆、台阶和修研中心孔及次要表面等),粗、精磨(粗、精磨各处外圆)。各阶段划分大致以热处理为界。

(6) 热处理工序安排。轴的热处理要根据其材料和使用要求确定。对于传动轴,正火、调质和表面淬火用得较多。该轴要求调质处理,并安排在粗车各外圆之后、半精车各外圆之前。综上述分析,传动轴的工艺路线如下:

下料→车两端面、钻中心孔→粗车各外圆→调质→修研中心孔→半精车各外圆、车槽、倒角→车螺纹→划键槽加工线→铣键槽→修研中心孔→磨削→检验。

(7) 加工尺寸和切削用量。传动轴磨削余量可取 0.5 mm,半精车余量可选用 1.5 mm,加工尺寸可由此而定。车削用量的选择,单件、小批量生产时,可根据加工情况由工人确定;一般可在《机械加工工艺手册》或《切削用量手册》中选取。

(8) 拟定工艺过程。作为定位精基准的中心孔应在粗加工之前加工,在调质之后和磨削之前各需安排一次修研中心孔的工序。调质之后修研中心孔是为了消除中心孔的热处理变形和氧化皮,磨削之前修研中心孔是为了提高定位精基准面的精度和减小锥面的表面粗糙度值。拟订传动轴的工艺过程,在考虑主要表面加工的同时,还要考虑次要表面的加工。在半精加工 $\phi 40$ mm 及 M20 mm 外圆时,应车到图样规定的尺寸,同时加工出各退刀槽、倒角和螺纹;两个键槽应在半精车后以及磨削之前铣削加工出来,这样可保证铣键槽时有较精确的定位基准,又可避免在精磨后铣键槽时破坏已精加工的外圆表面。在拟订工艺过程中,应考虑检验工序的安排、检查项目及检验方法的确定。综上所述,所确定的该传动轴加工工艺过程如表 9-8 所示。

阶梯轴加工工艺过程动画

表 9-8 传动轴机械加工工艺卡

机械加工工艺卡			产品名称		图号			
			零件名称	传动轴	共1页		第1页	
毛坯种类		圆钢	材料牌号	45钢	毛坯尺寸	ϕ 50 mm×230 mm		
序号	工种	工步	工序内容			设备	工具		
							夹具	刃具	量具
1	下料		ϕ 50 mm×230 mm						
2	车		三爪自定心卡盘夹持工件毛坯外圆			C6140			
		1	车端面						
		2	钻中心孔					中心钻	
			用尾座顶尖顶住中心孔						
		3	粗车 ϕ 30 mm 外圆至 ϕ 32 mm,长 102 mm						
		4	粗车 ϕ 25 mm 外圆至 ϕ 27 mm,长 56 mm						
		5	粗车 M20 外圆至 ϕ 22 mm,长 18 mm						
			掉头,三爪自定心卡盘夹持 ϕ 32 mm 处						
		6	车另一端面,保证总长 215 mm						
		7	钻中心孔						
		8	粗车 ϕ 40 mm 外圆至 ϕ 42 mm						
		9	粗车 ϕ 35 mm 外圆至 ϕ 37 mm,长 63 mm						
		10	粗车 ϕ 30 mm 外圆至 ϕ 32 mm,长 30 mm						
		11	检验						
3	热		调质处理 220~240HBS						
4	钳		修研两端中心孔			车床			
5	车		双顶尖装夹			车床			
		1	半精车 ϕ 30 mm 外圆至 ϕ 30.5 mm,长 104 mm						
		2	半精车 ϕ 25 mm 外圆至 ϕ 25.5 mm,长 58 mm						
		3	半精车 M20 外圆至 ϕ 20.5~20.2 mm,长 20 mm						
		4	半精车 2 mm×0.5 mm 环槽						
		5	半精车 2 mm×2 mm 环槽						

续表

序号	工种	工步	工序内容	设备	工具 夹具	工具 刃具	工具 量具
		6	倒外角 C1,3 处				
		7	半精车 $\phi 35$ mm 外圆至 $\phi 35.5$ mm,长 65 mm				
		8	半精车 $\phi 30$ mm 外圆至 $\phi 30.5$ mm,长 32 mm				
		9	$\phi 40$ mm 外圆至 $\phi 40.5$ mm,长 46 mm				
		10	车 2 mm×0.5 mm 环槽,2 个				
		11	倒外角 C1,2 处				
		13	检验				
6	车		双顶尖装夹				
		1	车 M20×1.5 mm 至尺寸	车床			
		2	检验				
7	钳		划两个键槽加工线				
8	铣		用 V 形虎钳装夹,按线找正				
		1	铣键槽 10 mm×20 mm	立铣			
		2	铣键槽 10 mm×35 mm				
		3	检验				
9	钳		修研两端中心孔	车床			
10	磨	1	磨外圆 $\phi(30$ mm±0.006 5 mm) 至尺寸	外圆磨床			
		2	磨轴肩面 Q				
		3	磨外圆 $\phi 25$ mm 至尺寸				
		4	掉头,双顶尖装夹				
		5	磨外圆 C 至尺寸				
		6	磨轴肩面 P				
		7	磨外圆 M、E 至尺寸				
		8	检验				

任务五 典型箱体零件加工工艺分析

各种箱体的工艺过程虽然随着箱体的机构、精度要求和生产批量的不同而有较大差异,但亦有共同特点。下面结合实例来分析一般箱体加工中的共性问题。主轴箱是整体式箱体中结构较复杂、要求较高的一种箱体,其加工难度较大,现以此为例来分析箱体的工艺过程,如图9-15所示。

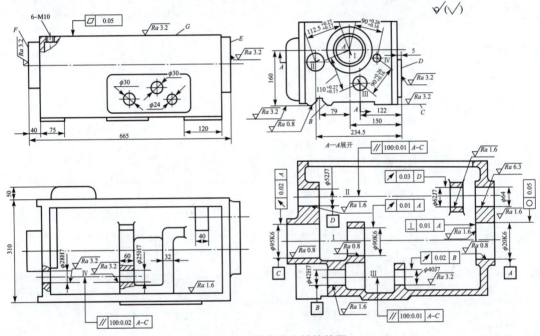

图9-15 某车床主轴箱简图

【知识导图】

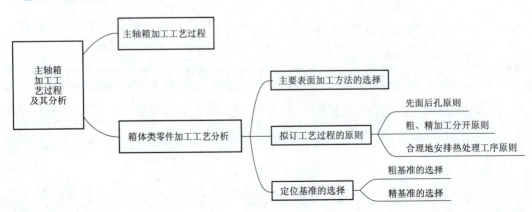

主轴箱加工工艺过程及其分析。

1. 主轴箱加工工艺过程

表 9-9 所示为某主轴箱小批量生产的工艺过程。

表 9-9 某主轴箱小批量生产的工艺过程

序号	工 序 内 容	定位基准
10	铸造	
20	时效	
30	油漆	
40	划线:考虑主轴孔有加工余量,并尽量均匀。划 C、A 及 E、D 面加工线	
50	粗、精加工顶面 A	按线找正
60	粗、精加工 B、C 面及侧面 D	B、C 面
70	粗、精加工两端面 E、F	B、C 面
80	粗、半精加工各纵向孔	B、C 面
90	精加工各纵向孔	B、C 面
100	粗、精加工各横向孔	B、C 面
110	加工螺孔各次要孔	
120	清洗并去毛刺	
130	检验	

2. 箱体类零件加工工艺分析

(1) 主要表面加工方法的选择。箱体的主要表面有平面和轴承支承孔。其主要平面的加工,对于中、小件,一般在牛头刨床或普通铣床上进行;对于大件,一般在龙门刨床或龙门铣床上进行。刨削的刀具结构简单,机床成本低,调整方便,但生产率低。当生产批量大时,多采用铣削;当生产批量大且精度要求较高时,可采用磨削;当单件小批生产精度较高的平面时,除一些高精度的箱体仍需手工刮研外,一般采用宽刃精刨;当生产批量较大或为保证平面间的相互位置精度时,可采用组合铣削和组合磨削,如图 9-16 所示。

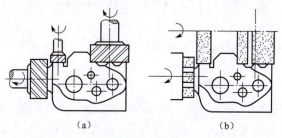

图 9-16 箱体零件的平面组合铣削和磨削
(a)铣削;(b)磨削

箱体支承孔的加工，对于直径小于 50 mm 的孔，一般不铸出，可采用钻—扩（或半精镗）—铰（或精镗）的方案。对于已铸出的孔，可采用粗镗—半精镗—精镗（用浮动镗刀片）的方案。由于主轴轴承孔的精度和表面质量要求比其余孔高，所以在精镗后，还要用浮动镗刀片进行精细镗。对于箱体上的高精度孔，最后精加工工序也可采用珩磨、滚压等工艺方法。

(2) 拟订工艺过程的原则。

① 先面后孔原则。箱体主要是由平面和孔组成，这也是它的主要表面。先加工平面，后加工孔是箱体加工的一般规律。因为主要平面是箱体零件的装配基准，先加工主要平面、后加工支承孔，使定位基准与设计基准和装配基准重合，从而消除因基准不重合而引起的误差。另外，先以孔为粗基准加工平面，再以平面为精基准加工孔，可为孔的加工提供稳定可靠的定位基准，并且加工平面时切去铸件的硬皮和凹凸不平，对后序孔的加工有利，可减少钻头引偏和崩刃。

② 粗精加工分开原则。对于刚性差、批量较大、要求精度较高的箱体，一般要粗、精加工分开进行，即在主要平面和各支承孔的粗加工之后再进行主要平面和各支承孔的精加工，这样可以消除由粗加工所造成的内应力、切削力、切削热、夹紧力对加工精度的影响，并且有利于合理地选用设备等。

粗、精加工分开进行会使机床、夹具的数量及工件安装次数增加，加工成本提高，所以对单件、小批量生产，精度要求不高的箱体，常常将粗、精加工合并在一道工序中进行，但必须采取相应措施，以减少加工过程中的变形。例如，粗加工后松开工件，让工件充分冷却，然后用较小的夹紧力、较小的切削用量，多次走刀进行精加工。

③ 合理地安排热处理工序原则。为了消除铸造后铸件中的内应力，在毛坯铸造后安排一次人工时效处理，有时甚至在半精加工之后还要安排一次时效处理，以便消除残留的铸造内应力和切削加工时产生的内应力。对于特别精密的箱体，在机械加工过程中还应安排较长时间的自然时效（如坐标镗床主轴箱箱体）。箱体人工时效的方法，除加热保温外，也可采用振动时效。

(3) 定位基准的选择。

① 粗基准的选择。在选择粗基准时，通常应满足以下几点要求。

第一，在保证各加工表面均有足够余量的前提下，应使重要孔的加工余量和孔壁的厚薄均匀。

第二，装入箱体内的回转零件（如齿轮、轴套等）应与箱壁有足够的间隙。

第三，注意保持箱体必要的外形尺寸。此外，还应保证定位稳定，夹紧可靠。

为了满足上述要求，通常选用箱体重要孔的毛坯孔（如主轴孔）为粗基准，但根据生产类型的不同，实现以主轴孔为粗基准的工件装夹方式也是不同的。

a. 中、小批量生产时，由于毛坯精度较低，一般采用划线装夹，其方法如图 9-17 所示。

b. 大批量生产时，毛坯精度较高，可直接以主轴孔在夹具上定位，采用图 9-18 所示的夹具装夹。

② 精基准的选择。为了保证箱体零件孔与孔、孔与平面、平面与平面之间的相互位置和距离尺寸精度，箱体类零件精基准选择常用两种原则：基准统一原则、基准重合原则。

a. 基准统一原则（一面两孔）。在多数工序中，箱体利用底面（或顶面）及其上的两孔作定位基准，加工其他的平面和孔系，以避免由于基准转换而带来的累积误差。

b. 基准重合原则（三面定位）。箱体上的装配基准一般为平面，而它们又往往是箱体上其他要素的设计基准，因此，以这些装配基准平面作为定位基准，避免了基准不重合误差，有利于

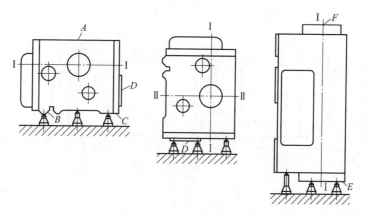

图 9-17　主轴箱的划线找正

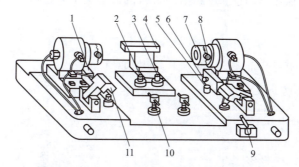

图 9-18　以主轴孔为粗基准铣顶面的夹具
1,3,5—支承；2—辅助支承；4—支架；6—挡销；7—短轴；8—活动支柱；
9,10—操纵手柄；11—螺杆

提高箱体各主要表面的相互位置精度。

由以上分析可知，这两种定位方式各有优缺点，应根据实际生产条件合理确定。在中、小批量生产时，尽可能使定位基准与设计基准重合，以设计基准作为统一的定位基准。而在大批量生产时，优先考虑的是如何稳定加工质量和提高生产率，由此而产生的基准不重合误差通过工艺措施解决，如提高工件定位面精度和夹具精度等。

另外，箱体中间孔壁上有精度要求较高的孔需要加工时，需要在箱体内部相应的地方设置镗杆导向支承架，以提高镗杆刚度。因此，可根据工艺上的需要，在箱体底面开一矩形窗口，让中间导向支承架伸入箱体。产品装配时，窗口上加密封垫片和盖板并用螺钉紧固。这种结构形式已被广泛地认可和采纳。

由于箱体底部是封闭的，故中间支承只能用如图 9-19 所示的吊架从箱体顶面的开口处伸入箱体内，每加工一件需装卸一次，吊架与镗模之间虽有定位销定位，但吊架刚性差，制造安装精度较低，经常装卸也容易产生误差，且使加工的辅助时间增加，因此，这种定位方式只适用于单件、小批量生产。

几种典型零件机械
加工工艺过程示例

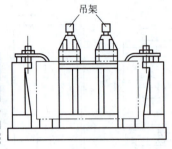
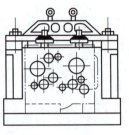
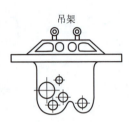

图 9-19　吊架式镗模夹具

【项目实施】

传动轴机械加工"做中学"任务单见表 9-10，机械加工工艺过程卡、工艺卡和工序卡见表 9-11～表 9-13。

表 9-11　传动轴机械加工"做中学"任务单

任务编号		任务名称	传动轴加工	培训对象		学时	
任务说明	1. 载体：传动轴。 2. 已知条件：毛坯为棒料，直径为 $\phi60mm$，长 280mm，45 钢。 3. 工作任务：编制加工路线，填写工艺过程卡、工艺卡和工序卡，完成零件加工和检测							
培训目标	1. 掌握轴类零件常用的加工路线和加工方案。 2. 掌握工艺文件的编制方法。 3. 掌握机械加工工艺手册的查阅方法。 4. 掌握工艺参数、设备、工艺装备的选用原则。 5. 具备使用机床加工零件的能力。							

续表

操作过程	1. 分析零件图和产品装配图。 2. 对零件图和装配图进行工艺审查。 3. 由产品的年生产纲领确定零件生产类型。 4. 确定毛坯。 5. 拟订工艺路线。 6. 确定各工序所用机床设备和工艺装备。 7. 确定各工序的加工余量，计算工序尺寸及公差。 8. 确定各工序的技术要求及检验方法。 9. 确定各工序的切削用量和工时定额。 10. 编制工艺文件。 11. 加工零件。 12. 检验

表 9-11 机械加工工艺过程卡

（单位）		机械加工工艺过程卡		产品型号		零(部)件图号			共	页
				产品名称		零(部)件名称			第	页
材料牌号		毛坯种类	毛坯外形尺寸		每毛坯可制件数		每台件数		备注	
工序号	工序名称	工步	工序内容		车间	工段	设备	工艺装备	工时	
									准终	单件

表9-12 机械加工工艺卡

(工厂)			机械加工工艺卡片		产品型号		零部件图号			共　页			
					产品名称		零部件名称			第　页			
材料牌号			毛坯种类		毛坯外形尺寸		各毛坯件数		每台件数		备注		
工序	装夹	工步	工序内容		同时加工零件数	切削用量				设备名称及编号	工艺装备名称及编号		工时定额
						切削深度/mm	切削速度/(min·min⁻¹)	每分钟转数或往返次数	进给量/mm		夹具　刀具　量具		单件　准终

表 9-13 机械加工工序卡

（单位）	机械加工工序卡片	产品型号		零件图号			共 页	
		产品名称		零件名称			第 页	
材料		毛坯种类		外形		毛坯数量	每台件数	备注
						车间	工序号	工序名称	材料牌号
						毛坯种类	毛坯外形尺寸	每毛坯件数	每台件数
						设备名称	设备型号	设备编号	同时加工件数
						名夹具称	夹具编号		切削液
工步号	工步内容	工艺装备	主轴转速	切削速度	进给量	背吃刀量	走刀次数	工时定额

传动轴机械加工工作过程记录及评价见表 9-14。

表 9-14 工作过程记录及评价

任务编号		任务名称	心轴加工	姓名		成绩	
工作过程记录	1.						
	2.						
	3.						
	4.						
	5.						
	6.						
	7.						
	8.						
工作过程评价							

【能力检测】

1. 何谓生产过程、工艺过程和机械加工工艺过程?
2. 工艺过程的组成部分包括哪些内容?
3. 何谓工序、安装、工步、工位?如何区分?
4. 生产类型有哪些?各自的工艺特点如何?
5. 毛坯的种类有哪些?如何选取毛坯种类?
6. 什么是加工余量?加工余量如何确定?影响加工余量的因素有哪些?确定加工余量的方法一般有几种?
7. 什么是工件的装夹?工件装夹的方式有哪几种?获得加工精度的方法有哪些?
8. "六点定则"的内容是什么?什么是完全定位?什么是不完全定位?什么是欠定位?什么是过定位?试举例说明,并分析一些实例中所限制的自由度。
9. 机械制造中基准分为哪两大类?各基准主要内容是什么?
10. 粗、精基准选取的原则各是什么?
11. 在制定加工工艺规程中,为什么要划分加工阶段?一般是如何划分的?各个阶段的加工任务是什么?
12. 制定机械加工工艺规程的大致步骤是什么?
13. 机械加工顺序安排的原则有哪些?
14. 在机械加工工艺规程中,通常有哪些热处理工序?它们起什么作用?应该如何安排?
15. 什么是零件的结构工艺性?试举例说明零件的结构工艺性对零件制造的影响。
16. 图 9-20 所示为一台阶轴的简图,材料为 20Cr,表面渗碳淬火,小批量生产。试编制出它的加工工艺过程并填入机械加工工艺过程卡中。

机械加工工艺规程的制定思维导图

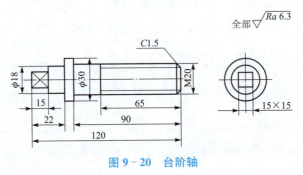

图 9-20 台阶轴

项目十
学习机械装配工艺

【项目概述】

任何一个机械产品都是由若干个零件组成的,而装配工作就是把加工好的符合要求的零件按一定的顺序和技术要求连接到一起,使之成为一个完整的机械产品,从而实现产品设计的功能。装配处于产品制造所必需的最后环节,机械产品的质量(从产品设计、零件制造到产品装配)最终通过装配得到保证和检验。因此,装配是决定产品质量的关键环节。研究制定合理的装配工艺,采用正确的装配方法,对保证产品质量有着十分重要的意义。

【教学目标】

1.能力目标:通过本项目的学习,掌握编制装配工艺规程的主要内容和编制方法,掌握尺寸链建立和求解方法,能够进行尺寸求解。

2.知识目标:了解装配工作的主要内容、装配精度及常用的装配方法和装配形式;掌握尺寸链组成、组成环查找、封闭环的判定和增减环的判定方法;掌握极值法和概率法求解尺寸链的方法;了解装配工艺规程的主要内容和编制步骤。

【知识准备】

任务一 机械装配概述

【知识导图】

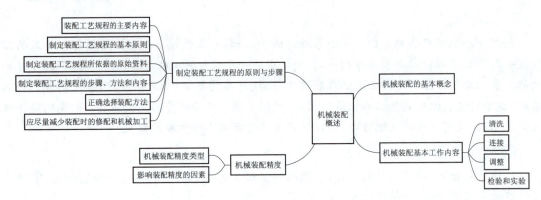

知识模块 1　机械装配的基本概念

任何产品都由若干个零件组成。为保证有效地组织装配，必须将产品分解为若干个能进行独立装配的装配单元。

零件是组成产品的最小单元，它由整块金属（或其他材料）制成。机械装配中，一般先将零件装成套件、组件和部件，然后通过总装再装至成合格产品。

套件是在一个基准零件上装上一个或若干个零件而构成的，它是最小的装配单元。套件中唯一的基准零件的作用是连接相关零件和确定各零件的相对位置。为套件而进行的装配称为套装。套件由于工艺或材料的因素而被分成多个零件进行制造，形成套件后在以后的装配中就可以作为一个零件进行装配，如双联齿轮就是一个套件。

组件是在一个基准零件上装上若干套件及零件而构成。组件中唯一的基准零件用于连接相关零件和套件，并确定它们的相对位置。为形成组件而进行的装配称为组装。组件中可以没有套件，即由一个基准零件加若干个零件组成，它与套件的区别在于组件在以后的装配中可拆，如机床主轴箱中的主轴组件。

部件是在一个基准零件上装上若干组件、套件和零件而构成。部件中唯一的基准零件用来连接各个组件、套件和零件，并决定它们之间的相对位置。为形成部件而进行的装配称为部装。部件在产品中能完成一定的完整的功能，如机床中的主轴箱。

在一个基准零件上装上若干部件、组件、套件和零件就成为整个产品。同样一部产品中只有一个基准零件，作用与上述相同。为形成产品的装配称为总装。如卧式车床便是以床身作基准零件，装上主轴箱、进给箱、溜板箱等部件及其他组件、套件、零件构成的。图 10-1 所示为某机器的装配系统图。

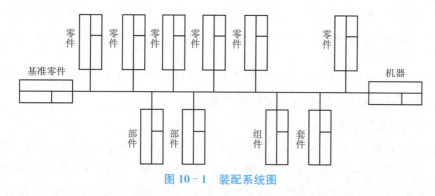

图 10-1 装配系统图

知识模块 2　机械装配基本工作内容

1. 清洗

清洗的主要目的是去除零件表面或部件中的油污及机械杂质。

2. 连接

装配中的连接方式往往有两类：可拆连接和不可拆连接。可拆连接指在装配后可方便拆卸而不会导致任何零件的损坏，拆卸后还可方便重装，如螺纹连接、键连接等。不可拆连接指装配后一般不再拆卸，若拆卸往往会损坏其中的某些零件，如焊接、铆接等。

3. 调整

调整包含平衡、校正、配作等。平衡指对产品中旋转零部件进行平衡，包括静平衡和动平衡，以防止产品使用中出现振动。校正指产品中各相关零、部件间找正相互位置，并通过适当的调整方法达到装配精度要求。配作指两个零件装配后固定其相互位置的加工，如配钻、配铰等。亦有为改善两零件表面接合精度的加工，如配刮、配研及配磨等。配作一般需与校正调整工作结合进行。

4. 检验和实验

产品装配完毕，应根据有关技术标准和规定，对产品进行较全面的检验和实验工作，合格后方准出厂。

装配工作除上述内容外，还有油漆、包装等。

知识模块 3　机械装配精度

1. 机械装配精度类型

装配精度指产品装配后几何参数实际达到的精度，一般包含以下内容。

（1）尺寸精度，指相关零、部件间的距离精度及配合精度，如某一装配体中有关零件间的间隙、相配合零件间的过盈量，卧式车床前后面顶尖对床身导轨的等高度。

（2）位置精度，指相关零件的平行度、垂直度、同轴度等，如卧式铣床刀轴与工作台面的平行度、立式钻床主轴对工作台面的垂直度、车床主轴前后轴承的同轴度等。

(3)相对运动精度,指产品中有相对运动的零、部件间在运动方向及速度上的精度,如滚齿机滚刀垂直进给运动和工作台旋转中心的平行度、车床拖板移动相对于主轴轴线的垂直度、车床进给箱的传动精度等。

(4)接触精度,指产品中两配合表面、接触表面和连接表面间达到规定的接触面积大小和接触点的分布情况,如齿轮啮合、导轨之间的接触精度等。

2. 影响装配精度的因素

机械产品及其部件均由零件组成,各相关零件的误差累积将反映于装配精度。因此,产品的装配精度首先受到零件(特别是关键零件)加工精度的影响。零件间的配合与接触质量影响到整个产品的精度,尤其是刚度及抗振性,因此,提高零件间配合面的接触刚度亦有利于提高产品装配精度。零件精度是影响产品装配精度的首要因素。而产品装配中装配方法的选用对装配精度也有很大的影响,尤其是在单件小批量生产及装配要求较高时,仅采用提高零件加工精度的方法往往不经济且不易满足装配要求,而是通过装配中的选配、调整和修配等手段来保证装配精度。机械产品的装配精度依靠相关零件的加工精度和合理的装配方法共同保证。

知识模块 4　制定装配工艺规程的原则与步骤

装配工艺规程是指导装配生产的主要技术文件,制定装配工艺规程是生产技术准备的一项重要工作。

1. 装配工艺规程的主要内容

(1)分析产品图样,划分装配单元,确定装配方法。

(2)拟订装配顺序,划分装配工序。

(3)计算装配时间定额。

(4)确定各工序装配技术要求、质量检查方法和检查工具。

(5)确定装配时零部件的输送方法及所需要的设备与工具。

(6)选择和设计装配过程中所需的工具、夹具及专用设备。

2. 制定装配工艺规程的基本原则

(1)保证产品装配质量,力求提高质量,以延长产品的使用寿命。

(2)合理安排装配顺序和工序,尽量减少钳工手工劳动量,缩短装配周期,提高装配效率。

(3)尽量减少装配占地面积,提高单位面积的生产率。

(4)尽量减少装配工作所占的成本。

3. 制定装配工艺规程所依据的原始资料

(1)产品的装配图及验收技术的标准。

(2)产品的生产纲领。生产纲领决定了产品的生产类型。生产类型不同,装配的生产组织形式就不相同。

(3)生产条件。当在现有条件下制定装配工艺规程时,应了解现有工厂的装配工艺装备、工人技术水平和装配车间面积等。

4. 制定装配工艺规程的步骤、方法和内容

(1) 研究分析产品装配图及验收技术条件。

了解产品及部件的具体结构、装配技术要求和检验验收的内容及方法；审核产品图样的完整性、正确性，分析审查产品的结构工艺性；研究设计人员所确定的装配方法，进行必要的装配尺寸链分析与计算。

(2) 确定装配方法与装配组织形式。

选择合理的装配方法是保证装配精度的关键，要结合具体生产条件，从机械加工和装配的全过程着眼应用尺寸链理论，同设计人员一同最终确定装配方法。

装配方法与装配组织形式的选择，主要取决于产品结构特点（如质量大小、尺寸及复杂程度）、生产纲领和现有生产条件。装配的组织形式主要分固定式和移动式两种，对于固定式装配，其全部装配工作在一个固定的地点进行，产品在装配过程中不移动，多用于单件小批生产或重型产品的成批生产。移动式装配是将零部件用输送带或移动小车按装配顺序从一个装配地点移动至下一个装配地点，各装配点完成一部分工作，全部装配点的工作总和就完成了产品的全部装配工作。根据零部件移动方式的不同又可分为连续移动、间歇移动和变节奏移动装配三种方式。移动式装配常用于大量生产时组成流水作业线或自动线，如汽车、拖拉机、仪器仪表、家用电器等产品的装配。

(3) 划分装配单元和确定装配顺序。

将产品划分为可进行独立装配的单元是制定装配工艺规程中的最重要的步骤，这对于大批大量生产结构复杂的产品尤为重要，只有划分好装配单元，才能合理安排装配顺序和划分装配工序。无论哪一级装配单元都要选定某一零件或比它低一级的单元作为装配基准件。通常应选体积或质量较大，有足够支承面，能够保证装配时稳定性的零件、部件或组件作为装配基准件，如床身零件是床身组件的装配基准件、床身组件是床身部件的装配基准组件、床身部件是机床产品的装配基准部件。汽车总装配则是以车架部件作为装配主体和装配基准部件。划分好装配单元并确定装配基准零件之后，即可安排装配顺序。确定装配顺序的要求是保证装配精度，以及使装配连接、调整、校正和检验工作能顺利地进行，前面工序不妨碍后面工序等。为了清晰地表示装配顺序，常用装配单元系统图来表示，如图 10-1 所示，它是表示产品零、部件间相互装配关系及装配流程的示意图。具体说来装配顺序一般是先难后易、先内后外、先下后上，预处理工序要安排在前。

(4) 装配工序的划分与设计。

装配工序确定后，即可将工艺过程划分为若干个工序，并进行具体装配工序的设计。装配工序的划分主要是确定工序集中与工序分散的程度。工序的划分通常和工序设计一起进行。工序设计的主要内容如下：

① 制定工序的操作规范。例如，过盈配合所需压力、变温装配的温度值、紧固螺栓连接的预紧扭矩、装配环境等。

② 选择设备与工艺装备。若需要专用装备与工艺装备，则应提出设计任务书。

③ 确定工时定额，并协调各工序内容。在大批大量生产时，要平衡工序的节拍，均衡生产，实施流水装配。

(5) 编制装配工艺文件。

单件小批生产时，通常只绘制装配系统图，装配时按产品装配图及装配系统图工作。成批生产时,通常还制定部件、总装的装配工艺卡,写明工序次序、简要的工序内容、设备名称、工装夹具名称及编号、工人技术等级和时间定额等项。

(6)制定产品检验与试验规范内容。

5. 正确选择装配方法

装配精度是靠正确选择装配方法和零件制造精度来保证的。装配方法对部件的装配生产率和经济性有很大影响。设计人员在设计结构时,应使结构尽量简单,若有可能采用完全互换装配法装配,则可提高生产率。因此在装配精度要求不高,零件的尺寸公差能在加工时经济地得到保证时,都应采用完全互换法解尺寸链。只有当装配精度要求较高,用完全互换法解算尺寸链使零件尺寸公差过小时,才考虑采用其他装配方法。在采用补偿法(调整装配法和修配装配法)时,应合理地选择补偿环。补偿环的位置应尽可能便于调节和拆卸。

6. 应尽量减少装配时的修配和机械加工

为了在装配时尽量减少修配工作量,首先要尽量减少不必要的配合面。因为配合面过大、过多,零件机械加工就困难,同时使装配时的手工修制量增加。装配时要尽量减少机械加工,否则不仅会影响装配工作的连续性,延长装配周期,而且会在装配车间增加机械加工设备。对于某些需要装配时进行机械加工的结构,设计人员可以考虑修改设计,以避免装配时的机械加工。

任务二 学习装配尺寸链

【知识导图】

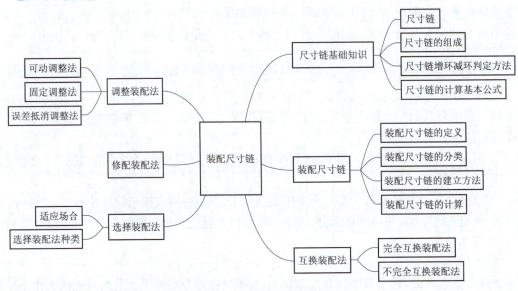

知识模块 1　尺寸链基础知识

1. 尺寸链

尺寸链是在机器装配或零件加工过程中,由相互连接的尺寸形成的封闭的尺寸组。图 10-2 所示为装配尺寸链,图 10-3 所示为工艺尺寸链。

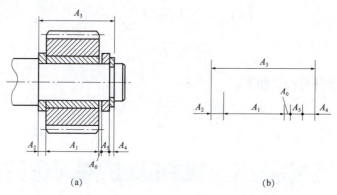

图 10-2　装配尺寸链

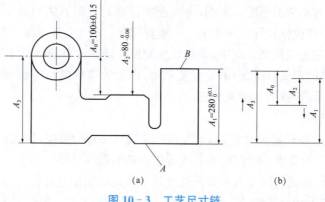

图 10-3　工艺尺寸链

2. 尺寸链的组成

环:尺寸链中的每一个尺寸,可以是长度或角度。

封闭环:在零件加工或装配的过程中间接形成的尺寸,即在加工或装配过程中最后形成的那一个环,可用 A_0 表示,封闭环在一个尺寸链中只能有一个。

组成环:尺寸链中对封闭环有影响的其他全部各环,可用 A_1、A_2、A_3 这种形式表示,组成环按对封闭环的影响性质分为以下两类:

(1)增环:该环的变动将引起封闭环的同向变动。

(2)减环:该环的变动将引起封闭环的反向变动。

3. 尺寸链增环减环判定方法

在尺寸链中按首尾相连的单向箭头顺序标注各环,其中与封闭环同向的为减环,反向的为增环。

4. 尺寸链的计算基本公式

(1)极值法：采用极值法计算公式如下：

$$A_0 = \sum_{i=1}^{m}\vec{A}_i - \sum_{j=1}^{n}\overleftarrow{A}_j$$

$$ESA_0 = \sum_{i=1}^{m}ES\vec{A}_i - \sum_{j=1}^{n}EI\overleftarrow{A}_j$$

$$EIA_0 = \sum_{i=1}^{m}EI\vec{A}_i - \sum_{j=1}^{n}ES\overleftarrow{A}_j$$

$$TA_0 = \sum_{k=1}^{m+n}TA_k$$

(2)概率法公差计算公式如下：

$$TA_0 = \sqrt{\sum_{k=1}^{m+n}(TA_k)^2}$$

知识模块 2　装配尺寸链

机器或汽车的装配精度是由相关零件的加工精度和合理的装配方法共同保证的。因此，如何查找哪些零件对某装配精度有影响，进而选择合理的装配方法和确定这些零件的加工精度，就成了机械制造和机械设计工作中的一个重要课题。为了正确和定量地解决上述问题，就需要将尺寸链基本理论应用到装配中，即建立装配尺寸链和计算求解尺寸链。

(1)装配尺寸链的定义：在机器的装配关系中，由相关零件的尺寸或相互位置关系所组成的一个封闭的尺寸系统，称为装配尺寸链。

(2)装配尺寸链的分类。

① 直线尺寸链：由长度尺寸组成，且各环尺寸相互平行的装配尺寸链。

② 角度尺寸链：由角度、平行度、垂直度等组成的装配尺寸链。

③ 平面尺寸链：由成角度关系布置的长度尺寸构成的装配尺寸链。

(3)装配尺寸链的建立方法。

①确定装配结构中的封闭环。

②确定组成环：从封闭环的一端出发，按顺序逐步追踪有关零件的有关尺寸，直至封闭环的另一端为止，而形成一个封闭的尺寸系统，即构成一个装配尺寸链。图 10-4 所示为车床装配尺寸链。

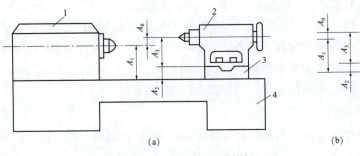

图 10-4　车床装配尺寸链

(4)装配尺寸链的计算:主要有两种计算方法,极值法和统计法。极值法工艺尺寸链基本计算公式完全适用装配尺寸链的计算。保证装配精度的四种装配方法:互换装配法、选择装配法、修配装配法和调整法。

知识模块 3 互换装配法

采用互换法装配时,被装配的每一个零件不需做任何挑选、修配和调整就能达到规定的装配精度要求。用互换法装配,其装配精度主要取决于零件的制造精度。根据零件的互换程度,互换装配法可分为完全互换装配法和不完全互换装配法。

1. 完全互换装配法

(1)完全互换装配法:在全部产品中,装配时各组成环不需要挑选或不需要改变其大小或位置,装配后即能达到装配精度要求的装配方法,称为完全互换法。

(2)特点:装配质量稳定可靠;装配过程简单,装配效率高;易于实现自动装配,便于组织流水作业;产品维修方便。不足之处:当装配精度要求较高,尤其是在组成环数较多时,组成环的制造公差很小,零件制造困难,加工成本高。

(3)应用:完全互换装配法适用于在成批、大量生产中装配那些组成环数较少或组成环数虽多但装配精度要求不高的机器结构。

(4)完全互换法装配时零件公差的确定:在进行装配尺寸链的计算时,封闭环公差已知,计算组成环的公差时可按"等公差"原则,先确定平均公差,然后根据各组成环尺寸大小和加工的难易程度,对各组成环的公差进行适当的调整。

【例 10-1】 如图 10-5 所示齿轮与轴组件装配,齿轮空套在轴上,要求齿轮与挡圈的间隙为 0.1~0.35 mm。已知各相关零件的基本尺寸为 $A_1=30$ mm, $A_2=5$ mm, $A_3=43$ mm, $A_4=3_{-0.05}^{0}$ mm, $A_5=5$ mm,试用完全互换法确定各组成环的偏差。

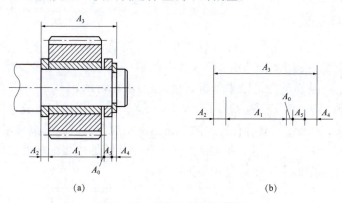

图 10-5 齿轮与轴组件装配

解:

(1)画尺寸链图,确定增减环,并校验各环的基本尺寸。

画出尺寸链图,封闭环为轴向间隙尺寸 0.1~0.35 mm,则封闭环 $A_0=0_{+0.10}^{+0.35}$ mm,封闭环公差 $TA_0=0.25$ mm。A_3 为增环,A_1,A_2,A_4,A_5 为减环,校验基本尺寸:

$$A_0=A_3-(A_1+A_2+A_4+A_5)=43-(30+5+3+5)=0(\text{mm}),\text{正确}。$$

(2)选择协调环,确定各组成环的上下偏差

各组成环的平均公差:
$$T_\text{平}=T_0/5=0.25/5=0.05(\text{mm})$$

A_5 为垫片易加工,故选为协调环,其他各组成环根据加工的难易程度,以平均公差为基础,确定其公差:$T_1=0.06$ mm,$T_2=0.04$ mm,$T_3=0.07$ mm,约为 9 级公差。

故:
$$T_5=T_0-(T_1+T_2+T_3+T_4)=0.03 \text{ mm}$$

除了协调环外,其他各组成环按入体原则标注尺寸如下:
$$A_1=30_{-0.06}^{0} \text{ mm}, A_2=5_{-0.04}^{0} \text{ mm}, A_3=43_{0}^{+0.07} \text{ mm}, A_4=3_{-0.05}^{0} \text{ mm}。$$

(3)求协调环的上下偏差

因为
$$\text{ES}A_0=\text{ES}A_3-(\text{EI}A_1+\text{EI}A_2+\text{EI}A_4+\text{EI}A_5)$$

所以
$$\begin{aligned}\text{EI}A_5&=\text{ES}A_3-\text{EI}A_1-\text{EI}A_2-\text{EI}A_4-\text{ES}A_0\\&=0.07+0.06+0.04+0.05-0.35\\&=-0.13(\text{mm})\end{aligned}$$

因为
$$\text{EI}A_0=\text{EI}A_3-(\text{ES}A_1+\text{ES}A_2+\text{ES}A_4+\text{ES}A_5)$$

所以
$$\begin{aligned}\text{ES}A_5&=\text{EI}A_3-\text{ES}A_1-\text{ES}A_2-\text{ES}A_4-\text{EI}A_0\\&=0-0-0-0-0.01\\&=-0.01(\text{mm})\end{aligned}$$

故,
$$A_5=5_{-0.13}^{-0.10} \text{ mm}, A_1=30_{-0.06}^{0} \text{ mm}, A_2=5_{-0.04}^{0} \text{ mm}, A_3=43_{0}^{+0.07} \text{ mm}, A_4=3_{-0.05}^{0} \text{ mm}。$$

2. 不完全互换装配法

不完全互换装配法,其实质是将组成环的制造公差适当放大,使零件容易加工,但这会使极少数产品的装配精度超出规定要求,但这种事件是小概率事件,很少发生,尤其是组成环数目较少、产品批量大,从总的经济效果分析,仍然是经济可行的。

不完全互换装配法的优点是:扩大了组成环的制造公差,零件制造成本低;装配过程简单,生产效率高。不足之处是:装配后有极少数产品达不到规定的装配精度要求,须采取另外的返修措施。不完全互换装配法适用于在大批大量生产中装配那些装配精度要求较高且组成环数又多的机器结构。采用概率法计算公式如下:
$$A_0=\sum_{i=1}^{m}\vec{A}_i-\sum_{j=1}^{n}\overleftarrow{A}_j, TA_0=\sqrt{\sum_{k=1}^{m+n}(TA_k)^2}$$

【例 10-2】如图 10-5 所示齿轮与轴组件装配,齿轮空套在轴上,要求齿轮与挡圈的间隙为 0.1~0.35 mm。已知各相关零件的基本尺寸为:$A_1=30$ mm,$A_2=5$ mm,$A_3=43$ mm,$A_4=3_{-0.05}^{0}$ mm,$A_5=5$ mm,试用大数互换法确定各组成环的偏差。

解:

(1)画尺寸链图,确定增减环,并校验各环的基本尺寸。

画出尺寸链图,封闭环为轴向间隙尺寸 0.1~0.35 mm,则封闭环 $A_0=0^{+0.35}_{+0.10}$ mm,封闭环公差 $TA_0=0.25$ mm。A_3 为增环,A_1,A_2,A_4,A_5 为减环,校验基本尺寸:
$$A_0=A_3-(A_1+A_2+A_4+A_5)=43-(30+5+3+5)=0(mm),正确。$$

(2)选择协调环,确定各组成环的上下偏差。

各组成环的平均公差:
$$T_{平}=T_0/\sqrt{5}=0.25/\sqrt{5}=0.11(mm)。$$

由于 A_3 为槽尺寸,加工难度较大,故选 A_3 为协调环。以平均公差为基础,根据零件加工的难易程度确定其他尺寸的公差。

令 $T_1=0.14$ mm,$T_2=T_5=0.08$ mm,公差等级为 IT11,$T_4=0.05$ mm。

由于
$$TA_0=\sqrt{\sum_{k=1}^{m+n}(TA_k)^2}$$

可得 $T_3=0.16$ mm。

除了协调环外,其他各组成环按入体原则标注尺寸如下:$A_1=30^{\ 0}_{-0.14}$ mm,$A_2=5^{\ 0}_{-0.08}$ mm,$A_5=5^{\ 0}_{-0.08}$ mm,$A_4=3^{\ 0}_{-0.05}$ mm。

(3)求协调环的上下偏差。
$$ESA_0=ESA_3-(EIA_1+EIA_2+EIA_4+EIA_5)$$
$$ESA_3=EIA_1+EIA_2+EIA_4+EIA_5+ESA_0=-0.14-0.08-0.05-0.08+0.35=0(mm)$$
$$EIA_3=ESA_3-T_3=0-0.16=-0.16(mm)$$

则 $A_3=43^{\ 0}_{-0.16}$ mm,$A_1=30^{\ 0}_{-0.14}$ mm,$A_2=5^{\ 0}_{-0.08}$ mm,$A_5=5^{\ 0}_{-0.08}$ mm,$A_4=3^{\ 0}_{-0.05}$ mm。

知识模块 4 选择装配法

将装配尺寸链中组成环的公差放大到经济可行的程度,按经济精度加工,然后选择合适的零件进行装配,以保证装配精度要求的装配方法,称为选择装配法。

1. 适用场合

装配精度要求高,而组成环较少的成批或大批量生产。

2. 选择装配法种类

1)直接选配法

(1)定义:在装配时,工人从许多待装配的零件中直接选择合适的零件进行装配,以保证装配精度要求的选择装配法,称为直接选配法。

(2)特点:

①装配精度较高。

②装配时凭经验和判断性测量来选择零件,装配时间不易准确控制,不经济。

③装配精度在很大程度上取决于工人的技术水平。

2)分组选配法

(1)定义:将各组成环的公差相对完全互换法所求数值放大数倍,使其能按经济精度加工,再按实际测量尺寸将零件分组,按对应的组分别进行装配,以达到装配精度要求的选择装配法,称为分组选配法。

(2)应用:在大批大量生产中,装配那些精度要求特别高同时又不便于采用调整装置的部件,若用互换装配法装配,组成环的制造公差过小,加工很困难或很不经济,此时可以采用分组选配法装配。

(3)分组选配法的一般要求:采用分组法装配时,零件的分组数不宜太多,否则会因零件测量、分类、保管、运输工作量的增大而使生产组织工作变得相当复杂。

(4)分组法装配的特点:主要优点是零件的制造精度不高,但却可获得很高的装配精度;组内零件可以互换,装配效率高;不足之处是增加了零件测量、分组、存储、运输的工作量。分组装配法适用于在大批大量生产中装配那些组成环数少而装配精度要求又特别高的机器结构。

知识模块 5　修配装配法

采用修配法装配时,各组成环均按该生产条件下经济可行的精度等级加工,装配时封闭环所积累的误差势必会超出规定的装配精度要求;为了达到规定的装配精度,装配时须修配装配尺寸链中某一组成环的尺寸。为减少修配工作量,应选择那些便于进行修配的组成环作修配环。修配环必须留有合适的修配量。

修配装配法的特点:其优点是组成环均可通过加工经济精度制造,但却可获得很高的装配精度;缺点是增加了修配工作量,生产效率低,对装配工人的技术水平要求高。修配装配法适用于单件小批生产中装配那些组成环数较多而装配精度又要求较高的机器结构。

知识模块 6　调整装配法

装配时用改变调整件在机器结构中的相对位置或选用合适的调整件来达到装配精度的装配方法,称为调整装配法。调整装配法与修配装配法的原理基本相同。在以装配精度要求为封闭环建立的装配尺寸链中,除调整环外各组成环均以加工经济精度制造,由于扩大组成环制造公差累积造成的封闭环过大的误差,故通过调节调整件(补偿件)相对位置的方法消除,最后达到装配精度要求。调整件如垫片、垫圈。

调整装配法的特点:其优点是组成环均可以加工经济精度制造,但却可获得较高的装配精度,且装配效率比修配装配法高;其缺点是要另外增加一套调整装置。

常用的具体调整法有以下三种:

(1)可动调整法,如图 10-6 所示。

(2)固定调整法,如图 10-7 所示。

(3)误差抵消调整法。

通过调整某些相关零件误差的大小、方向,使误差互相抵消的方法,称为误差抵消调整法。采用这种方法,各相关零件的公差可以扩大,同时又能保证装配精度。这种方法在机床装配中应用较多,例如,在车床主轴装配中通过调整前后轴承的径跳方向来控制主轴的径向跳动;在滚齿机工作台蜗轮装配中,采用调整蜗轮和轴承的偏心方向来抵消误差,以提高分度蜗轮的工作精度。

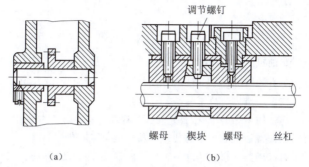

图 10-6 可动调整法

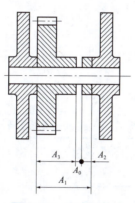

图 10-7 固定调整法

【项目实施】

柴油机拆装"做中学"任务单见表 10-1,其装配工艺卡见表 10-2。

表 10-1 柴油机拆装"做中学"任务单

任务编号		任务名称	柴油机拆装	培训对象		学时	
任务说明	1. 载体:柴油机。 柴油机 2. 已知条件:状况良好的柴油机一台。 3. 工作任务:完成柴油机的拆卸和装配						

281

续表

任务编号		任务名称	柴油机拆装	培训对象		学时	
培训目标	\multicolumn{7}{l	}{1. 通过对柴油机的拆装实习,对柴油机的结构、型式有一定的感性认识。 2. 通过动手拆装柴油机,了解构成柴油机的三大运动件、四大固定件与五大系统。 3. 初步掌握柴油机拆装技术与调试方法。 4. 学会正确使用常用的工具、量具与安全操作。 5. 熟练地掌握柴油机的基本拆装知识及安全操作规则。 6. 初步了解起动柴油机前的准备工作及要求,正确起动柴油机}
操作过程	\multicolumn{7}{l	}{1. 分析柴油机装配图。 2. 制定柴油机拆卸和装配方案。 3. 拆卸柴油机。 4. 清洗零部件。 5. 装配柴油机。 6. 调试柴油机}

表 10-2　柴油机装配工艺卡

序号	工序名称	使用工艺装备	注意事项及操作说明	备注

柴油机拆装工作过程记录及评价见表 10-3。

表 10-3　工作过程记录及评价

任务编号		任务名称	柴油机拆装	姓名		成绩	
工作过程记录	\multicolumn{7}{l	}{1. 2. 3. 4. 5. 6.}

续表

任务编号		任务名称	柴油机拆装	姓名		成绩	
工作过程记录	7.						
	8.						
工作过程评价							

【能力检测】

1. 制定拆装方案的原则是什么？方案的主要内容有哪些？
2. 在求解尺寸中，极值法和概率法各自适用于哪种条件？
3. 如图 10-8 所示，车床装配前后轴线等高，$A_0 = 0^{+0.06}_{0}$ mm，$A_1 = 202$ mm，$A_2 = 46$ mm，$A_3 = 156$ mm，试用极值法和概率法分别计算各个尺寸的公差和上下偏差。

学习机械装配工艺思维导图

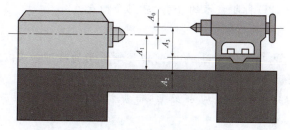

图 10-8 车床装配图

4. 如图 10-9 所示，在齿轮箱部件装配中，要求装配后的轴向间隙为 0.3～0.7 mm，有关零件的尺寸分别为 $A_1 = 130$ mm、$A_2 = 25$ mm、$A_3 = 5$ mm、$A_4 = 143$ mm、$A_5 = 6$ mm。分别用极值法与概率法分别计算各个尺寸的公差和上下偏差。

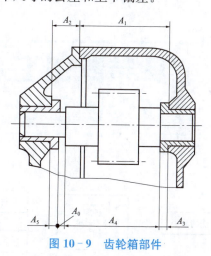

图 10-9 齿轮箱部件

项目十一 简要了解现代制造技术

【项目概述】

由于各种新材料、新结构、形状复杂的精密机械零件大量涌现,对机械制造业提出了一系列迫切需要解决的新问题,传统的加工方法已经不能满足生产的要求,采用传统加工方法十分困难,甚至无法加工。因此各种先进加工方法和特种加工技术便应运而生,并不断获得发展。本项目主要介绍了几种常见的特种加工方法:电火花加工、电解加工、超声波加工、激光加工的工作原理及其应用场合,3D 打印技术的分类、应用及特点。

【教学目标】

1. 能力目标:通过本项目的学习,学生可以了解常用的特种加工方法的种类及适用范围;对 3D 打印技术有一个初步的了解。

2. 知识目标:了解特种加工的概念、特点;电火花、线切割的工作原理及应用;3D 打印技术的分类、工作原理、特点。

【知识准备】

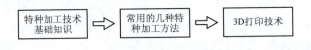

任务一 了解特种加工技术基础知识

【知识导图】

项目十一

简要了解现代制造技术

知识模块 1　特种加工简介

特种加工是 20 世纪 40 年代发展起来的,由于材料科学、高新技术的发展和激烈的市场竞争、发展尖端国防及科学研究的急需,不仅新产品更新换代日益加快,而且产品要求具有很高的强度重量比和性能价格比,并正朝着高速度、高精度、高可靠性、耐腐蚀、高温高压、大功率、尺寸大小两极分化的方向发展。为此,各种新材料、新结构、形状复杂的精密机械零件大量涌现,对机械制造业提出了一系列迫切需要解决的新问题。例如,各种难切削材料的加工;各种结构形状复杂、尺寸或微小或特大、精密零件的加工;薄壁、弹性元件、特殊零件的加工等。对此,采用传统加工方法十分困难,甚至无法加工。于是,人们一方面通过研究高效加工的刀具和刀具材料、自动优化切削参数、提高刀具可靠性和在线刀具监控系统、开发新型切削液、研制新型自动机床等途径,进一步改善切削状态,提高切削加工水平,并解决了一些问题;另一方面则冲破传统加工方法的束缚,不断地探索、寻求新的加工方法,于是一种本质上区别于传统加工的特种加工便应运而生,并不断获得发展。由于新制造技术的进一步发展,人们就从广义上来定义特种加工,即将电、磁、声、光、化学等能量或其组合施加在工件的被加工部位上,从而实现材料切除、变形、改变性能或被镀覆等的非传统加工方法统称为特种加工。

知识模块 2　特种加工的特点

(1)不用机械能,与加工对象的机械性能无关。如激光加工、电火花加工、等离子弧加工、电化学加工等,是利用热能、化学能和电化学能等,这些加工方法与工件的硬度、强度等机械性能无关,故可加工各种硬、软、脆、热敏、耐腐蚀、高熔点、高强度、特殊性能的金属和非金属材料。

(2)非接触加工。不一定需要工具,有的虽然使用工具,但与工件不接触,因此,工件不承受大的作用力,工具硬度可低于工件硬度,实现了刚性极低的元件及弹性元件的加工。

(3)微细加工,工件表面质量高。如超声、电化学、水喷射和磨料流等,加工余量都是微细进行,故不仅可加工尺寸微小的孔或狭缝,还能获得高精度、极低表面粗糙度的加工表面。

(4)不存在加工中的机械应变或大面积的热应变,可获得较低的表面粗糙度,其热应力、残余应力、冷作硬化等均比较小,尺寸稳定性好。

(5)两种或两种以上的不同类型的能量可相互组合形成新的复合加工,其综合加工效果明显,且便于推广使用。

(6)特种加工对简化加工工艺、变革新产品的设计及零件结构工艺性等产生积极的影响。

知识模块 3　特种加工方法的分类

特种加工方法的分类见表 11-1。

表 11-1 特种加工方法的分类

加工方法		主要能量形式	作用形式
电火花加工	电火花成形加工	电、热能	熔化、气化
	电火花线切割加工	电、热能	熔化、气化
电化学加工	电解加工	电化学能	离子转移
	电铸加工	电化学能	离子转移
	涂镀加工	电化学能	离子转移
高能束加工	激光束加工	光、热能	熔化、气化
	电子束加工	电、热能	熔化、气化
	离子束加工	电、机械能	切蚀
	等离子弧加工	电、热能	熔化、气化
物料切蚀加工	超声加工	声、机械能	切蚀
	磨料流加工	机械能	切蚀
	液体喷射加工	机械能	切蚀
化学加工	化学铣切加工	化学能	腐蚀
	照相制版加工	化学、光能	腐蚀
	光刻加工	光、化学能	光、化学、腐蚀
	光电成形电镀	光、化学能	光、化学、腐蚀
	刻蚀加工	化学能	腐蚀
	粘接	化学能	化学键
	爆炸加工	化学能、机械能	爆炸
成形加工	粉末冶金	热能、机械能	热压成形
	超塑成形	机械能	超塑性
	快速成形	热能、机械能	热熔化成形
复合加工	电化学电弧加工	电化学能	熔化、气化、腐蚀
	电解电火花机械磨削	电、热能	离子转移、熔化、切削
	电化学腐蚀加工	电化学能、热能	熔化、气化、腐蚀
	超声放电加工	声、热、电能	熔化、切蚀
	复合电解加工	电化学、机械能	切蚀
	复合切削加工	机械、声、磁能	切削

任务二 了解常用的几种特种加工方法

【知识导图】

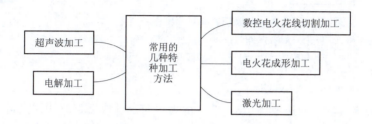

知识模块1　数控电火花线切割加工

1. 电火花线切割加工的基本原理（见图 11-1）

电火花加工

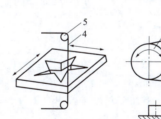

图 11-1　电火花线切割原理
1—绝缘底板；2—工件；3—脉冲电源；4—钼丝；5—导向轮；6—支架；7—储丝筒

电火花线切割是利用连续移动的细金属丝（铜丝或钼丝）作为工具电极，并在金属丝与工件之间通以脉冲电流（工具电极与电源的负极相接，工件与电源的正极相接），利用它们之间的脉冲火花放电效应，使金属熔化或气化，并通过电极丝与工件的相对运动，对工件进行切割成形。

2. 数控线切割机床的分类

根据电极丝的运行速度和运转方式，数控线切割机床可分为以下三类：

1）高速走丝线切割机床（WEDM-HS）

这类机床的电极丝做高速往复运动，也称为往复走丝或快走丝线切割机，一般走丝速度为 8～10 m/s，为我国独创，也是我国生产和使用的主要机种，如图 11-2 所示。

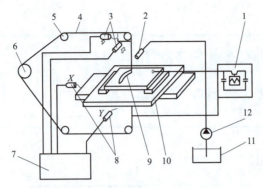

线切割

图 11-2　高速走丝线切割装置示意图

1—脉冲电源；2—喷嘴；3,8—步进电动机；4—电极丝；5—导轮；6—储丝筒；7—坐标数控装置；
9—工件；10—绝缘板；11—工作液箱；12—泵

2) 低速走丝线切割机床（WEDM-LS）

这类机床的电极丝做低速单向运动，故也称为单向走丝或慢走丝线切割机，一般走丝速度低于 0.2 m/s，这是国外生产和使用的主要机种，如图 11-3 所示。

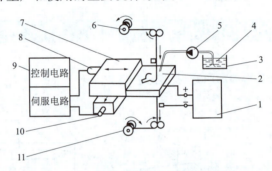

图 11-3　低速走丝线切割装置示意图

1—脉冲电源；2—工件；3—工作液箱；4—去离子水；5—泵；6—放丝筒；7—坐标工作台；
8—X 轴电动机；9—数控装置；10—Y 轴电动机；11—收丝筒

3) 自旋转式数控线切割机床

这类机床的电极丝在做直线运动（20～120mm/s）的同时绕自身轴线做高速旋转运动（1 000～3 000 r/min），为我国首创。

3. 数控线切割机床的组成

数控线切割机床主要由机床本体、脉冲电源、工作液循环系统、数控系统和机床附件等组成。

1) 机床本体

机床本体由床身、坐标工作台、走丝机构、丝架、工作液箱、附件和夹具等组成。

(1) 床身。

床身是坐标工作台、储丝机构及丝架的支承和固定基础，应具有足够的强度和刚度，一般采用箱式结构的铸件。床身内部可安置电源及工作液箱。

(2) 坐标工作台。

坐标工作台用来安置工件，并根据控制要求对电极丝做预定的相对运动。它包括拖板、导轨、丝杆运动副及驱动装置等。

(3) 走丝机构。

走丝机构的作用是使电极丝保持一定的张力,以一定的速度平稳运行,并使电极丝整齐地缠绕在储丝筒上。

① 低速走丝机构。

如图 11-4 所示,低速走丝是单方向一次用丝,电极丝从放丝筒出丝,经导向滑轮、张紧装置、导向装置,穿过工件到达卷丝筒,在卷丝筒的转动下以一定的张力(2~25 N)和较低的速度(通常在 0.2 m/s 以下)平稳移动。为了减小电极丝的振动,通常在工件的上、下装有可上下调节(适应厚度的变化)的蓝宝石 V 形导向器或圆孔金刚石模导向器,其附近装有引电板。

工作液一般通过引电区和导向器进入加工区,可使电极丝的通电部分全部冷却。有的机床上还装有自动穿丝机构,能使电极丝经过导向器穿过工件上的穿丝孔被送到另一个导向器,并在必要时能自动切断。为了使工作可靠,走丝机构中通常装有断丝检测微动开关,断丝时能自动停车并报警。

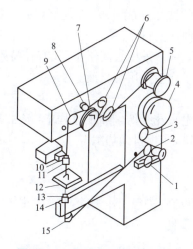

图 11-4 低速走丝机构示意图

1—压紧轮;2—卷线轮;3—卷丝定向装置;4—收丝卷筒;5—放丝卷筒;6,9,15—滑轮;7—制动轮;
8—金属丝按压轮;10,14—供电模;11,13—金刚石模;12—工件

② 快走丝机构。

快走丝机构通过电动机传动储丝筒做高速正、反转,使电极丝保持一定的张力,以较高的速度(8~10 m/s)平稳运行,并通过丝杠螺母传动推板随同储丝筒的正、反转而做往复移动,使电极丝整齐、均匀地缠绕在储丝筒上。走丝机构与床身、工作台必须保持良好的绝缘。

(4) 丝架。

丝架的作用是通过丝架上的两个导轮对电极丝进行支承和导向,并且能使电极丝的工作部分与工作台保持一定的角度,以便实现锥度切割。双坐标联动丝架是在丝架上增加了 U、V 两个驱动电动机,通过程序控制来实现锥度切割。

(5) 脉冲电源。

脉冲电源的作用是把工频交流电流转换成一定频率的单向脉冲电流,以供给工件和电极丝放电间隙所需的电能来蚀除金属。脉冲电源的性能直接影响着加工速度、表面质量、加工精度及电极丝的损耗等。

脉冲电源的品种很多,常用的有晶体管矩形波脉冲电源、高频分组脉冲电源、并联电容型脉冲电源和低损耗脉冲电源等。

正极性加工:受加工表面粗糙度和电极丝允许承载电流的限制,线切割加工电源的脉宽较窄($2\sim60~\mu s$),单个脉冲能量、脉冲峰值电流较小,一般为 $15\sim35$ A,所以线切割加工总是采用正极性加工(即工件接正极)。因采用窄脉宽时,电子质量小、惯性小、易加速,且冲向正极表面,所以电能、动能转化为热量而蚀除金属。

负极性加工:若采用负极性加工,因采用的脉宽长,且离子质量较大、惯性较大、起动加速较慢,有一大部分离子尚未到达工件(负极)表面脉冲就结束了,所以蚀除金属速度低。因此,负极性加工只适于长脉冲粗加工。

(6) 工作液。

工作液在加工时起绝缘、洗涤、排屑、冷却作用,对切割速度、表面粗糙度、加工精度等工艺指标影响很大。因此,对工作液的性能有以下要求:

具有一定的绝缘性和较好的洗涤性能,冷却性能好,对环境无污染,对人体无危害,价格低,稳定性好,使用存储安全方便,寿命长等。

低走丝线切割机床的工作液大多采用去离子水,只有在特殊精加工时才采用绝缘性较高的煤油。高走丝线切割机床的工作液采用乳化液。

2) 数控系统

数控系统的主要作用是在电火花线切割加工过程中,按加工程序要求自动控制电极丝与工件的相对运动轨迹和进给速度,实现自动加工。

数控系统的主要功能如下:

1) 轨迹控制功能

通过插补运算,驱动步进电动机实现工作进给,精确控制电极丝与工件的相对运动轨迹,切割出符合形状和尺寸要求的零件。

2) 加工控制功能

主要包括对伺服进给速度、电源装置、走丝机构、工作液循环系统以及其他操作的控制。

(1) 进给控制。根据加工间隙的平均电压或放电状态的变化,通过取样、变频电路,不定期地向计算机发出中断申请,自动调整伺服进给速度,保持某一平均放电间隙,使加工稳定,并提高切割速度和加工精度。

(2) 短路退回。经常记忆电极丝的经过路线发生短路时,改变加工条件并使电极丝沿原路快速后退,消除短路,防止断丝。

(3) 间隙补偿。由于加工程序是按电极丝中心的移动轨迹来进行编制的,因此,必须补偿电极丝的半径和放电间隙:加工凸模时,电极丝中心轨迹应向原图形之外偏移,进行"间隙补偿";加工凹模时,电极丝中心轨迹应向原图形内偏移,进行"间隙补偿"。

(4) 图形的缩放、旋转和平移。

(5) 适应控制。在工件厚度变化时,改变规准之后能自动改变预置进给速度或电参数(包括加工电流、脉冲宽度和间隔),不用人工调节就能自动进行高效率、高精度的加工。

(6) 自动找中心。可使工件孔中的电极丝自动进行中心找正,并停止在中心处。

(7) 信息显示。可动态显示程序号、计数长度等轨迹参数,采用 CRT 还可显示电规准参数和切割轨迹图形等。

(8) 自诊断功能等。

知识模块 2　电火花成形加工

1. 加工原理

电火花成形加工原理如图 11-5 所示。在工具电极 4 和工件 1 之间接一脉冲电源 2，利用自动进给调节装置 3 使工具电极与工件始终保持一个很小的放电间隙，在脉冲电流的作用下产生火花放电。

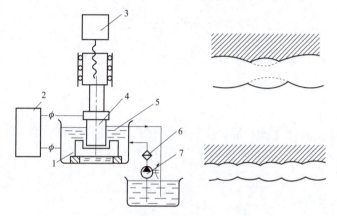

图 11-5　电火花成形加工原理
1—工件；2—脉冲电源；3—自动进给调节装置；4—工具电极；5—工作液；6—过滤器；7—工作液泵

在工件和电极表面上的凸峰处电流密度大，产生局部高温，因此凸峰将首先被熔化、气化，形成微小的凹坑，这又会形成新的凸峰，下次脉冲放电时又会在新的凸峰处蚀除金属。熔化的金属以粉末状散布于工作液中被带走并过滤掉。这样不断地脉冲放电，即可将工具电极的形状复制在工件上，实现成形加工。

2. 数控电火花成形加工机床

数控电火花成形加工机床是一种高精度的自动化加工机床。如图 11-6 所示，它由机床本体、脉冲电源、数控系统、工作液循环系统等组成。

机床主轴上装有工具电极（正极），工件（负极）固定在工作台上，在 CNC 系统控制下，Z 轴伺服电动机通过滚珠丝杠带动主轴上、下运动，使工具电极与工件之间保持稳定的放电间隙，实现电蚀加工过程。X、Y 两坐标工作台由伺服电动机通过滚珠丝杠实现 X、Y 向的进给运动，完成指定的轨迹加工。ATC 是电极的自动更换装置，可根据需要更换不同形状的电极，以加工出所需形状。

知识模块 3　激光加工

1. 激光

激光（Light Amplification by Stimulated Emission of Radiation，LASER）是利用受激辐

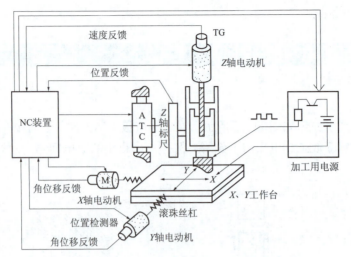

图 11‑6 数控电火花成型加工示意图

射而得到的加强光。

激光的特点:强度高,单色性、相干性和方向性好。

例如人工晶体红宝石的基本成分是氧化铝,其中掺杂 0.05%(质量分数)的氧化铬,铬离子就可以发射激光。

2. 激光的加工原理

激光的强度高、方向性好、颜色单纯,可以通过一系列的光学系统把激光束聚焦成一个极小的光斑(直径仅有几微米到几十微米),获得 $10^8 \sim 10^{10}$ W/mm² 的能量密度和 10 000 ℃ 以上的高温,从而能在千分之几秒甚至更短的时间内使各种物质熔化和气化,以达到蚀除被加工工件材料的目的。

3. 激光的加工特点及应用

激光加工大多数基于光对非透明体材料的作用过程,其特点如下:

(1)激光的光斑小,能进行非常细微的加工。

(2)激光的能量密度高,适用于用其他方法难以加工的材料。

(3)激光加工时,激光枪体与工件不接触,加工变形小,热变形也小。

(4)激光能穿过透明体进行加工。

激光加工

(5)激光加工与电子束加工相比,不需要真空,也不需要对 X 射线进行防护。因此激光装置简单,工作性能良好。

目前激光已用于各种加工领域,例如:

(1)打孔金刚石模具、钟表轴承、陶瓷、橡胶、塑料等非金属以及硬质合金、不锈钢等金属材料。

(2)激光刻录光盘在盘面上打一系列随信号变化的凹坑。

(3)切断各种金属材料及纸张、布料、皮革、陶瓷、塑料等非金属。

(4)划线半导体材料、陶瓷等。

(5)微调薄膜和厚膜电路的电阻、石英振子和音叉的频率,以及钟表摆轮、微型电动机、汽轮机的动平衡。

(6)焊接金属箔、板、丝、玻璃、硬质合金等。

(7)处理表面淬火等。

4. 激光的种类
激光根据其所用的发光材料不同,可分为固体激光、气体激光、液体激光和半导体激光等。

5. CO_2 激光切割机
目前工业生产中用于大量切割加工的激光切割机大多采用 CO_2 气体激光器,而各种细微、精密零件的切割加工则大多采用 YAG 固体激光器。

CO_2 激光切割机利用输出激光束的割炬与工件的相对运动来实现工件的切割。如图 11-7 所示,它主要由电源、CO_2 激光器、光学系统、激光割炬、机床本体、数控系统以及辅助装置等构成。

(1)激光电源:供给激光器用的高压电源。

(2)CO_2 激光器:用来产生激光,基本组成如图 11-7 所示。

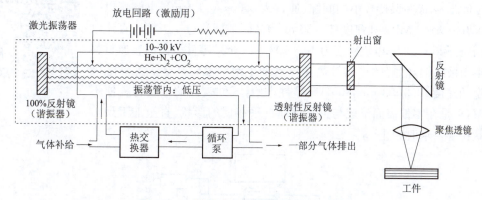

图 11-7 轴流式 CO_2 激光器组成示意图

(3)反射镜:激光导向。

(4)激光割炬(割枪):利用激光来实现切割的主要工具,如图 11-8 所示。

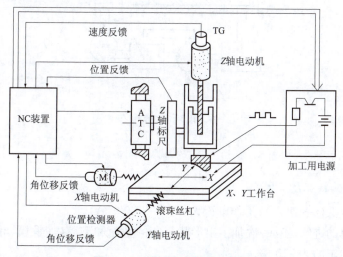

图 11-8 激光割炬结构示意图
1—激光束;2—冷却水;3—反射镜;4—聚焦透镜;5—压缩空气;6—割嘴

(5)数控装置:用来控制割炬、工作台等按程序指令动作,实现自动切割加工。

(6)气瓶:激光气瓶用于补充激光振荡的工作气体,辅助气瓶供给切割用的辅助气体。

(7)冷却水循环系统:用于冷却激光器。CO_2激光器的能量转换率一般为20%,80%的能量转为热能,因此必须进行冷却。

(8)压缩空气系统:向激光器及光束通路供给洁净的干燥空气,保护通路和反射镜等正常工作。

知识模块 4　电解加工

1. 电解加工原理

电解加工是利用金属在电解液中发生阳极溶解的电化学反应原理,将金属材料加工成形的一种方法。图 11-9 所示为电解加工的示意图。零件接直流电源的正极,工具接负极,两极间保持较小的间隙(通常为 0.02~0.7 mm),电解液以一定的压力(0.5~2 MPa)和速度(5~50 m/s)从间隙间流过。当接通直流电源时(电压为 5~25 V,电流密度为 10~100 A/cm^2),零件表面的金属材料就产生阳极溶解,溶解的产物被高速流动的电解液及时冲走。工具电极以一定的速度(0.5~3 mm/min)向零件进给,零件表面的金属材料便不断溶解,于是在零件表面形成与工具型面近乎相反的形状,直至加工尺寸及形状符合要求时为止。

电解加工

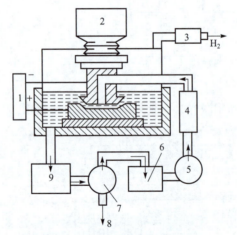

图 11-9　电解加工装置示意图
1—直流电源;2—电极送进机构;3—风扇;4—过滤器;5—泵;
6—清洁电解液;7—离心分离器;8—残液;9—脏电解液

2. 电解加工的特点及应用

(1)工作电压低(6~24 V),工作电流大(500~20 000 A)。

(2)能以简单的进给运动一次加工出形状复杂的型面和型腔(如锻模、叶片等);生产效率较高,为电火花加工的 5~10 倍。

(3)可加工难加工的金属材料(如高温合金、淬火钢、钛合金、硬质合金、不锈钢等)。

(4)加工中无机械切削力和切削热,适宜于易变形或薄壁零件的加工,加工后没有表面残余应力。

(5) 平均加工误差达±0.1 mm左右,表面粗糙度达 $Ra0.8\sim0.2$ μm;

(6) 电解液对机床有腐蚀作用,同时又容易污染环境。

(7) 与电火花加工相比,电解加工金属去除率高,但精度不高而且不稳定,难以加工出棱角分明的零件。

(8) 电解加工主要用于加工型孔、型腔、复杂型面、深的小孔、膛线、套料、去毛刺、刻印等。电解加工与磨削相结合,就成为电解磨削。加工所用的砂轮是导电砂轮,砂轮实际切削的是工件表面的阳极薄膜。因此,加速了阳极的溶解,减少了砂轮的消耗。电解磨削加工效率高,加工质量好,适合于磨削高硬度材料、高强度材料、热敏性材料和磁性材料等。

知识模块 5　超声波加工

1. 超声波加工的工作原理

超声波加工是利用超声频(10~25 kHz)振动的工具端面冲击工作液中的悬浮磨料,由磨粒对工件表面撞击抛磨来实现对工件加工的一种方法,其工作原理如图 11-10 所示。超声发生器 6 产生一定功率的超声频电流,通过换能器 5 将电能转换成超声频的机械振动。换能器 5 产生的振动经变幅杆 4 将振幅由原来的 0.005~0.01 mm 放大到 0.01~0.15 mm,并驱动工具 2 振动。工具 2 的端面在振动中冲击工作液中的磨料颗粒,使其以很高的速度不断冲击工件 1 的被加工表面,把加工区域的材料粉碎成很细的微粒后脱离工件。流动的工作液将粉碎的材料微粒及时带走,并送来新的磨料。虽然每次打击下来的材料很少,但打击频率高。随着工具 2 逐渐地深入到工件 1 材料中,工具 2 的形状便复现在工件 1 上。

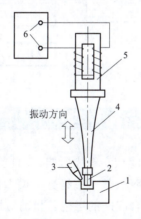

图 11-10　超声波加工的工作原理

1—工件;2—工具;3—工作液喷嘴;4—变幅杆;5—换能器;6—超声波发生器

超声波加工原理

超声波加工的磨料必须比被加工材料硬,常用碳化硼、碳化硅、金刚砂等。由于工具不直接切削被加工材料,故硬度可低于被加工材料的硬度,常采用不淬火的 45 钢。

2. 超声波加工的特点及应用

(1) 材料的去除是靠极小的磨料蚀除,因而加工效率不高。

(2) 能获得较好的加工质量,一般尺寸精度可达 0.05~0.01 mm,表面

超声波加工

粗糙度可达 Ra0.4～0.1 μm。

(3) 超声波加工适宜加工各种硬脆材料,特别是电火花加工及电解加工难以加工的不导电材料和半导体材料,如玻璃、陶瓷、硅晶体、宝石、金刚石、石英等。

(4) 属无屑加工,无污染。

(5) 在加工难切割材料时,将超声振动与其他加工方法相结合可以取长补短,起到提高加工效率、加工精度及工件表面质量等效果。适宜超声波加工的工件表面有各种型孔、型腔及成形表面等,还可以进行材料的切割。

任务三 了解 3D 打印技术

【知识导图】

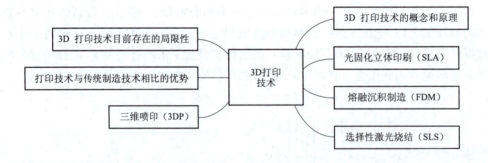

知识模块 1　3D 打印技术的概念和原理

3D 打印技术又称"增材制造",诞生于 20 世纪 80 年代后期,源自美国研究照相雕塑和地貌成型技术,是一种与传统材料去除加工方法相反、基于三维数字模型的、运用粉末状金属或塑料等可粘合材料采用逐层制造方式将材料结合起来的工艺。目前应用较多的 3D 打印技术主要包括光固化立体印刷(SLA)、熔融沉积制造(FDM)、选择性激光烧结(SLS)和三维喷印(3DP)等。

知识模块 2　光固化立体印刷(SLA)

该技术以光敏树脂为打印材料,通过计算机控制紫外激光的运动,沿着零件各分层截面对液体光敏树脂逐点扫描,被扫描的光敏树脂薄层产生聚合而固化,而未被扫描到的光敏树脂仍保持液态。当一层固化完毕,工作台移动一个层片厚度的距离,然后在上一层已经固化的树脂表面再覆盖一层新的液态树脂,用以进行再一次的扫描固化。新固化的一层牢固地粘合在前一层上,如此循环往复,直到整个零件原型制造完毕。

知识模块 3　熔融沉积制造(FDM)

该技术把丝状的热熔性材料(ABS 树脂、尼龙、蜡等)加热熔化到半流体态,在计算机的控制下,根据截面轮廓信息,喷头将半流态的材料挤压出来,凝固后形成轮廓的薄层。一层完毕后,工作台下降一个分层厚度的高度再成型下一层进行固化。这样层层堆积黏结,自上而下形成一个零件的整体造型。FDM 成型的零件强度好,易于装配。

知识模块 4　选择性激光烧结(SLS)

预先在工作台上铺设塑料、蜡、陶瓷、金属或其复合物的粉末,激光束在计算机控制下通过扫描器以一定的速度和能量密度按层进行二维数据扫描;固化后工作台下降一个分层厚度,再次铺粉,开始一个新的循环,通过层层堆积获得实体零件。该技术工艺简单、打印材料选择范围广。

知识模块 5　三维喷印(3DP)

三维喷印是一种利用微滴喷射技术的打印技术,通过喷射黏结剂将成型材料黏结,周而复始地送粉、铺粉和喷射黏结剂,最终完成一个三维粉体的黏结,从而生产制成品。

知识模块 6　打印技术与传统制造技术相比的优势

(1)个性化定制产品。3D 打印最大的优势在于拓展了设计人员的想象空间,发挥了设计者的想象力和创造力。3D 打印技术使消费者能根据自己的需求量身定制产品。

(2)提高生产效率。3D 打印机通过电子制图、数据传输、激光扫描、材料熔化等一系列技术,使特定金属粉或其他材料熔化,并按照电子模型图一层层重新叠加起来,最终把电子模型图变成实物,大大缩短了样品的制作时间,且可以"打印"造型复杂的产品。

(3)降低生产成本。3D 打印技术对于生产者来说,可以在目的地精准打印,省去了物流配送、上货等的费用,生产成本大幅降低。

(4)工艺水平的重大改进。在零部件的连接方面,传统的焊接和零部件加固的方法,使得部件之间的连接非常耗费工时,而且牢固性还有待提高。使用 3D 打印技术,无缝连接将是最大亮点,结构之间的稳固性和连接强度也将得到很大的提高。

知识模块 7　3D 打印技术目前存在的局限性

(1)成本高。3D 打印仍是非常昂贵的技术,打印所需材料的研发难度大,导致 3D 打印技术制造成本较高,目前此项技术主要用于产品的研发阶段,制造模型的精度尚不能令人满意。

(2)在规模化生产方面尚不具备优势。目前 3D 打印技术尚不具备取代传统制造业的条件,在批量制造等方面,传统制造方法更胜一筹。

(3)自动化控制系统水平有待提高。3D 打印技术的发展依托于信息技术、精密机械以及材料科学多学科的尖端技术。目前的自动化控制水平还不能很好地为 3D 打印技术服务。

打印鳄鱼

(4)使用的打印材料比较单一。现在真正利用 3D 打印的材料为金属粉末和塑料、陶瓷颗粒,种类比较少,材料的研发是此项技术的一大瓶颈。

【项目实施】

电火花线切割加工"做中学"工作任务单见表 11-2,其工作过程记录及评价见表 11-3。

表 11-2 电火花线切割加工"学中做"工作任务单

任务编号	11-1	任务名称	电火花线切割加工	实训地点	
教学目的	1. 了解电火花线割加工的工作原理。 2. 懂得电火花线切割机床的操作方法。 3. 了解线切割编程,能够进行直线和圆弧加工编程				
实训任务	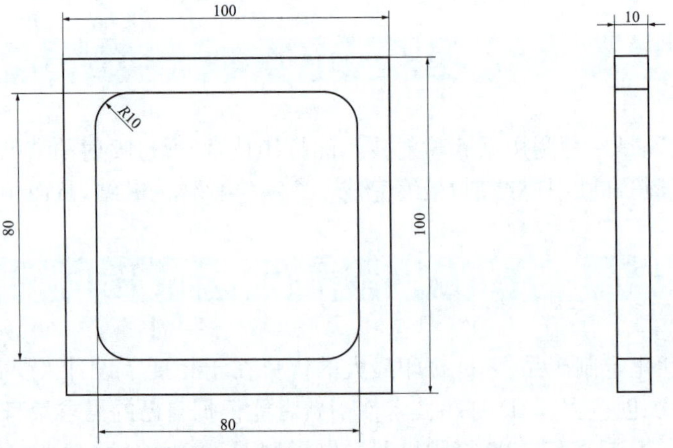				
实训任务	1. 毛坯条件:10 mm 厚,45 钢钢板,100 mm×100 mm。 2. 实训任务 (1)学习线切割编程,并编写好程序。 (2)学习电火花线切割机床操作。 (3)用电火花进行穿孔。 (4)线切割加工内槽				
工作步骤及要求	1. 识读零件图。 2. 线切割编程。 3. 电火花线切割机床操作学习。 4. 用电火花进行穿孔。 5. 线切割加工内槽。 6. 检验				

表11-3 工作过程记录及评价

任务编号	11-1	任务名称	电火花线切割加工	姓名		成绩	
线切割程序	1.						
	2.						
	3.						
	4.						
	5.						
	6.						
	7.						
	8.						
工作过程记录	1.						
	2.						
	3.						
	4.						
	5.						
	6.						
	7.						
	8.						
工作过程评价							

【能力测试】

1. 何谓特种加工？其加工特点有哪些？
2. 简述数控电火花线切割的基本原理。
3. 数控电火花线切割机的类型及其基本组成有哪些？
4. 何谓激光？它是如何产生的？
5. 激光的加工原理是什么？
6. CO_2 激光切割机的基本组成有哪些？
7. 3D打印技术的分类有哪些？试述其工作原理。

简要了解现代制造技术知识导图

参考文献

[1] 李华. 机械制造技术[M]. 北京:高等教育出版社,2005.
[2] 郭卫凡,李其钒. 金属工艺学[M]. 北京:中国矿业大学出版社,2006.
[3] 王雅然. 金属工艺学[M]. 北京:机械工业出版社,2001.
[4] 赵志修. 机械制造工艺学[M]. 北京:机械工业出版社,1989.
[5] 许德珠,司乃钧. 金属工艺学[M]. 北京:高等教育出版社,1985.
[6] 谢家瀛. 机械制造技术概论[M]. 北京:高等教育出版社,2000.
[7] 宁生科. 机械制造基础[M]. 西安:西北工业大学出版社,2004.
[8] 何庆复. 机械工程材料及选用[M]. 北京:中国铁道出版社,2001.
[9] 卞洪元,丁金水. 金属工艺学[M]. 北京:北京理工大学出版社,2006.
[10] 严绍华. 工程材料及机械制造基础[M]. 北京:高等教育出版社,2004.
[11] 范悦. 工程材料及机械制造基础[M]. 北京:机械工业出版社,1997.
[12] 吴培英. 金属材料学[M]. 北京:国防工业出版社,1987.
[13] 张树军. 机械制造基础与实践[M]. 沈阳:东北大学出版社,2006.
[14] 陈仪先,梅顺齐. 机械制造基础(上册)[M]. 北京:中国水利水电出版社,2005.
[15] 王贵成,王树林,董广强. 高速加工工具系统[M]. 北京:国防工业出版社,2005.
[16] 韩进宏. 互换性与技术测量[M]. 北京:机械工业出版社,2004.
[17] 王伯平. 互换性与技术测量基础[M]. 北京:机械工业出版社,2004.
[18] 甘永立. 几何量公差与检测[M]. 上海:上海科学技术出版社,2003.
[19] 戴庆辉. 先进制造系统[M]. 北京:机械工业出版社,2006.
[20] 庄品,周根然,张宝明. 现代制造系统[M]. 北京:科学出版社,2005.
[21] 庄万玉,丁杰雄,凌丹,秦东兴. 制造技术[M]. 北京:国防工业出版社,2005.
[22] 蒋建强. 机械制造技术[M]. 北京:北京师范大学出版社,2005.
[23] 任家隆. 机械制造基础[M]. 北京:高等教育出版社,2003.
[24] 王先逵. 机械制造工艺学[M]. 北京:机械工业出版社,2002.
[25] 张世昌. 机械制造技术基础[M]. 北京:高等教育出版社,2001.
[26] 邓文英. 金属工艺学[M]. 北京:高等教育出版社,2000.
[27] 严霜元. 机械制造基础[M]. 北京:中国农业出版社,2004.
[28] 吴恒文. 机械加工工艺基础[M]. 北京:高等教育出版社,2004.
[29] 张福润. 机械制造技术基础[M]. 武汉:华中科技大学出版社,2000.
[30] 李爱菊. 现代工程材料成形与机械制造基础[M]. 北京:高等教育出版社,2005.